岩溶地区建筑地基基础
Building Foundation in Karst Area

韩建强　陈　星　黄俊光　编著

中国建筑工业出版社

图书在版编目（CIP）数据

岩溶地区建筑地基基础 = Building Foundation in
Karst Area / 韩建强，陈星，黄俊光编著. —北京：
中国建筑工业出版社，2019.8
ISBN 978-7-112-24199-6

Ⅰ.①岩…　Ⅱ.①韩…②陈…③黄…　Ⅲ.①岩溶区
–地基–基础（工程）　Ⅳ.①TU47

中国版本图书馆 CIP 数据核字（2019）第 194696 号

责任编辑：李玲洁
责任校对：李美娜

岩溶地区建筑地基基础
Building Foundation in Karst Area
韩建强　陈　星　黄俊光　编著

*

中国建筑工业出版社出版、发行（北京海淀三里河路9号）
各地新华书店、建筑书店经销
北京建筑工业印刷厂制版
北京建筑工业印刷厂印刷

*

开本：787毫米×1092毫米　1/16　印张：13¼　字数：331千字
2021年7月第一版　　2021年7月第一次印刷
定价：**62.00元**
ISBN 978-7-112-24199-6
（34713）

岩溶地区建筑地基基础
本书编著委员会

主　编：韩建强　陈　星　黄俊光

副主编：李伟科　林华国　张晓伦　韩　秦

　　　　蒋学文　李学文

前　言

我国岩溶分布广泛，集中在广东、广西、湖南、湖北、云南、贵州和四川等省份，约占国土面积的1/7。其中广东省的岩溶分布面积约2.9万 km²，占全省陆地面积的16%。岩溶区地质环境复杂，溶洞、溶蚀裂隙、溶沟（槽）、伴生土洞等岩溶形态发育，给重大工程地基基础建设带来极大挑战。目前对于复杂岩溶区地层岩性不均、溶蚀程度各异、岩面起伏剧烈等恶劣地质条件，其地基基础建设缺乏可靠的承载理论、稳定性评估方法和关键的技术手段，导致工程事故时有发生，工程质量难以保证，严重危及人民生命财产安全，阻碍了地区社会经济的高质量发展。

本书根据多年来实际工程的教训及经验，结合岩溶地区工程地质特征及地基基础特点，在广东省标准《岩溶地区建筑地基基础技术规范》DBJ/T 15—136—2018 的基础上，全面系统地介绍了岩溶地区地基基础工程在工程勘察、设计、施工等方面的研究成果及实践经验，同时本书也总结了大量成功案例，以供读者参考。

本书以岩溶地基基础为主线，融入了岩溶地基基础领域的一些实际案例分析，为地基基础勘察、设计、施工提供了非常重要的指导作用。本书可供工程技术人员和高校师生参考使用，也可作为注册结构工程师、注册土木（岩土）工程师的培训材料。

本书的编写得到很多相关专业人士的支持，在此谨致以诚挚的谢意！

同时，因编者水平有限，如有疏漏以及不当之处，敬请广大读者不吝指正。

本书编著委员会

目　　录

第1章 绪 论

1.1 引言

岩溶是水对可溶性岩石（碳酸盐岩、硫酸盐岩、卤素岩等）进行以化学溶蚀作用为特征，并包括水的机械侵蚀和崩塌作用，以及物质的携出、转移和再沉淀的综合地质作用，以及由此所产生的现象的统称。国际上通称为喀斯特（Karst）。

岩溶在世界上分布十分广泛，从海平面以下几千米的地壳深处，到海拔 5000m 以上的高山区均有发育。据统计，可溶性岩石在地球上的分布面积约为 $5.1 \times 10^7 km^2$，其中碳酸盐岩约为 $4 \times 10^7 km^2$，石膏和硬石膏约 $7 \times 10^6 km^2$，盐岩约 $4 \times 10^6 km^2$，而碳酸盐岩占可溶性岩的 78.47%，且分布最广。所以，工程上多以碳酸盐岩为研究对象。

我国的岩溶地区，若按碳酸盐岩的分布面积计（含埋藏在非可溶岩之下者），可达 344.7 万 km^2，若按碳酸盐岩地层出露的面积计，为 206 万 km^2；碳酸盐岩分布的地理位置包括西南、华南、华东、华北等地区以及西藏、新疆等省区。其中，北方山西高原及邻近省区的岩溶（47 万 km^2），西南的云、贵、赣省区，以及川、鄂、湘部分地区的岩溶高原（50 万 km^2）的岩溶呈连续分布，是我国主要岩溶区。

据统计，广东省碳酸盐岩分布面积约 2.9 万 km^2，其中约 1.4 万 km^2 为裸露型，约占全省面积 8%。主要集中分布在粤北地区；约 1.5 万 km^2 为覆盖型，主要分布在广花盆地、阳春、肇庆、云浮等地，而惠州、梅州、湛江等地也有零星分布。除志留系、中三叠统、下—中侏罗统地层外，自前震旦系至第三系地层中均夹有可溶岩地层，第四系有钙华沉积，以中—上泥盆统和石炭系地层中可溶岩地层分布最广，以泥盆系碳酸盐岩质纯而可溶性最强。

近年来，随着城镇化建设进度的加快，人们对建设用地的选择余地越来越少，许多过去可以避开的岩溶场地成为绕不开的必选用地。由于岩溶的这种不良地质作用，当外部环境或条件变化时，可能会发生地质灾害，造成严重的工程事故和人员伤亡。我国发生过多起由于大量抽取地下水或工程建设地下水大量流失，致使水位急剧下降，引发土洞发展和地面塌陷的实例或工程施工安全事故。

雷明堂在《中国国土资源报》（2014.3.17）上如此评价我国岩溶塌陷现状：① 我国一些重点地区的岩溶塌陷有数量增多、影响扩大的趋势。② 城市岩溶塌陷日趋严重。以广州、佛山、深圳、武汉、桂林、柳州等最具代表性，地铁、基坑、冲孔桩、钻探等工程施工造成岩溶管道系统水气压力发生强烈变化是诱发岩溶塌陷的主要原因；此外，城市供水管道渗漏已成为岩溶塌陷的另一个重要因素。③ 大型交通工程引发岩溶塌陷更为严重。岩溶塌陷已成为岩溶区隧道工程建设面临的关键地质问题。由于塌陷会使地表水系统和岩溶系统贯通，引发突水突泥事故，造成更为严重的后果。例如福建龙厦铁路象山隧道、武广高铁广州金沙洲隧道等。

2008 年 1 月 24 日，广州市荔湾西海南路段发生岩溶塌陷，一变压器台架整体陷入地下 2m（图 1-1）；2009 年 6 月 3 日，广州市金沙洲礼传三街发生岩溶塌陷（图 1-2）；2012 年 1 月～2 月 24 日，湖南益阳市发生 693 处岩溶塌陷（图 1-3）；2017 年 8 月 25 日，湖南湘潭市雨湖区村民厨房塌陷，大坑直径 9m，深 19m，疑存在地下河（图 1-4）；2017 年 6 月 25 日凌晨，湖南娄底涟源市七星街镇石珠岭村青名片八组发生岩溶塌陷事故，一人下落不明（图 1-5）。

图 1-1　2008 年 1 月 24 日，荔湾西海南路段一变压器台架整体陷入地下 2m（图片来源：网络）

图 1-2　2009 年 6 月 3 日，广州市金沙洲礼传三街发生岩溶塌陷（图片来源：网络）

图 1-3　2012 年 1 月～2 月 24 日，湖南益阳市发生 693 处岩溶塌陷（图片来源：潇湘晨报）

图 1-4　2017 年 8 月 25 日，湖南湘潭市雨湖区村民厨房塌陷，大坑直径 9m，深 19m（图片来源：网络）

图 1-5　2017 年 6 月 25 日凌晨，湖南娄底涟源市七星街镇石珠岭村青名片八组岩溶塌陷事故现场，
一人下落不明（图片来源：网络）

除了上述的岩溶地面塌陷外，还会经常出现以下工程事故：施工设备掉入溶（土）洞（图 1-6）；地面及建筑物发生不均匀沉降；基坑开挖过程中涌水涌砂危及基坑安全，并导致周边房屋开裂及管线断开；地基或桩基承载力达不到设计要求；基础滑移等。

图 1-6　岩溶地面塌陷，锤头掉入溶（土）洞（图片来源：网络）

相对于普通地质条件的场地而言，在岩溶地区进行工程建设的风险性高、成本大、工期不可控。岩溶地区建筑地基基础设计在与施工的难度大、问题多，对技术人员具有极大

的挑战性，也一直是建筑地基基础领域内的热点、难点和关键问题。

1.2 岩溶地区建筑地基基础特点

1.2.1 岩溶地区的地质特征

岩溶发育的复杂性、不均匀性以及与此相关的特殊水文地质情况，使得岩溶地区具有如下地质特征：

1）岩溶区岩面起伏较大。较为常见的是，相距不到 1m 的两个勘查钻孔，揭露出的岩面则会相差几米甚至几十米，比如有的岩溶区岩面埋深在 18.7～34.8m，深度相差 16.1m。

2）岩溶区上部覆土层层数较多，厚度变化较大。各土层厚度极不均匀，且各层土性质差异较大、软硬不一，因此土层地基承载力亦相差较大，同一土层沿深度不同其差异性也较明显。

3）过渡性岩土层缺失。一般没有过渡性风化岩层（全风化岩层、强风化岩层），土层下直接为微风化灰岩层，局部钻孔会存在中风化层，基岩面上往往存在一层不太厚的流塑状软弱土层或砂层。

4）岩溶的分布及形状极具不规则性和不确定性。以广东为例，溶洞水平成层、竖向成串、大小不一、形状各异，兼有厅式或迷宫式分布，石芽交错，溶洞、溶沟、溶槽连通。岩面附近的开口溶洞往往伴生土洞，岩溶沿岩石节理裂隙、走向特别发育。

5）岩溶水的空间分布极不均匀，动态变化大，流态复杂多变；地下水与地表水相互转化迅捷，多数情况下，具有明显的连通性、承压性及动力特性。

1.2.2 岩溶地区建筑地基基础特点

特殊的地质条件及特征决定了岩溶地区建筑地基基础具有以下特点：

（1）地基不稳定性是岩溶地基的主要特征

由于溶（土）洞、溶沟（槽）等岩溶地貌的存在，岩溶地基属于非连续介质地基，是洞体地基，这是与其他地基最大的不同之处，也是岩溶地基的主要特征。溶洞的塌陷、土洞的产生及发展、地下水位变动导致上覆土层饱和砂类土的流失等都会引起地基失稳和地面塌陷，所以，地基失稳是岩溶地区地基基础必须解决的主要问题。

（2）地基不均匀沉降

在覆盖型岩溶区，石芽、溶沟（槽）、漏斗等的存在致使基岩面起伏较大和陡峭；同一场地的上覆土层厚度相差悬殊，且不同性质的土层层数较多。当上覆土层为地基持力层时，在附加荷载的作用下，地基会产生不均匀沉降，从而导致建筑物开裂或破坏。

在裸露性岩溶区，常见的是由土和石芽或溶洞组成的土岩组合地基，其主要特点是不均匀变形。

（3）地基承载力可靠性不高

浅基础多位于稳定的上覆土层或裸露岩溶的土岩组合地基，隐伏溶（土）洞的存在会影响实际的地基承载力。采用桩基础时，陡峭岩面使得桩端不可能全断面落在可靠的基岩上，一些桩基处理时的 CT 结果显示，有的桩端只有 50% 区域落在基岩上，嵌岩桩桩侧溶洞会降低桩侧阻力，这些情况都会使桩的承载力与设计值相差较大，一些现场载荷试验结果不到设计值的一半。

（4）施工质量及工期可控性不强

起伏较大的岩面常常导致预应力管桩在施工过程中断桩，尤其是锤击法施工预应力管桩，个别工程的断桩率高达 30% 及以上。当混凝土灌注桩穿越溶洞时，漏浆或混凝土塌落现象时有发生，桩身混凝土质量难以保证；当溶洞顶板较薄时，易冲塌顶板，造成溶洞塌陷，等等，这些都会影响桩基施工质量并拖延工期。

（5）岩溶水危及施工和周边环境安全

基坑工程开挖过程中易发生突水、突泥（砂）情况，危及基坑工程及周边环境安全。动力特性明显的岩溶水会使浇注中的混凝土离析，影响混凝土灌注桩桩身质量。采用人工挖孔桩时，突涌而出的岩溶水会造成人员伤亡。上述这些岩溶地区的工程事故都是岩溶水所致，所以岩溶水的防治是岩溶区建筑地基基础建设的一个显著特点。

1.3 发展现状

1.3.1 岩溶区地基稳定性研究

常见的岩溶地区基础稳定性问题主要包括以下四类：

1）岩溶空洞在水作用，尤其是富含二氧化碳的水作用下，溶洞发育，最后导致岩溶顶板变薄，承受不了上部荷载作用而坍塌；

2）建筑物桩基端部建立在较薄的岩溶顶板上（桩端与溶洞顶部距离小于安全厚度），在桩基荷载作用下溶洞顶部形成坍塌；

3）溶洞本身形成水的通道，加剧水的渗入、流动，加速了溶洞的发展。特别是岩溶地区地基洞室贯通，空洞、孔隙发育明显，在地基开挖或桩基施工过程中，若采取的处理措施不当，岩溶通道一旦打通、暴露，地基将产生冒水、冒浆现象，严重时甚至会影响周围建筑物地基水位，对周围建筑物的安全产生重大影响；

4）岩溶区地质勘探、桩基施工、锚索施工过程中，由于钻探工作（特别是在湿法施工中）破坏了原来溶洞的结构，泥沙被带走，导致钻孔坍塌。

由于岩溶区岩洞本身发育过程十分漫长，其碳酸钙本身具有较高的强度，所以，当我们着眼于建筑物使用周期内的稳定性时，岩洞本身相对而言是比较稳定的。同时，我国长期的工程实践和研究也证明了岩洞本身在建筑使用周期内具有稳定性，因此，本书暂时不考虑其发育过程对岩溶区地基稳定性的影响，而仅主要考虑以下三个方面：①是岩溶区溶（土）洞顶板稳定性问题，即岩溶区溶（土）洞在各种因素（包括地下水、土体性质变化、边界条件改变、桩基施工等）影响下的塌陷失稳问题；②是岩溶区桩基（溶洞顶板）稳定性问题；③是岩溶区桩基施工稳定性问题。

（1）岩溶区溶（土）洞顶板稳定性

岩溶区地基基础稳定性问题的研究主要包括岩溶塌陷受力分析、岩溶塌陷影响因素分析、岩溶塌陷机制分析等。为此，日本、苏联、美国、英国等国家的学者采用模型试验的方法，开展了岩溶区塌陷过程的模拟实验，揭示岩溶区地基失稳原理。如 Marius 等（1984）模拟了基岩岩溶塌陷影响下的混凝土路面变形规律；Abdulla 等研究了岩溶洞穴开口大小、洞穴自身强度、上覆层厚度和强度、地表荷载等因素与上覆层弱固结砂层的塌陷破坏规律的关系；美国土木工程师协会（The American Society of Civil Engineers，ASCE）于 1996 年颁布了岩溶区地基的建筑工程设计建设方法，对岩溶区地基稳定性问题分析及处理方法进行规范。在岩溶区地基失稳机理上，国外学者普遍坚持潜蚀致塌论。

我国的岩溶区溶（土）洞失稳塌陷研究始于 1973 年广东省地质局编写的《隐伏岩溶类型矿区水文地质特征及勘探方法》，然后通过召开学术讨论会、发表论文等形式进行研究，提出多种岩溶塌陷机理：徐卫国提出的真空吸蚀机理；陈国亮提出的压强差致塌理论，建立了岩溶区地基失稳坍塌与土体性质、土层厚度、岩溶洞体大小及真空负压等的关系。同时，学者也对于塌陷的模式、成因做了大量探讨，基本上形成了岩溶区地基失稳塌陷的认识和评价体系，并提出相应的治理方法。

（2）桩端溶洞顶板稳定性

岩溶区岩土性质较为软弱，故工程建设中经常采用桩基础形式，主要包括：钻（冲）孔灌注桩、预应力管桩、夯扩桩和复合地基。桩基稳定性，尤其桩端下伏溶洞顶板稳定性是岩溶区地基基础设计的关键。目前，关于岩溶区桩基稳定性的评价方法很多，可分为定性分析、半定性分析和定量分析。其中，定性分析包括影响因素综合分析法、经验比拟法等。赵明华根据分析影响溶洞顶板稳定性的因素，建立岩溶洞穴顶板稳定的二级模糊综合评价方法。而半定量分析中，对于稳定围岩采用顶板厚跨比法；对于不稳定围岩采用散体理论法。赵明华等将岩溶顶板看作是上部结构的承重体系，按照梁板模型对结构进行简化后计算其抗弯、抗剪、抗冲切性能，得到顶板安全厚度的理论公式；在此基础上，将顶板简化为结构的固定支撑力学模型，根据突变理论计算出溶洞顶板安全厚度，建立尖点突变模型。刘之葵等根据弹性理论将围岩等效为双向受压的无限板的孔应力分布问题，应用修正的齐尔西解和格里菲斯准则判定顶板稳定性。黎斌等提出了多种溶洞顶板稳定性半定量的计算方法。赵明华等采用极限平衡分析方法分析基桩桩端溶洞顶板稳定性，得到很多有实用价值的结论。丁春林等采用强度折减有限元方法对此进行研究，同时得到具有明确物理意义的安全系数与破坏面及相应的破坏过程，该方法也有其优越性。

上述方法都可归于确定性方法。另外，也有学者提出，基于系统理论观点，影响桩端溶洞顶板稳定性的因素较多且明显包含模糊性，因此，程晔等引入模糊数学理论，分别采用模糊综合评判方法和模糊极限平衡分析方法对此进行研究。

以上研究大多是基于现有的结构理论对结构进行简化的半定量分析，但由于岩溶区岩土性质复杂多变，理论分析难以得出精确解。因此，学者常使用有限元法等数值方法进行岩溶区溶洞稳定性的研究。由于岩溶的复杂性，纯粹靠数值分析，难以得到合理的结果，需要结合定性分析和半定量分析以及现场试验结果进行综合判断。

（3）桩基施工稳定性

岩溶地区的桩基往往采用钻孔、冲孔成桩方法进行施工。岩溶地区（特别是东南岩溶地区）地下水位高，地下承压水的压力一般较大，其上部覆盖土层较松散，在桩基施工过程中常会遇到岩洞、土洞，坚硬倾斜岩面，以及一边为坚硬的石笋、石芽，一边为软弱土的情况，使得桩基施工工程中成孔面软硬不均，常常引发塌孔、成孔倾斜、扩孔过大、卡钻、掉锤，甚至桩机下沉等工程问题。

由于勘探技术的局限性，桩基础施工前溶洞的大小、分布、走向等地质资料往往反映得不十分准确，以致溶洞的处理一直是钻孔桩基础施工中的技术难题。施工常常是"摸着石头过河"，盲目性很大，事故的出现往往非常突然，施中时很容易漏浆导致孔内水头迅速下降，使上覆土层因压力差作用而塌孔、垮孔，甚至引起地面大面积坍塌、钻机倾倒等严重事故。在施工中，还经常出现因处理不当或不及时而导致延误工期、增加投资的现象。

1.3.2 岩溶地基基础理论研究

在岩溶区的地基基础理论方面，迄今国内还没有进行过系统的研究，目前较多的是一些学者和工程技术人员针对具体的工程实践过程中所遇到的岩溶地基（溶洞地基、土洞地基、塌陷地基）的分析评价。

刘之葵在实践的基础上，运用弹塑性理论、极限平衡理论、岩土力学理论、地下水动力学理论、土工试验等研究方法和手段，对岩溶区溶洞和土洞地基的稳定性、地基承载力、地基沉降变形及岩溶地基处理等方面进行了较为系统的研究。

朱祖友、任慧国通过对岩溶地面塌陷力学成因进行分析，从岩溶塌陷的特征、岩溶水动力循环条件、岩溶塌陷的立体空间配置等方面研究了岩溶塌陷的特征，并认为大气压力和土体自重力是对盖层土体破坏起主要作用的力，地下水运动是加剧岩溶塌陷的外因。破坏盖层土体的各种力是地下水体在下落运动过程中，水体重力势能减少，部分势能通过真空系统机构的出现不断地转变成外力，施加在盖层土体上，使土体产生直剪破坏，形成地面塌陷的独有特征。

陈洁、孙景海总结了岩溶塌陷成因机制的理论和形成条件，提出了岩溶塌陷预测的主要手段和方法，并对各方法的特点进行评价，并认为未来岩溶塌陷的时空预测将成为一个新的研究方向。

周建普、李献民根据影响溶洞和土洞顶板稳定性的多种因素，结合力学模型、数学模型及计算方法的研究，综合论述了工程实践中常用的岩溶地基稳定性分析评价方法及其适用范围。

1.3.3 工程应用

岩溶地区岩溶洞、隙、沟、槽等岩溶地貌和岩溶的特殊形态（土洞）都属于岩溶范畴内的不良地质现象，由其所构成的岩溶地基常常引起地基承载力不足、不均匀沉降、地基滑动和塌陷等地基变形破坏，对工程建设造成不利影响，使建（构）筑物附近产生地面塌陷等现象，严重时会危及建筑物的正常使用。因此，随着越来越多的工程在岩溶地区兴建，岩溶地基稳定性问题就成为工程建设中的突出问题。未经有效处理的岩溶及其地基会造成公路铁路断道、桥涵下沉开裂、建筑物损坏、水库渗漏，进而影响生产，危及人民生命财产安全。

目前，在岩溶工程实践方面，从建筑地基的勘查到设计和施工，其实践中的经验、方法和手段还是多于理论研究，定性分析评价也是多于定量分析评价。这种情况也造成，工程技术人员往往根据具体工程案例的实际情况提出适合其工程背景的设计和处理方案，然而缺乏系统的理论指导及经验总结。

　　因而，对岩溶区溶（土）洞对建筑地基稳定性的影响因素和判别方法、岩溶地基承载力、岩溶地基沉降变形以及岩溶地基处理等问题进行系统性的研究，无论在理论上还是实践上均十分迫切。

　　岩溶地质条件的区域性很强，地基基础设计和地基处理方法等工作都必须在充分依靠当地经验及类似地基处理的经验教训上，才能对其进行科学的、定量化的处理，才能把有价值的经验和教训变成有规律的理论、方法，以便有效地在工程实践中应用。

1.4　本书主要内容

　　根据多年来实际工程的经验及教训，结合岩溶地区工程地质特征及地基基础特点，本书全面系统地介绍了岩溶地区地基基础工程在工程勘察、设计、施工等方面的研究成果及内容，主要内容如下：

　　1）工程地质勘察方面。讨论了场地岩溶发育程度划分与地域及工程建设的关系；分析了钻探钻点布置和深度对探查岩溶的影响，并总结了岩溶区防止掉钻等事故的经验；分析了现行物探方法的优缺点并给出选用原则；总结了岩溶地区地下水评价的内容及要求；介绍了多种手段相结合的勘查方法，重点介绍了地球资源卫星遥感、航空遥感、热红外线遥感、侧视雷达遥感等广泛应用于岩溶地区工程地质勘察的遥感技术。

　　此外，还探讨了岩溶勘察的新方法、新技术。如地球物理勘探技术发展较快，方法种类较多。常用的物探技术方法有：电阻率法、高密度电法、地质雷达（GPR）、声波、电磁法、井间 CT、测井法、管波探测法、钻孔超声波成像技术等。近来，大比例尺航空摄影相片、无人机倾斜摄影技术、钻孔电视技术、洞穴激光扫描仪、BIM 技术等一些新技术方法也用于岩溶勘察。

　　2）地基稳定性方面。岩溶地区建筑地基稳定性评价，本质上是洞体地基的稳定性评价，本书主要讨论溶洞、溶槽（沟）等岩溶形态对建筑地基稳定性的作用及影响。

　　3）岩溶地基处理方面。岩溶地基处理的新方法不多，主要集中于复合地基在岩溶地区的应用及研究方面，涌现出 CFG 复合地基、CM 复合地基，长—短桩复合地基等多种新型复合地基，提出了岩溶地区复合地基承载力及变形的计算方法。

　　4）岩溶地区桩基础方面。研究并对比了各类灌注桩对岩溶地质条件的适应性，开展了混凝土灌注桩终孔条件及桩端下溶洞顶板强度的研究。总结了灌注桩在岩溶地区的施工经验及教训，研究了灌注桩施工过程中对溶（土）洞的处理手法。

　　5）岩溶地区基坑工程方面。基坑支护选型，支护构件（锚杆、桩）避让溶洞，防止涌水、涌砂以及对周边环境保护的措施等方面取得了显著成果。

　　6）施工方面。总结了钻（冲）孔灌注桩、旋挖桩穿越溶洞、长螺旋压灌混凝土桩处理溶（土）洞、减少预应力管桩断桩率的施工工艺及经验，以及施工对环境的保护和废物（泥浆）再利用等技术措施。

第2章 岩溶地质特征

2.1 岩溶类型

岩溶类型的划分与岩溶发育条件密切相关。对岩溶类型进行准确划分的难度很大，往往采用主要指标划分的原则。按单项指标划分的几种主要岩溶类型如表 2-1 所示。

岩溶类型

表 2-1

划分依据	划分类型	备注
按可溶性岩石的出露条件划分	裸露型岩溶	可溶岩全部出露地表，上面没有或很少有覆盖物，地表岩溶显著
	覆盖型岩溶	被松散堆积物覆盖的岩溶，覆盖层厚度一般小于 50m
	埋藏型岩溶	已成岩的非可溶性岩层之下的可溶岩类岩层所发育的岩溶
按气候带划分	温带岩溶	发育在温带地区，气温较低，雨量和降水强度都比热带为小，主要是地下岩溶比较发育，故又称为隐伏岩溶
	亚热带岩溶	是介于热带与温带之间的过渡类型，有明显的干季与雨季，以各种岩溶丘陵与洼地为其主要特征
	热带岩溶	湿热的热带地表与地下岩溶作用强烈，峰林特别发育，如广西盆地和广西西江平原等地
按植被覆盖划分	裸露岩溶	全部或近乎完全没有被植被覆盖的岩溶
	绿岩溶	岩溶化地块几乎全为植被所覆盖
	草原岩溶	岩溶化地块均为草原所覆盖
	森林岩溶	岩溶化地块为大片森林所覆盖
按海拔划分	海底岩溶	如海底岩溶泉
	海岸岩溶	通常发育在厚层石灰岩地区的海岸，具地带性的特点
	高原岩溶	岩溶化的高原
	高山岩溶	指高山森林线以上发育的岩溶地貌
按岩性划分	石灰岩岩溶	碳酸盐岩溶中分布最广的一种，构成了典型的、最常见的岩溶
	白云岩岩溶	属碳酸盐岩溶的一种，其溶解度和溶蚀速度都不及石灰岩块，由于不溶物质含量较多，故多溶蚀残余物质——红色黏土，但岩溶形态则与石灰岩近似
	石膏岩溶	指发育在石膏及硬石膏中的岩溶

续表

划分依据	划分类型	备注
按岩性划分	盐岩溶	指发育在卤素岩中的岩溶，岩溶形态保存更为短暂
	假岩溶	一般认为由于岩石里胶结物溶蚀、潜蚀或其他外力产生类似岩溶的现象称为假岩溶
按地质构造划分	水平层岩溶	在产状水平的厚层可溶岩地层里发育的岩溶
	褶皱区岩溶	在褶皱地区发育的岩溶
按石灰岩性质和岩溶发育程度划分	半岩溶	一般发育在不纯的石灰岩、白云岩或质纯白云岩中，以流水、风化、侵蚀为主的岩溶
	全岩溶	一般发育在质纯的石灰岩中的岩溶
按水文标志划分	充气带岩溶	发育于充气带内的岩溶
	浅饱水带岩溶	发育在饱水带上部的靠近地下水面附近的岩溶
	深部岩溶	在深饱水带内发育的岩溶
按岩溶地貌演化划分	单面山岩溶	岩溶地块受褶皱后，侵蚀成一单面山，并在此基础上进行岩溶作用，形成单面山岩溶
	准平原岩溶	在流水侵蚀作用下，岩溶地貌演化发育形成平原形态
按岩溶形成时期划分	古岩溶	古地质时代形成的岩溶
	化石岩溶	地下岩溶空间已全部被充填，与现代地下水循环系统关系不密切的岩溶
	现代岩溶	目前仍在发育的岩溶
按地表岩溶形态划分	漏斗岩溶	以岩溶漏斗为主
	石丘岩溶	以岩溶峰林、丘陵为主
	麻窝状岩溶	以峰林漏斗组合为主

2.2　岩溶的形态特征

　　岩溶是由于具溶蚀力的水对可溶性岩石进行溶蚀等作用形成的。岩溶发育形态各异，但其共同特征是在岩层内形成溶蚀空腔，在地表常见的有石林、溶沟、溶槽、漏斗、溶蚀洼地、落水洞、陷穴、岩溶泉等，在地下施工中一般遇到的有溶洞、暗河、土洞等。

　　覆盖型岩溶埋藏于地下，现有的勘查手段难以对其形态进行分析，则不少学者提出，用裸露型岩溶为覆盖型岩溶的形态提供参考。这主要是基于覆盖型岩溶主要是由裸露型岩溶在地层堆积过程中形成的。但这往往忽略了一个条件，即地形堆积过程中和形成后的岩溶发育与裸露状态不一致，往往具有不同的特点，裸露型岩溶更多地表现为侵蚀严重，锋面较为锋利；而覆盖型岩溶在土层堆积过程和后期的变化过程中，不断受到水汽的循环和侵蚀作用。因此，裸露型岩溶主要表现为上下分布，如产生峰林等地形地貌（图 2-1、图 2-2）；而覆盖型岩溶，在水汽循环作用下，往往会产生横向连接的洞室（图 2-3），并且岩面在与土层交互过程中不断平滑，因此覆盖型岩溶岩面也较为光滑。但其岩溶起伏仍然存在，包括可能出现大量的斜岩，而在溶沟处，也会出现高差的突变。因此，应该以发展的眼光看待裸露型岩溶与覆盖型岩溶的形态，其既有相似性，也有不差异性，应该互相验证，区别分析。

图 2-1　峰林（图片来源：网络）

图 2-2　峰林（图片来源：网络）

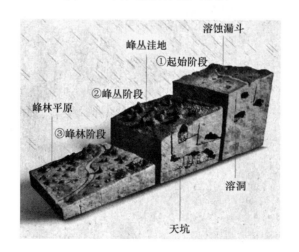

图 2-3　岩溶发育阶段演化示意图（图片来源：网络）

如图 2-3 所示，岩溶发育阶段可分为起始阶段、峰丛阶段和峰林阶段，但并未包括覆盖型岩溶的发育阶段。

2.2.1　岩溶个体形态

2.2.1.1　地表岩溶

1）溶痕。地表水沿可溶性岩层进行溶蚀，形成微小的沟道，称为溶痕。宽仅数厘米至十余厘米，长几厘米至数米，是溶沟的雏形，常见于石灰岩和石芽的表面。

2）石芽与溶沟。地表水沿可溶性岩石的节理裂隙流动，不断进行溶蚀和冲蚀，开始是微小的溶痕，进一步加深形成沟槽形态，称为溶沟。沟槽之间突起的牙状岩体称为石芽，许多石芽首先在土下溶蚀而形成，后期受到地表水的溶蚀和侵蚀，仍埋藏于土下的叫埋藏石芽。由溶沟形成的组合形态就是溶沟田，沿石灰岩表面发育。

3）岩溶裂隙。地表水沿可溶岩的节理裂隙进行垂直运动，不断对裂隙四壁进行溶蚀和冲蚀，从而不断扩大成几厘米至 $1 \sim 2m$ 宽的岩溶裂隙。

4）落水洞。落水洞是地表水流入地下河的主要通道。它是流水沿岩溶裂隙进行溶蚀、机械侵蚀作用以及塌陷而成的。开始时裂隙扩大，引入大量的地表水，由于管道狭窄，当流速较大时，水中挟带的岩屑，就对管壁进行强烈的磨蚀，使地下通道不断扩大，进而顶板发生崩塌，形成落水洞。它分布于溶蚀洼地和岩溶沟谷的底部，也分布在斜坡上。其形态不一，深度可达 100m 以上宽度很少超过 10m；按形态可分为圆形、井状和缝隙状落水洞。我国各地称之为无底洞、消水洞、消洞等。

5）漏斗。漏斗又称斗淋、灰岩坑、溶斗、盘坑、盆坑等。为漏斗形或碟状的封闭洼地，直径在 100m 以内，是地表水沿节理裂隙不断溶蚀，并伴有塌陷、沉陷、渗透及溶滤作用发育而成的。

6）溶蚀洼地。溶蚀洼地是由于岩溶作用产生的封闭洼地，四周被低山丘陵和峰林所包围。土与漏斗不易严格划分，一般在形态上，溶蚀洼地的底部较平坦，覆盖松散堆积物，可种植作物；漏斗则多为不规则的圆形，底部平坦的面积较小。在生产实践上以底部长径 100m 为两者之间的分界。

7）岩溶槽谷。岩溶槽谷即长条状的合成洼地，又称"溶蚀谷地""冲""槽"，其发育主要受构造控制，以川东地区最为典型，构造上为一系列北东—南西走向的紧密褶皱的平行岭谷，下三叠系灰岩常出露于背斜轴部或两翼，沿此发育成槽状岩溶谷地，遂称为槽谷。长可达几十至一百余公里，成为山中有槽的平行岭谷式的岩溶地貌。

8）岩溶盆地。岩溶盆地土名称为"坝""坝子"，是大型的溶蚀洼地，它几乎是坡立谷的同义词。坡立谷是在一定构造条件下，如断层、断陷以及岩溶与非岩溶化岩石的接触带，经长期溶蚀、侵蚀而成。其底部或边缘常有泉和暗河出没。我国云南的砚山、罗平，贵州的安顺都是较大的岩溶盆地。

9）岩溶准平原。因岩溶发育，造成地面起伏很小，称为岩溶准平原。石灰岩地形演化循环的方式是：最初，地表沿节理、裂隙发育，形成稀疏的圆洼地；后来溶蚀洼地不断扩大，地面崎岖；最后洼地合并，底部不断扩大成平原，且有孤立的残丘，这种以溶蚀作用为主而使地面低降平坦的地貌，称为溶蚀准平原。它虽与岩溶平原属同一形态类型，但岩溶准平原强调了岩溶循环演变的阶段性。云南东部弥勒一带保存有很好的上升的岩溶准平原。

10）岩溶夷平面。岩溶夷平原即岩溶准平原地面。这种岩溶化为夷平的地面，由于后期被抬升，常见于山顶，呈波状起伏、峰顶齐一的形态。

11）盲谷。岩溶地区没有出口的地表河谷。地表的常流河或间歇河，其水流消失在河谷末端的落水洞中而转为暗河，多见于封闭的岩溶洼地或岩溶盆地中。

12）干谷。岩溶地区干涸的河谷。以前为地表河，因地壳上升，侵蚀基准面下降而转为地下河，使地表河谷成为干谷。谷底较平坦，常覆盖有松散堆积物，有漏斗、落水洞分布，一些地区由于近期地壳上升运动强烈，使下谷高悬于近代深切峡谷之上，称为岩溶悬谷。当地表曲流段被地下河流袭夺裁弯取直后，可使地表留下弯曲的干谷。

13）岩溶天窗。岩溶天窗为地下河顶板的塌陷部分。地下河顶板开始塌陷时，范围不大，称为岩溶天窗。通过岩溶天窗可见地下河或溶洞大厅。

14）峰林。如高耸林立的石灰岩石峰，分散或成群出现在平地上，远望如林，称为峰林。峰林的相对高度为 $100 \sim 200$m，坡度很陡，一般均在45°以上，常依构造方向排列，表面发育石芽与溶沟，峰林内部也发育有溶洞、落水洞、暗河等，共同蚀蚀峰体，使石峰成为一个空架子。

15）孤峰。兀立在岩溶平原上的孤立石峰。基石裸露，石峰低矮，相对高度由数十米至百余米不等。

16）残丘。孤峰进一步发育，岩块不断崩解就成为蚀余残丘，又称为石丘，相对高度只有十几米至数十米。岩溶丘陵与溶蚀洼地组合形成亚热带岩溶区的主要类型。丘陵起伏不大，相对高度通常在 $100 \sim 150$m 左右，坡度不如峰林陡，一般小于45°。

2.2.1.2　地下岩溶

1）溶洞。溶洞又称洞穴。地下水沿着可溶岩的层面、节理或裂隙、落水洞和竖井下渗，在地下水垂直渗入带内沿着各种构造不断向下流动，同时扩大空间，形成大小不一、形态多样的洞穴。起初这种下渗的水所造成的溶洞，彼此是孤立的，随着溶洞的不断扩大，水流不断集中，岩溶作用不断地进行，使孤立的洞穴逐渐沟通，许多小溶洞就合并成为大的溶洞系统。这时静水压力就可以在较大范围内起作用，形成一个统一的地下水面。位于地下水面附近的洞穴，往往形成水平溶洞，在邻近河谷处有出口。当地壳上升，河流下切，地下水面下降，洞穴脱离地下水，就成为干溶洞。洞内有各种碳酸钙的化学沉积物以及其他洞穴堆积物。

2）地下河。即暗河或伏流。地面以下的河流，在岩溶地区常发育于地下水面附近，是近于水平的洞穴系统，常年有水向邻近的地表河排泄，称为地下河。有时地表河流入地下后，又从地下流出地表。

3）地下廊道。近于水平的地下河，人可进入。

4）岩溶通道。岩溶通道又称溶洞网，由各种大小不同的洞穴和管道联系起来的洞穴系统，常见的是迷宫型和树枝型的洞穴网，可达岩溶岩体的深部。

5）暗湖。暗湖即地下湖。在岩溶岩体内，由于岩溶作用形成的具有较大空间并能积聚地下水的湖泊，称为暗湖，它往往和暗河相连通，或在暗河的基底上局部扩大而成，起着储存和调节地下水的作用。

6）溶孔。碳酸盐类矿物颗粒间的原生孔隙、解理等被渗流水溶蚀后，形成直径小于数厘米的小孔，称为溶孔。

7）晶孔。被碳酸钙重结晶的晶簇所充填或半填充的溶孔。

8）洞穴堆积。在洞穴中，常堆积有各种不同成因的堆积物，包括碎屑堆积、化学沉积、河流冲积物、有机充填物以及混合充填等。常见的堆积物有石灰华、钟乳石、石笋、石柱、石幔、边石、石珊瑚、石珍珠等。

2.2.1.3　土洞

土洞是指埋藏在岩溶地区可溶性岩层的上覆土层内的空洞。土洞继续发展，易形成地表塌陷。当上覆有适宜被冲蚀的土体，其下有排泄、储存冲蚀物的通道和空间时，地表水将向下渗。

（1）土洞的成因分类

地表水形成的土洞，当处于地下水深埋于基岩面以下的岩溶发育地区时，地表水沿上覆土层中的裂隙、生物孔洞、石芽边缘等通道渗入地下，对土体起着冲蚀、掏空作用，逐渐形成土洞。

地下水形成的土洞，当处于地下水位在上覆土层与下伏基岩交界面处作频繁升降变化的地区时，当水位上升到高于基岩面时，土体被水浸泡，便逐渐湿化、崩解，形成松软土带；当水位下降到低于基岩面时，水对松软土产生潜蚀、搬运作用，在岩土交界处易形成土洞。

（2）土洞的发育条件

1）土洞与下伏基岩中岩溶发育的关系。土洞是岩溶作用的产物，它的分布同样受到岩溶发育的岩性、岩溶水和地质构造等因素的控制；土洞发育区通常是岩溶发育区。

2）土洞与土质、土层厚度的关系。土洞多发育于黏性土中。黏性土中亲水、易湿化、崩解的土层、抗冲蚀力弱的松软土层易产生土洞；土层越厚，达到出现塌陷的时间越长。

3）土洞与地下水的关系。由地下水形成的土洞大部分分布在高水位与平水位之间；在高水位以上和低水位以下，土洞少见。

（3）土洞的形成过程

由地下水形成的土洞的形成过程：土洞形成前→土洞初步形成→土洞向上发展→塌陷→形成碟形洼地。

1）地下水位上升，抗水性差的土强烈崩解，一部分顺喇叭口落入下部溶洞中，初步形成上覆土层中的土洞；

2）土颗粒沿岩溶洞隙继续被地下水带走，上覆土中空洞逐渐扩大，向上呈拱形发展；

3）土洞进一步扩大，向地表发展，顶板渐薄，当拱顶薄到不能支持上部土的重量时，便突然发生塌落；

4）坍塌后，地面成为地表径流汇集的场所，大量堆积物日益聚集，使底部逐渐接近碟形洼地。

其后，杂草丛生，久而久之地表夷平而无法辨认，土洞便暂时停止发展。

在土洞形成过程中，堆积在洞底的塌落土体有时不能被水带走，起堵塞通道的作用。若潜蚀大于堵塞，土洞将继续发展；反之，土洞将停止发展。因此，并不是所有的土洞都能发展到地表塌陷。

2.2.2　岩溶地貌组合

各种岩溶具有不同的个体形态，它们常组合成一定的地貌类型组合，在发育过程中有其成因上的联系。

2.2.2.1　地表岩溶形态组合

（1）峰丛—洼地或峰丛—漏斗

峰林基部相连，成为无数峰丛，其间为岩溶洼地或漏斗，组成峰丛洼地或峰丛漏斗组合。

（2）峰林—洼地

峰林与其间的岩溶洼地组合而成。洼地从封闭的圆洼地至合成洼地、岩溶盆地都有。孤峰残丘与岩溶平原峰林分散，孤立在岩溶平原之上峰林已被蚀低成为孤峰或零星的残丘，相对高度在100m以下。

（3）岩溶丘陵洼地

石灰岩丘陵和岩溶洼地及干谷组成的一种地形。丘陵之间为岩溶洼地和干谷所分割，沟谷及洼地的底部一般较平坦，发育着漏斗与落水洞，并大部分为松散堆积物所覆盖。

（4）岩溶垄岗—槽谷

在亚热带地区，由于受构造的影响，碳酸盐地层（有时还夹有非碳酸盐地层）由于受紧密褶皱的影响，后期的岩溶化作用受其影响，如川东的北东—南西走向的平行岭谷区，在槽状谷地两侧为岩溶化的垄岗。

2.2.2.2　地表岩溶与地下岩溶形态组合

地表岩溶形态与地下岩溶形态之间具有密切的联系，如岩溶泉，虽表现为地表岩溶现象，其实是地下径流发展的结果。又如呈现在地表的岩溶塌陷，则是地下溶洞发育的结果。地表的一系列漏斗、洼地成串分布，往往反映其下有一条地下河道。

（1）溶洞与地下廊道组合

溶洞与地下廊道相连通，组成复杂的洞穴系统，因此可以说溶洞是地下廊道在地表的表现，是地下通道的进出口。

（2）落水洞、竖井—地下通道组合

落水洞通过竖井把地表岩溶与发育在深处的地下岩溶联结起来。落水洞往往出现在溶蚀洼地底部，并且常和盲谷相沟通，在盲谷的末端可见到成群的落水洞。

（3）岩溶干谷与暗河组合

在有干谷出现的地方，常说明地下有暗河存在。这是由于原来在干谷里流动的水，为适应岩溶基面而渗入地下，在地下发育成暗河。

2.2.2.3　岩溶与非岩溶地貌组合

岩溶地貌的发育是与区域地貌发育密切相关的，因此岩溶地貌可与该区的非岩溶地貌产生对比，并与邻近的非岩溶地形进行组合。

1）溶洞与阶地组合。溶洞在较稳定的地块中有成层分布的规律，这种溶洞是指由于地下河发育而形成的岩溶廊道，即使在倾斜以至垂直的岩层组成的岩溶区中，这种规律也十分明显。这种溶洞层可与附近相同高度的河流阶地进行对比。由于在当地的侵蚀基面相当稳定的时候，在岩溶区发育了与地面河床相适应的地下河与地下通道，待地壳上升、河流下切时，岩溶地块中的地下河通道则上升成为溶洞，在非岩溶区相应地发育了阶地。若地壳间歇性地上升和下切，则可发育多层溶洞和与它相当的多级阶地。

2）分水岭地带的风口与溶洞组合。分水岭地带的风口具有与溶洞同一高程的规律，这说明当时域面的剥蚀作用和岩溶作用，都是在同一个稳定时期发育的。

2.3 岩溶发育的基本条件

在岩溶地区，岩石和水是发育岩溶的基本条件。

1）就岩石而言，它是岩溶发育的物质基础。首先，岩石必须是可溶的，否则水就不可能进行溶蚀，岩溶作用也就无从发生。其次，岩石必须具有透水性。当岩石具有透水性时，地表水方能渗入地下并转化为地下水，这样，地下水才能起主导作用，形成作为岩溶标志的地下孔洞。

2）就水而言，首先，水必须具有溶蚀力，否则，岩溶作用就很难进行，岩溶也无法发育。净水的溶蚀力是微弱的，但当水中含有 CO_2 或其他酸类时，其溶蚀力就会增大，对碳酸盐类的可溶性岩石才能产生溶蚀作用。其次，水必须是流动的，因为停滞的水很快就会变成饱和溶液而失去溶蚀力，岩溶作用就会停止，岩溶就得不到发育。

因此，岩石的可溶性、透水性和水的溶蚀性、流动性，就成为岩溶作用和岩溶发育的基本条件。此外，气候、地形、生物和土壤等自然条件，作为岩溶作用和岩溶发育的外因，也起着不同程度的影响作用。

2.4 岩溶发育的影响因素

岩溶是指水流与可溶岩相互作用，并在岩层中形成各种特殊形态的结果，其发育的必要条件是岩石可溶性、地下渗流场和地下水溶蚀力（包括溶解能力和侵蚀能力）的有机结合（或优势匹配），并受到当地一系列自然因素（包括气候、水文、地质）的影响和制约。

如图 2-4 所示，各种影响因素是相互联系、相互包含的，岩溶作用的发生和发展是各种因素的综合结果。

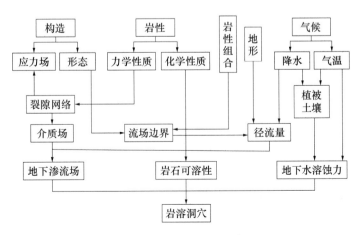

图 2-4 岩溶发育影响因素图

2.5 广东省岩溶

2.5.1 广东省地形地貌与地质构造特征

2.5.1.1 地形地貌特征

广东省北依南岭，南临南海，所处纬度低，北回归线横穿省境大陆中央，地多丘陵，地势大体北高南低，是一个多山多丘陵省份。

在地貌上，从北到南形成山地、丘陵、平原（含台地）3 大类型，构成了 3 个阶梯。第一个阶梯为粤北山区，由近似东西走向的自北向南发育的 3 列弧形山系（蔚岭—大庾岭、大东山—瑶山岭、连山—螺壳山—南昆山—九连山）构成，海拔在 1000 ～ 1500m，粤西北的石坑崆海拔为 1902 米，为全省最高山峰；第二个阶梯为粤中丘陵区，包括粤东低山区、粤西低山区（粤东有凤凰山、莲花山、罗浮山等，粤西有天露山、云雾山、云开大山等），海拔多为 300 ～ 700m，少数山脉超过 1000m；第三个阶梯为粤南台地、平原区，以海拔 50m 以下的台地和 5m 以下的平原为主，台地以雷州半岛台地为最大，平原以珠江三角洲为最大。3 个阶梯由北向南逐级递降，并向南海倾斜，构成了广东的地貌格局。

2.5.1.2 地质构造特征

广东大陆属于华南褶皱系的一部分，其演化历程划分为三个发展阶段以及相应的构造旋回和构造运动。三个阶段都有着各自的特点，在历史发展进程中，它们在地壳中遗留下原生继承的和新生的构造形迹，控制了地貌发育的格局，支配了地貌发育过程，是广东地貌形成的原动力。

（1）地槽发展阶段——加里东旋回及其构造运动

从震旦纪至晚志留世，华南地槽经历了下沉、稳定、回返封闭的过程，沉积巨厚的以浅海相为主的类复理石砂页岩建造。志留纪末期的加里东运动使早古生代地层发生了强烈的紧密型褶皱，形成了一系列北东、北东东、东西方向展布的褶皱构造骨架，地壳上升，海水退出，结束了地槽发育历史。这次运动对广东省大地构造区域分化起了重要的影响，隆起区、坳陷区已具雏形，现在的山脉形态走向和分布特点与加里东运动构造线方向和分布具有很大的相似性，粤西的云开大山是此次运动的产物。

（2）准地台发展阶段——海西或印支旋回及其构造运动

从泥盆纪至中三叠世，广东省在经历了加里东运动之后，开始了准地台发育的历史，即地台盖层沉积，包括陆屑式的海滨浅海碎石岩建造、夹火山岩建造、含煤建造、浅海碳酸盐岩建造及硅质岩建造等。在中三叠世之后，发生了规模宏大的印支运动，不仅使地台盖层发生褶皱，形成以梳状、箱状为特征的过渡型褶皱带以及同向深大断裂的发育，更重要的是导致了岩浆的大规模入侵及变质—交代作用的发生，构造线方位仍以北东为主，东西向次之。印支运动结束了华南准地台的发展历史。

印支运动是继加里东运动之后华南准地台发生的一次重大变革，此时广东已全部隆起，发生倾斜，海水再度退出，古地理面貌巨变。其形成的复向斜复背斜式山地及低地和沿构造线斜展布的短轴背斜，构造盆地持续成为现今地貌的一大特点。

（3）大陆边缘活动阶段——燕山旋回和喜马拉雅旋回及其构造运动

燕山旋回早期沉积物为海陆交互相及含煤碎屑岩建造，中晚期为内陆河流、山间盆地或断陷盆地的碎屑岩、火山碎屑岩及红色碎屑岩建造，岩性极为复杂，期间曾发生多次构造运动。但规模最大、影响最深的是晚侏罗世之后、早白垩之前，即燕山运动第三幕。燕山运动的主要特点是以断块造山、以北东向和东西向深大断裂控制的火山喷发、岩浆侵入为主。它的发生与太平洋板块向欧亚大陆板块俯冲密切相关。断裂作用在原印支运动的基础上更加强烈，形成一系列北东向和东西向延伸数千公里的深大断裂、开阔型褶皱及数百米至数公里宽的变质带。

燕山运动时，广东省地面全部上升，断裂上升形成了粤东的莲花山和阳春附近的山地，火成岩侵入造成不少隆起山地，如粤北弧形山地、粤东凤凰山、罗浮山等。同时在上述隆起山地之间或边缘，还产生了许多边缘坳陷或断裂，广东省的大多数盆地如粤北的南雄、仁化、坪石、星子盆地，粤东的河源、灯塔、龙川、五华、兴宁、梅县、罗定盆地都是在这次构造运动的基础上形成的，经过燕山运动，基本奠定了广东省现代地貌的轮廓。

喜马拉雅旋回的沉积作用，主要是已有的沿断裂展布的内陆断陷盆地之中沉积的内陆河湖红色碎屑岩建造夹可燃有机岩、膏岩、火山岩建造为特征，以及在大陆架和南海盆地边缘沉积的滨浅海相碎屑岩夹有机岩建造。

喜山构造运动是燕山运动的继承和发展，以拉张应力导致的断块隆起和坳陷并形成平缓的拱曲褶皱，在大陆多形成具陆内裂谷雏形的断陷盆地，在大陆南缘及海域，以近南北向的拉张导致海底扩张，形成东西向的陆内裂谷型琼州海峡，珠江口拗陷也是此时形成。总之，广东省是一个典型的多旋回造山区，对地貌上的山地、丘陵总特征的形成起到了控制作用。

2.5.2　广东省岩溶发育地层沉积环境特征

2.5.2.1　元古宙—早古生代地层的沉积环境

云开群是广东省目前发现的最古老的地层，普遍变质及混合岩化；原岩是由细砂—粉砂—泥质沉积物组成的韵律式基本层序，夹海相基性火山岩、碳酸盐岩、硅质岩薄层或透镜体，以具条带状构造、水平纹层发育为特征，是在较深水的浅海陆架环境中沉积的。该时期含碳酸盐的地层主要有：

（1）大绀山组

大绀山组平行不整合于下伏地层之上，底部砂岩为滨岸—浅海沉积，下部碳酸盐岩相对较发育，并夹火山岩层，向上普遍过渡为以泥质岩石（千枚岩或粉质砂岩板岩）为主，含磷、锰质并夹硅质岩薄层或透镜体，水平纹层发育，表现为水体加深的浅海陆架环境；上部以碎屑岩为主，基本层序仍是砂—粉砂、泥质的韵律沉积。

（2）活道组

活道组底部也可见一个间断面，自下向上为正粒序层序，底部砾岩具底砾岩性质，成分复杂，向上过渡为以粉砂—泥质为主，顶部见灰岩透镜体或硅质岩薄层。表明活道组的沉积为滨岸—浅海陆架的演变序列；砾石的含量和砾径大小在区域展布上的变化表明物源区来自西南方向。

（3）罗东组

罗东组由灰白色厚层块状含白云质细晶灰岩—砂屑灰岩—粉晶粒屑铁质灰岩组成基本层序，属局限台地相，向西过渡为斜坡相角砾状灰岩。

2.5.2.2 泥盆纪—中三叠世的沉积环境

广东省的泥盆纪—中三叠世地层发育齐全，分布也较广泛，除粤东沿海及雷州半岛地表外，各地均有出露。

晚古生代地层是在加里东运动形成的褶皱面上发育的，泥盆纪—中三叠世构成了一个较完整的海侵—海退的沉积旋回。广东省泥盆纪的海侵，由粤西北、粤西向粤东北和粤东推进，沉积物自东而西具有由粗碎屑岩向细碎屑岩—碳酸盐岩有规律性的叠置和推移，使早—中泥盆世沉积除粤西及粤北有碳酸盐岩沉积外，其余均以碎屑岩沉积为主。晚泥盆世，粤西以含磷、锰硅质岩沉积或碳酸盐岩沉积为主，粤北及粤中广大地区下部为灰岩、泥灰岩沉积，上部为砂、泥质岩沉积，粤东以碎屑岩沉积为主。

早石炭世早期，广东省除粤北有碳酸盐岩沉积外，大部分地区为含钙质的细碎屑岩沉积。早石炭世晚期，大部分地区为碳酸盐岩夹含煤碎屑岩沉积，粤东以含煤碎屑岩沉积为主，中—晚石炭世为广东海侵的最高潮期，全省均为碳酸盐岩沉积。

二叠纪时期，广东省表现为海退期，沉积呈现为碳酸盐岩—硅质、泥质岩—含煤碎屑岩的叠置。在区域上，西部以钙质、泥质为主，东部以碎屑岩为主。晚二叠世晚期—早三叠世以钙质、泥质类沉积为主。中三叠世沉积仅见于粤西北，为棕红色浅海—滨岸的细碎屑岩。

泥盆纪—中三叠世时期，广东省处于准地台发展以陆源碎屑岩及海盆内碎屑碳酸盐沉积海退的过程中，随沉积环境的变化，岩石组合呈现规律性交替变化。该时期含有碳酸盐岩类的地层主要有：

（1）棋梓桥组

棋梓桥组代表中泥盆世晚期的台地相碳酸盐岩，以低能的潮坪沉积和潟湖沉积为主，包括以块状白云岩为主体的潮上蒸发岩亚相、以灰质白云岩及纹层状泥晶灰岩为主的潮间坪亚相、以砾屑泥晶灰岩和含核形石泥晶灰岩为代表的潮下亚相及以泥晶—微晶灰岩为代表的台盆亚相等；生物礁灰岩零星分布于粤西北及粤北地区，一般可见 3～4 个礁层。

（2）二东岗岭组

二东岗组是属盐度正常、水体循环良好的浪基面以下浅海环境沉积，以生物屑泥晶灰岩、瘤状泥晶灰岩为主，完整的原地生物比台地相明显增多。

（3）春湾组

春湾组地表中泥盆世晚期至晚泥盆世的沉积。在粤北的仁化—始兴、粤中的阳春—开平等地，春湾组以潮坪相为主：下部以碎屑潮坪为主，由青灰至黄灰及灰白色砂岩、粉砂岩、砂质泥岩等组成，含腕足类、海百合茎、植物碎屑等，具水平层理、波状层理及沙纹层理等；向上过渡为混合潮坪，以夹泥质泥晶灰岩、白云质砾屑灰岩等为特征。平远及蕉岭等地的春湾组下部仍以河流相为主（五华双头、和平土厘子等地底部为厚层状砾岩），向上过渡为紫红及灰紫色含长石砂岩、泥质粉砂岩，含海相底栖腕足类及双壳类，总厚600m，属沉积速度较快的海进型砂质潮坪沉积。

（4）杨溪组至东岗岭组

它们代表广东泥盆纪的第一个完整的海进序列，早期的谷地被陆相堆积充填，岛屿被剥蚀，演化为中泥盆世晚期的广海型浅海碳酸盐台地—潮坪相、滨岸相—河流、洪冲积平原的古地理景观，形成一个完整的海侵体系域。

（5）巴漆组与东坪组

它们代表广东省中泥盆世与晚泥盆世交替时期的一次短暂海退。巴漆组系浅海陆架区低能环境下的以深灰色硅质泥晶灰岩为主的沉积，夹有纹层状含碳泥质灰岩、含放射虫碳泥质白云岩、碳泥质生物屑硅质岩等，具水平、断续状水平层理。东坪组分布于廉江及韶关地区，为泥、砂质碎屑岩。由东南向西北厚度逐渐变薄，在区域展布上形成一个东厚西薄的"楔形体"。

（6）融县组

融县组代表水体较浅的浅海台地亚相，以泥晶灰岩为主体夹瘤状灰岩、生物屑灰岩，珊瑚及腕足类；局部为水体较深的盆地亚相，化石稀少，以含燧石结核及碳泥质的微晶—细晶灰岩为主。

（7）天子岭组

在乐昌西岗寨，代表界于浅海陆架与潮坪之间的台地亚相，以生物屑泥晶灰岩、细晶白云岩组成基本层序，夹泥质粉砂岩与叠层藻灰岩；在曲江十里亭，代表台盆亚相，以厚层状含粉砂质灰岩与灰黑色厚层状生物屑灰岩组成基本层序；向东南至阳春、惠阳等地，以台盆亚相的泥质泥晶灰岩为主，岩性单一，生物稀少，具水平层理及微波状水平层理。

（8）帽子峰组

以海退河控型三角洲相为主，由下部以泥质粉砂岩为主的前三角洲、中部以中细粒砂岩为主的三角洲前缘及上部以泥质岩、粉—细砂岩为主的三角洲平原三部分组成。也可见由滨岸潮坪相演化或以砂质泥岩、碳质泥岩夹砂岩及劣质煤层组成的湖泊相沉积，如化州东山、台山那扶等地。

广东省晚泥盆世海盆经历了一个海进和海退的演化，泥盆纪末的海陆边界大致以始兴—翁源—龙门—广州—恩平为界，组成陆架边缘带。该时期含有碳酸盐类的地层主要有：

（1）长坝组

长坝组是广东省晚泥盆世—早石炭世的过渡层，在粤西北地区属低能的局限台地潮坪相，以具层纹状藻屑灰岩与白云岩（或白云质灰岩）组成基本层序；向东至乐昌、韶关地区，以生物屑泥晶灰岩与泥灰岩组成基本层序；翁源—新丰一带以灰岩与粉砂质页岩组成基本层序，厚度明显变薄，向东碳酸盐岩层尖灭，反映由局限台地向广海潮坪的变化。

（2）连州市组

连州市组与大赛坝组是早石炭世早期的同期异相沉积。连州市组属以潮上带为主体的蒸发亚相，由以白云质灰岩（或白云岩）为主与薄层状含燧石灰岩为基本层序的韵律层组成，为长坝组之上的一个海退序列。乐昌—韶关地区的大赛坝组是由粉砂质泥岩夹生物屑泥晶灰岩组成的一个以潮间带沉积为主的海退间海进序列；而在惠阳地区则属在潮坪上演化的三角洲沉积，由粉砂质泥岩—中粗粒砂岩（或含砾砂岩）的旋回构成。

（3）石磴子组

石磴子组代表早石炭世晚期的一次海侵，以开阔台地相为主，由生物泥晶灰岩、生物灰岩与生物介壳（骨屑）灰岩组成台地—浅滩的韵律层为基本层序；在粤中惠阳地区以浅海陆架相为主，由生物泥晶灰岩夹泥灰岩、钙质页岩或粉砂岩组成基本层序；在阳春—花都地层小区以碳酸盐潮坪相为主，由生物灰岩、白云质灰岩夹薄层状钙质泥岩及含碳质页岩组成基本层序。

（4）梓门桥组

梓门桥组代表早石炭世晚期的第二次海侵，以开阔台地相为主，浅海陆架相及局限台地相沿陆缘展布；由深灰黑色致密灰岩、白云质灰岩与白云岩组成基本层序，以含硅质条带和硅质结核为特征（其中往往含较多的化石，说明成因与生物有关）。曲江组为梓门桥组的侧向相变，以碎屑岩为主，夹桂质岩及灰岩透镜体；向东至和平、兴宁一带变为以前滨亚相为主，由碎屑岩组成正向韵律结构。

中、晚石炭世的大埔组—黄龙组—船山组，是由局限台地—开阔台地—浅海陆架沉积的演化序列。大埔组以潮上亚相为主体，以微晶—细晶白云岩、条带状白云岩、灰质白云岩为主，原地埋藏的化石极少；向上过渡为潮间亚相，出现纹层状灰岩、白云质灰岩、含硅质条带（或结核）生物灰岩。在区域分布上，局限台地向外为开阔台地及台地前缘斜坡相（含生物碎屑砂质灰岩或角砾状生物碎屑泥晶灰岩），再过渡为浅海陆架相（由生物微晶灰岩、泥晶灰岩夹粉砂岩、钙质页岩或泥灰岩组成基本层序）。

（1）栖霞组

栖霞组分布于全省各地，由深灰、灰黑色含燧石结核的泥质粉晶灰岩与生物碎屑灰岩夹薄层碳质泥岩组成基本层序，富含腕足类、苔藓虫、珊瑚及蜓类，表明为盐度正常的浅海陆架沉积。

（2）孤峰组与茅口组

孤峰组与茅口组为同期异相。茅口组出露于连州市、阳山地区，下部以含燧石条带灰岩为主，向上过渡为硅质岩夹铝土质页岩及碳质页岩，是在贫陆源碎屑的浅海陆架环境中沉积的；硅质岩中普遍含深水放射虫，是生物化学沉积岩。韶关地区的孤峰组由薄层状灰黑色硅质岩、硅质泥岩夹含碳质泥岩组成，含头足类、腕足类及双壳类、苔藓虫等底栖生物；在兴宁—梅县地区上部泥质粉砂岩、粉砂质泥岩明显增加，薄层硅质岩过渡为含磷扁豆体及结核与铁质结核；均属于浅海陆架相。

（3）水竹塘组与格顶组

水竹塘组与格顶组代表晚二叠世次一级海侵形成的"楔形体"。水竹塘组于连州市、阳山一带由中厚层状灰岩与碳、泥质薄层灰岩组成基本层序，富含燧石团块及珊瑚、腕足类，属盐度较正常的浅海陆架相。韶关一带的格顶组为滨海—潮坪相砂泥质建造，由灰黑色薄层状泥岩与泥灰岩或粉砂岩组成基本层序，以含黄铁矿条带、富含海相底栖生物为特征，厚度向东南变薄至尖灭。

（4）长兴组与大隆组

长兴组与大隆组代表晚二叠世晚期的一次海侵，广东全省处于浅水陆架—潮坪环境中；粤西北水体较深，以含燧石灰岩为主夹泥质灰岩及硅质岩；韶关地区由生物碎屑灰岩向泥灰岩、硅质泥灰岩、硅质岩过渡，硅质岩明显增多，并见火山凝灰岩夹层，含头足类、鳍、腕足类及有孔虫，以潮坪为主；梅县地区以碎屑岩潮坪为主，由粉砂质泥岩、粉砂岩，夹灰岩透镜体、硅质泥岩组成。

（5）圣堂组

恩平的圣堂组由中粗粒长石石英砂岩与泥质砂岩组成基本层序，以含红色鲕状赤铁矿结核为特征，属滨海湖泊相。

（6）大冶组

大冶组由灰岩夹薄层泥岩组成，厚度由西向东变薄至尖灭，上覆四望嶂组以泥灰岩为主夹钙质页岩、泥岩及薄层状灰岩。四望嶂组在韶关地区以泥灰岩为主，厚度较大，水平层理发育，是在水动力较弱的浅海陆架—潮下带环境中形成的；兴宁—梅县地区以钙质泥岩、钙质粉砂岩为主夹薄层泥灰岩，富含海相双壳类，厚达千米，属泥质潮坪相；广州加禾以钙质泥岩、泥质粉砂岩为主，恩平圣堂以黄色细砂岩、粉砂岩为主（底部见冲刷面），为滨海湖泊相。

2.5.2.3　晚三叠世—晚侏罗世的沉积环境特征

印支运动使广东大陆进入了环太平洋的大陆边缘活动带发展阶段，由于深大断裂和断块活动加强、裂谷及断陷盆地的发育以及火山喷发活动的多阶段性，使沉积建造、岩性组合具有多样性。该时期以细砂岩、粉砂岩及粉砂质泥岩为主，含碳酸盐类岩石的地层较少见。

2.5.2.4　白垩纪—第三纪的沉积环境特征

白垩纪—第三纪沉积在广东大陆上除雷州半岛外，均以内陆断陷盆地为主，经历了下沉—回返两个发展阶段；在相序上普遍发育有冲洪积扇、河流—浅水湖泊、深水湖泊、干三角洲—冲积平原的相结构模式。按沉积物组合可划分为火山沉积盆地、含膏盐蒸发盆地和含有机岩沉积盆地等。由于沉积环境的不同以及古气候条件的变迁，许多大型盆地都经历了一个复杂的发展过程。该时期以细砂岩、粉砂岩及粉砂质泥岩为主，含碳酸盐类岩石的地层较少见。

2.5.3　广东省可溶岩分布特征

广东省陆地面积为 17.98 万 km^2，碳酸盐岩面积约 2.9 万 km^2，占全省陆地面积的 16%。其中约 1.4 万 km^2 为裸露型，主要集中分布在粤北地区，约 1.5 万 km^2 为覆盖型，主要分布在广花盆地、阳春、肇庆、云浮等地，而惠州、梅州、湛江等地也有零星分布。除志留系、中三叠统、下 - 中侏罗统志地层外，自前震旦系至第三系地层中均夹有可溶岩地层，第四系有钙华沉积；以中 - 上泥盆统和石炭系可溶岩地层分布最广，以泥盆系碳酸盐岩质纯而可溶性最强。

根据碳酸盐类岩石纯度将碳酸盐分为以下三类地区：

1）含碳酸盐类 A 区，为碳酸盐类岩石纯度最高地区，也是岩溶最发育的地区。

主要包括：巴漆组与融县组并层，船山组，东岗岭组，东岗岭组与巴漆组并层，连县组与石磴子组并层，茅口组，栖霞组，棋梓桥组，融县组，石磴子组，石磴子组与测水组、梓门桥组并层，水竹塘组，长坱组，梓门桥组与大埔组并层。

2）含碳酸盐类 B 区，为碳酸盐类岩石纯度较高地区，属于岩溶次发育地区。

主要包括：测水组与梓门桥组并层，大埔组，大冶组与四望嶂组并层，黄龙组、栖霞组与孤峰组并层，棋梓桥组与东坪组、天子岭组并层，曲江组、天子岭组与帽子峰组并层。

3）含碳酸盐类 C 区，为碳酸盐类岩石纯度一般地区，属于岩溶弱发育地区。

主要包括：测水组与曲江组并层，春湾组与天子岭组并层，大赛坝组、石磴子组与测水组并层，大冶组与黄垄组并层，帽子峰组与长坱组、大赛坝组并层，栖霞组与孤峰组、童子岩组、翠屏山组、大隆组并层，栖霞组与孤峰组、童子岩组并层，忠信组。

广东省碳酸盐岩的空间分布特征，总体上可分为粤东北区清远—韶关—河源—梅州一带、粤中西区湛江—茂名—云浮—阳江—江门一带以及粤中东区肇庆—广州—深圳—惠州—佛山—东莞一带。

对于清远—韶关—河源—梅州一带，以中、低丘陵为主，属于亚热带多雨潮湿气候。碳酸盐岩主要分布于韶关市的乐昌市、乳源瑶族自治县、仁化县、曲江县、翁源县以及兴丰县，清远市的连州市、英德市、阳山县、连南瑶族自治县以东以及清新县西北部；河源市的连平县，零星分布于和平县、龙川县、东源县以及紫金县；梅州市的蕉岭县、平远县、兴宁市及五华县。地层发育较全，分布时代为中泥盆世到早三叠世。

湛江—茂名—云浮—阳江—江门一带，位于粤西山地、沿海台地与珠江三角洲地区。碳酸盐岩主要分布于湛江市的廉江市中部，茂名市的化州市西北部，云浮市新兴县、罗定市和连南县，阳江市的阳春市，江门市的新会市、开平市、台山市和恩平市。地层发育较全，发育地层有下泥盆统、石炭统、二叠统等，岩性以灰岩为主。

肇庆—广州—深圳—惠州—佛山—东莞一带，主要位于粤东南沿海丘陵以及珠江三角洲地区。碳酸盐岩主要发育于肇庆市的怀集县、封开县、鼎湖区以及高要市；广州市的从化区中部、花都区中南部以及增城区的北部；深圳市的龙岗区；惠州市的龙门县、博罗县、惠城区、惠东县和惠阳区；东莞市的东南部，零星分布于佛山高明区的北部。

2.5.4 广东省主要岩溶区的发育特征

2.5.4.1 粤北岩溶发育特征

粤北岩溶发育区广泛分布，约占粤北面积的 1/3，分裸露型和覆盖型两类。裸露型岩溶区以峰林突兀的侵蚀喀斯特地貌为主，基岩裸露；覆盖型岩溶区则表现为剥蚀残丘或山间平原地形，基岩被第四系松散层覆盖。南部英德—翁源，中北部韶关—乳源，西部连州市—阳山为主要岩溶分布区，其间分布着韶关、连州、连南、英德、阳山、翁源、乳源等主要城市，而乐昌、仁化、始兴、新丰等县城也有溶岩分布。可见，本区岩溶发育非常之广，而且大多数城区都分布在岩溶发育地区。

粤北岩溶地区广泛发育在上古生代碳酸盐岩地层中，主要岩性为灰岩、白云质灰岩、白云岩及其他含钙质的岩石。岩溶发育与其所在岩层的岩性关系密切，本区泥盆系中统东岗岭组、上统天子岭组及石炭系中上统天群灰岩，岩溶非常发育，不仅地表到处可见，勘查钻孔见溶洞也非常普遍。溶洞高从几厘米到几米，局部可达数十米以上，常常发育单层或多层溶洞，溶洞多数被砂砾或黏性土充填，少数为空洞。本区在石炭系下统石磴子组和孟公坳组层位，灰岩中普遍含较多的泥炭质，岩石溶蚀形成的空隙常常被泥炭质充填，从而阻止了岩石的进一步溶蚀，因此，该层位的溶蚀现象相对较弱。

岩溶发育与地下水关系也十分密切，岩溶一般发育在有地下径流之处。据统计，岩溶发育深度一般在 70m 以上，70～120m 发育较少，之下发育程度越来越弱。很明显，溶洞的垂直分布与地下水的径流分布相吻合。在水平方向上，岩溶多呈带状分布，多沿构造破碎带发育，说明岩溶发育与富含地下水的裂隙带密切相关。现今发育在侵蚀基准面以上的溶洞，大多属古岩溶，因地壳上升导致溶洞露出了地面。

（1）隐伏灰岩溶洞

隐伏灰岩溶洞是岩溶发育的主要类型，在粤北灰岩地区尤其如此。其形成原因是灰岩中存在裂隙和流动的地下水，溶洞沿裂隙发育，以地下水的溶蚀作用为主，而潜蚀和机械塌陷作用次之。若溶洞中有水流，且流量较大（一般大于 50L/s）时，则形成地下暗河。以韶关市区为例，灰岩溶洞发育程度具有区域性差异，溶洞高度为 0.20～10.00m，钻孔溶洞发现率一般为 10%～50%，局部地区可达到 70%～90%。在市区东北地域，下卧基岩为泥盆系上统帽子峰组灰岩地层，其特征是钙质灰岩夹有泥质页岩及粉砂岩，灰岩纯度不高，普遍呈灰黑色细结晶状，层厚为 155～307m，可见角砾结构，构造裂隙发育，钻孔溶洞发现率一般为 10%～20%。在浈江东南地域下卧基岩为石炭系石磴子组灰岩或壶天群灰岩，其灰岩碳酸盐纯度很高，裂隙极为发育，地下水对岩层的侵蚀条件较好，钻孔溶洞发现率达 60%～90%。在乐昌、乳源和翁源等县市，灰岩地层岩溶较为发育，钻孔溶洞发现率为 30%～40%。

隐伏灰岩溶洞多成层发育于不同的水平面上，或是与邻近河床阶地面的相对应。据资料统计表明，在韶关市区浈江与武江之间的半岛区域，隐伏灰岩溶洞一般成层发育于近基岩面，其高程为 32.00～45.00m。溶洞的赋存状态，多数呈全填充状态，少数呈半填充状态，而呈无填充状态谓之为空洞的极为少见。溶洞中充填物一般为黏土或夹少量碎石，多呈软可塑或流塑状。隐伏灰岩溶洞的发育，一般与岩层中存在构造裂隙和地下水丰富紧密相关。沿北江、浈江和武江两岸冲积阶地，溶洞发育较为集中在河水涨落幅度的高程范围内，受水文地质条件的影响，灰岩溶洞之间的连通性较好，且与河流保持一定的水力联系，并呈互补关系。

韶关市第一人民医院急救中心大楼位于市区半岛中心，距离浈江水平距离仅 25m，占地面积约 1024m^2，该楼地上 12 层，地下 1 层。场地地面高程 59.74～60.50m，地下水初见水位高程 56.05～57.55m，稳定水位高程 56.05～57.05m。基岩为下石炭系大塘阶石磴子段灰岩，岩面高程 17.45～45.70m，在勘查施工的 19 个钻孔中有 13 个发现溶洞，钻孔溶洞发现率为 68.42%。钻孔揭露灰岩总厚度为 152.40m，溶洞垂直发育总厚度为 68.50 m，经计算灰岩溶洞垂直发育率为 44.95%，可见场地岩溶发育十分强烈。

（2）落水洞

此种溶洞无顶板，只有底板，系由隐伏灰岩溶洞演变而来。起初顶板较薄，在上部荷载增加或岩石风化作用下，顶板遭到破坏，形成落水洞，在溶洞充填物中一般可发现灰岩顶板塌落碎块。在韶关市区工业大道和新华路等地域某些工程的人工挖孔桩基础施工中，常遇到这种情况。

（3）隐伏石笋

在地下水的溶蚀作用下，岩面凸起的石脊，就是所谓的石笋。在人工挖孔桩的施工中，经常可见到隐伏于地下石笋的出露。若隐伏石笋成群，称之为隐伏石笋。在韶关市区站南路四通市场南侧附近某工程施工中，当山体边坡开挖平整后，见到隐伏石笋。市区和平路联谊大厦和市第一人民医院住宅楼的静压预制混凝土桩的施工中，灰岩埋深在 12～18m时，发现少数预制桩压到长度超过 70m 才符合设计要求。经分析确定该桩尖遭遇隐伏石笋，当预制桩压至石笋位置时顺岩面弯曲，桩的硫磺胶泥接口因此憋断，此时压桩机压力表上压力值骤减，造成压桩未到岩面的虚假现象，导致预制桩消耗量增加而成本上升。

（4）溶沟和溶槽

在地下水溶蚀切割作用下，岩石被切成一道槽沟。若其 5 倍的宽度大于长度时，称之为溶沟；若小于长度，称之为溶槽。韶关市房产大厦，楼高 15 层，在地质勘察施工中，某钻孔揭露灰岩面的深度为 12m，而在距离该钻孔一侧约 0.30m 进行重型（Ⅱ）动力触探原位测试孔施工时，灰岩面的埋置深度却为 22m，两者相差达 10m。据地质分析，认为很大程度上遇见了灰岩溶沟或溶槽，触探头沿沟槽直贯到底，显示出巨大的岩面高差。

（5）漏斗

在地下水的侵蚀下，伴随塌陷的机械作用，形成漏斗形态的低洼地形。在粤北地区的连州市、连山、连南和阳山四县山区的野外勘测中，偶尔可见一定规模的低洼漏斗地貌。由于灰岩溶蚀的强烈作用，在市区五里亭附近，由于灰岩溶蚀的作用和地下水的超量开采，导致地层压力失去平衡，出现岩层顶板压穿致使地面塌陷的现象，局部形成漏斗形态的低洼地形。一般来说，岩体质纯而裂隙发育的灰岩在地下水的长期性侵蚀作用下，形成一系列的溶洞、落水洞、石笋、溶沟、溶槽和漏斗等奇特的岩溶现象；而在某些区域，各种类型断层构造的存在，无疑对岩溶的形成和发展提供便利条件和强大动力。曲江区南苑新村，拟建 12 座 9 层商住楼，场地内地下水颇为丰富，下卧基岩为壶天群白云质灰岩，在部分钻孔的岩土芯中，发现含有一定数量的角砾，足以证明场地内存在某种规模程度的地质断层，而在地质断层附近由于次生构造裂隙作用，导致区域内岩溶发育极为强烈。

2.5.4.2 广花盆地岩溶发育基本特征

广花盆地位于珠江三角洲北部。盆地内岩溶比较发育，碳酸盐岩类多呈北东—南西向条带状展布，除了小面积零星出露地表及人工露头外，其余均为第四系或老第三系、白垩系红层所覆盖，分布面积 510.5km²。主要含水层有下二叠统栖霞组灰岩，中、上石炭统壶天灰岩、白云质灰岩，下石炭统石磴子灰岩及上泥盆统天子岭灰岩，其与非可溶性岩类常组成背向斜构造。各地质时期形成的可溶性岩层因受到岩性、后期构造作用和侵蚀基准面的控制，岩溶发育程度很不均匀，岩溶发育规律与这些因素关系十分密切。

（1）水平岩溶带的分布规律

1）岩溶主要发育在质纯层厚的石灰岩地段。

广花盆地内壶天灰岩杂质含量低，CaO 成分高，质纯，呈巨厚层状，隐晶—微晶结构或细粒结构，岩溶最为发育，钻孔溶洞能见率 67.6%，含水量丰富。石磴子灰岩为中厚层状，微晶结构，层理清楚，含较多的方解石脉，顶部夹少量炭质页岩和炭质灰岩，杂质少，CaO/MgO 比值高，达 70.1%，对岩溶发育也很有利，钻孔溶洞能见率为 66.67%。栖霞灰岩主要为灰黑色泥灰岩、燧石灰岩、厚层状灰岩夹炭质页岩，下部为黑色炭质页岩夹薄层炭质灰岩。该类灰岩的化学成分中，CaO/MgO 为 36.54%，酸不溶物占 6.27%。因此，从化学成分看栖霞灰岩岩溶发育较差。天子岭灰岩因含泥质或夹有泥质条带，酸不溶物占 21.85%，CaO/MgO 为 33.15%，故岩溶发育弱。

从一般岩溶发育规律来说，可溶岩中 CaO/MgO 比值大，杂质含量少，方解石成分含量多，白云成分含量少的灰岩岩溶比较发育。石磴子灰岩应是岩溶发育的最有利基本条件，栖霞灰岩和壶天灰岩次之，天子岭灰岩岩溶不发育。

2）岩溶发育严格受地质构造控制。

地质构造条件不仅控制了区内可溶岩的空间分布和埋藏条件，而且控制了岩溶发育的强弱、方向和深度。在褶皱轴部以及广花盆地内的北北东向冲断层、北西西向断层带附近，岩溶比较发育。本地区强岩溶带与主要构造线一致。

褶皱轴及其附近地段岩溶较发育，该部位地应力集中，节理裂隙密集，尤其在褶皱轴部裂隙更加密集、开阔，透水性强，有利于碳酸盐岩的溶蚀和岩溶发育。背斜顶部张裂隙宽度较大，分布深，岩溶以垂直形态为主。向斜轴部、下部也有张裂隙，且易积水。因此，在褶皱区岩溶多具沿褶皱走向发育的特点，尤其轴部部位岩溶更加发育。

据248个钻孔资料分析统计，在褶皱轴部及其附近，岩溶较发育，见洞率高，洞的规模大；在现有高度大于10m的13个溶洞中，位于褶皱轴部的有7个；在单位涌水量大于5L/（s·m）的60个钻孔中，位于褶皱轴部的有15个。最大单位涌水量达17.55L/（s·m），单孔日涌水量单位为m^3。

断裂带附近岩溶比较发育盆地内断裂有3组，即北北东向、北西西向和东西向断裂。北北东向断裂规模较大，延伸长且深，断裂带附近裂隙也较发育而密集，有利于岩溶的发育。北北西向横断层也较发育，它们错开地层，使一些彼此隔离的灰岩条带得到沟通，地下水流向发生改变，有些地段则使灰岩与非可溶岩接触，使非可溶岩起到阻水作用。据钻孔资料统计，位于断裂带附近的高度大于10m的溶洞有6个，占此类溶洞的42.9%。在单位涌水量大于5L/（s·m）的60个钻孔中，位于断裂带附近的有25个。特别是在北西西向断裂与北东东向断裂的接合部位，地下水十分丰富，岩溶更加发育。如表2-2所示。

广花盆地岩溶发育与构造部位的关系 表2-2

孔号	地点	单位涌水量[L/（s·m）]	流量（m³/d）	构造部位	孔号	地点	单位涌水量[L/（s·m）]	流量（m³/d）	构造部位
HS2	狮岭	7.90	3083	断裂带	ZS29	罗汉塘北	6.72	3310	断裂带，褶皱轴
HS3	狮岭	10.08	4452	断裂带	ZS30	南兴庄	5.41	3300	接触面
HS4	狮岭	15.71	5770	断裂带	ZS31	兔岗村	7.51	3002	接触面
HS18	赤坭	5.43	2164	断裂带，接触面	ZS38	黑泥庄	5.93	2358	断裂带
HS19	赤坭赖屋	5.81	2258	褶皱轴	ZS40	矮岗西	5.05	2197	褶皱轴
HS23	炭步黑坭村	6.39	1448	断裂带，接触面	LS3	新联北西	9.03	4892	褶皱轴
HS25	广棉三厂	21.07	9345	断裂带，接触面	LS14	科甲水	21.74	4806	接触面
HS26	广棉三厂	21.96	8219	断裂带	LS16	平沙村	15.50	6876	断裂带
HS29	橡胶厂南	5.90	1828	断裂带	LS18	大塱	6.81	2996	断裂带
HS30	鸭湖新村西北	5.12	1957	断裂带	LS20	夏茅钢厂北	5.07	1982	接触面
HS31	鸭湖	8.30	3228	断裂带	LS21	望岗	21.38	7301	接触面

孔号	地点	单位涌水量 [L/(s·m)]	流量 (m³/d)	构造部位	孔号	地点	单位涌水量 [L/(s·m)]	流量 (m³/d)	构造部位
HS32	志公庄	5.57	2404	断裂带	LS22	三元里	13.41	5760	接触面
HS38	炭步小学	7.88	3281	断裂带	LS24	第二煤矿	16.05	6232	接触面
HS44	兴华南	11.3	4110	断裂带,接触面	LS28	广州外语学院	10.86	4467	接触面
HS52	田美新村	5.07	2106	接触面	LS29	白云冷冻厂	8.04	3336	接触面
HS53	莲塘新村	13.27	4846	断裂带,褶皱轴	JS1	新太佘村	5.08	1853	断裂带
HS54	田美新村	5.23	2041	接触面	JS7	神山村	10.45	3336	褶皱轴
HS57	田美	58.97	19945	接触面	JS16	龙兴庄	17.55	5807	褶皱轴
HS61	新华镇北	21.74	6629	接触面	JS19	周家庄北东	8.44	2977	褶皱轴
HS62	新华镇北	9.37	2714	接触面	JS21	上庄东	6.55	2996	接触面
HS64	大华乡	22.07	7860	断裂带,褶皱轴	JS23	水沥村东	14.02	4491	褶皱轴,接触面
HS78	岐山东	10.01	3419	断裂带,褶皱轴	JS26	塘贝村南	9.44	3273	褶皱轴,接触面
HS90	新街北	8.12	2854	接触面	JS32	江村北	8.15	3703	褶皱轴
HS93	岭境	11.23	4459	接触面	JS33	社岗北	5.37	2602	断裂带
HS94	国光厂	13.57	5174	接触面	JS37	江村肖岗	12.25	3883	接触面
HS95	松柏新村	5.10	1823	接触面	JS42	江村三元岗	5.03	2347	接触面
HS96	邝家庄东	10.54	4422	接触面	JS56	雅岗	9.53	4195	接触面
HS97	雅瑶新村北东	10.00	3811	接触面	FS1	石碣村北东	6.55	3443	断裂带
HS100	石塘庄西	9.36	3328	接触面	FS7	联表荷村北	9.91	6095	断裂带
ZS17	平山路场	8.19	2381	褶皱轴	FS18	三元里游泳场	10.50	5898	断裂带

可溶岩与非可溶岩接触部位岩溶比较发育。由于非可溶岩和可溶岩有质的差别,在接触带为可溶岩的溶解造成有利条件,因而岩溶比较发育。单位涌水量大于 5L/(s·m) 的 60 个钻孔中,位于接触带的有 31 个。如花都区东莞村西的 HS94 孔位于壶天灰岩与梓门桥段硅质泥岩的接触带上,溶洞发育,且充填物少,单位涌水量达 13.57L/(s·m),单井日涌水量达 5174m³。江村肖岗 JS37 孔也是位于壶天灰岩与梓门桥段硅质泥岩接触带上,裂隙比较发育,单井日涌水量达 3883m³。那些位于不同时代的可溶岩接触面上,又处于褶皱轴部的地段,岩溶更为发育。江高塘贝 JS26 孔单位涌水量也达 9.44L/(s·m)。

3）古河道附近岩溶比较发育

古河床第四系一般较厚，含水量丰富，水流活动性强，地下水经常流动，对灰岩溶蚀后的溶液不易饱和，或者饱和了很快又变得不饱和，因而能够保持较高的溶蚀力。钻孔资料表明，在晚更新世以前，流溪河并不是经过江村—石马峡谷流入万顷洋低地的，而是从罗汉塘经横沥、双岗和大田一线通过。该线第四系厚度较周围区域为厚，最厚达 61.54m。岩溶也比较发育，溶洞较多，水量丰富。该线的 11 个钻孔中，单位涌水量超过 5L/（s·m）的就有 5 个，单井日涌水量超过 1000m³ 的有 6 个。花都区大湖、毕村、莲溪一线也为一古河道，钻孔揭露第四系最厚达 30.33m。该线第四系之下为壶天灰岩，该古河道的 3 个钻孔单井日涌水量达 1947 ~ 7860m³。

（2）垂直岩溶带的分布规律

广花盆地岩溶比较发育。据不完全统计，248 个钻孔中有 164 个见到溶洞，可见率为 66.13%，溶洞总数 396 个。

1）溶洞的发育特征。

据 248 个钻孔资料分析，396 个溶洞分布于不同的高程上，最高处海拔 15.45m（花都区联安圩东南 ZS3 孔），最低处为 −490.80m（三元里矿泉游泳场 FS18 孔）。岩溶发育程度随深度增加而减弱，主要发育于 −5 ~ −80m 的深度（占 79.8%），在 −200m 以下溶蚀作用微弱，仅见到溶洞 7 个，占总数的 1.76%。

本区地下溶洞大致可以分为 3 个较明显的层次：顶层溶洞埋深 20 ~ 30m，在该层溶洞内发现有大熊猫、剑齿象动物群化石；第 2 层埋深为 40 ~ 50m；第 3 层埋深 60 ~ 70m。70m 以下溶洞层次不明显。广花盆地底部溶洞层的形成是新构造运动间歇性活动的结果。广从大断裂从盆地东侧通过，该断裂自新生代以来表现为正断层，断裂南东盘上升，北西盘下降。在构造活动处于暂时停顿阶段，南东盘山地形成夷平面，北西盘岩溶盆地形成溶洞层。广花盆地 3 层溶洞层可与帽峰山—罗岗山区的夷平面相对应。

此外，岩溶发育层次与可溶岩层顶面也存在一定的关系，岩溶集中发育在距岩溶层顶面 45m 深度之内，这是由于在近层面处容易受到地下水的溶蚀作用，地下水的交换也比较频繁。据统计，在距岩溶层顶面 45m 深度内发育的洞穴占总数的 73.7%。

2）溶洞的发育规模及充填特征。

溶洞的发育规模和可溶岩的岩性、构造和地下水活动情况有密切关系。广花盆地内可溶岩中的溶洞大小不一，已见最大高度达 36.09m，但大部分小于 2m。

溶洞形成后，在后期地下水作用下，有的为泥沙充填，有的则由于崩塌作用而填积。研究溶洞的充填情况对了解岩溶富水条件有很大作用。

充填情况可分为 5 类：空溶洞、半填充砂溶洞、全填充砂溶洞、半填充黏土溶洞和全填充黏土溶洞。钻孔揭露的 396 个溶洞中，全填充黏土溶洞 85 个，占总数的 21.46%；半填充黏土溶洞 37 个，占 9.34%；全填充砂溶洞 70 个，占 17.68%；半填充砂溶洞 39 个，占 9.85%；无填充溶洞 165 个，占 41.67%。全部溶洞总高 833.44m，被充填的有 585.39m，充填率达 70.24%。

溶洞的充填情况与溶洞高度和埋深有关。溶洞高度大的充填率高，反之则较低。溶洞规模大的，地下水过水断面大而流速减小，携带的物质易于沉淀，故充填物较多；规模小的过水断面小，流速大，携带物不易淀积，故充填物较少。另外，浅层发育的溶洞距物质来源近，充填率较高，深部溶洞距物质来源远，充填物则较少。

充填物类型及充填程度对溶洞富水性往往起着决定性作用。一般来说，无填充物的裂隙和溶洞含水量最为丰富，而砂性土充填的溶洞富水性又比黏性土充填的大得多，如神山耳丰西公路边JS7孔溶洞总高仅0.95m，但由于无填充物，单位涌水量达10.449L/（s·m），单井日涌水量3336m³；双岗庄东JS16孔中溶洞总高2.36m，其中1.85m为砂卵石充填，单位涌水量达17.547L/（s·m），单井日涌水量5807m³；南海官窑区JS48孔溶洞高5.01m，但全为黏土所充填，单位涌水量仅0.136L/（s·m），单井日涌水量57.23m³。

2.5.5　广东省覆盖型岩溶典型分布形态

广东省岩溶地区以覆盖型和裸露型岩溶为主：粤西、粤北地区以裸露型和覆盖型岩溶为主，珠三角地区以覆盖型岩溶为主。其中，尤以珠三角地区覆盖型岩溶上覆砂层为主要的土洞塌陷危险源。

（1）覆盖土层

广东省覆盖型岩溶地区，其上覆土层大多数米到二十多米，以黏性土、砂土为主，其中，部分岩溶地区上覆砂层较厚，并且砂岩直接接触。这类工程地质条件给工程建设带来较大的挑战：一方面，溶洞上覆砂层在水和荷载的作用下，容易迁移，如迁移的砂层较多，则造成上部土层塌陷；另一方面，砂岩交界面止水也是工程中的重大难题，给工程建设尤其是工程止水带来巨大的挑战。

（2）软弱填充物

岩溶地区流动性淤泥层（填充物），其流动性较大，填充难度大。比如，广州北站安置区工程项目、肇庆大旺文体中心项目等，其大部分的溶土洞填充物为流塑状，给地基基础稳定性带来不利影响，其预处理也是一大难题。

（3）广花盆地等珠三角地区岩溶地层典型形态

1）砂层＋溶洞。

广东省的珠江三角洲是经济非常活跃的地区，同时，由于珠江三角洲位于冲积平原地带，其土层厚度大，往往达到二三十米，且处于冲积平原的下游，沙土含量较高，形成了较厚的砂层。在该地区碳酸岩地带，砂层与岩面交界，且下部分布着溶（土）洞，因此，成为该地区最为复杂和建设难度最大的情况之一，如图2-5、图2-6所示。

究其原因，主要有以下两方面：一方面，砂层的强透水性，为岩溶水的迁移提供通道，加剧了地面塌陷的可能性；另一方面，砂层的低黏性强化了其颗粒的迁移，随着砂土颗粒被带走，形成了岩溶土洞，并进一步发展引致地面塌陷。

2）连通性岩溶。

因广东地区地下水量大，连通性岩溶分布较多，甚至部分溶洞联通到地下河，地下水流动性大，给溶土洞的处理带来难题。同时，地下水的流动也加剧了溶土洞的发育和塌陷。

因此，塌陷主要产生在以下区域：

①当覆盖层厚度较小时，地表塌陷比厚度大时要严重；

②地表塌陷多发生在岩溶发育强烈的地区；

③在抽排地下水严重的地区，由于地下水位变化强烈，在抽排水的中心附近，地表塌陷较为集中；

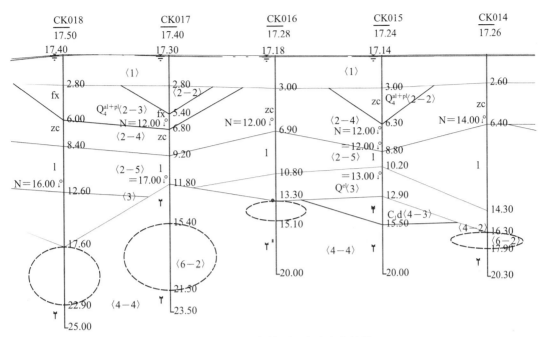

图 2-5　广州花都某项目岩溶发育情况

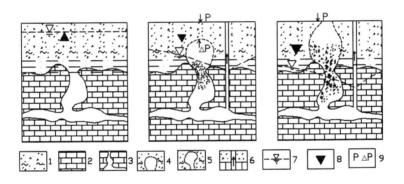

图 2-6　岩溶土洞及塌陷形成示意图（刘增华等，2010）

1—松散盖层　2—石灰岩　3—溶洞　4—土洞　5—塌陷坑　6—抽水井　7—地下水位
8—地下水浮托力　9—地面的正压力和地下水位下降空腔内的负压力

④ 常常沿着地下水的流向分布，尤以珠江流域上游较为严重；

⑤ 在珠江两岸，靠近地下水的汇入地区，地下水位变化大，水量大，岩溶发育强烈，导致地表塌陷也较为突出；

⑥ 在丘陵的洼地及珠江上游两岸容易产生地面塌陷。

2.5.6　广东省岩溶地面塌陷分布规律

2.5.6.1　广东省岩溶地面塌陷分布特征

岩溶地面塌陷的发育过程分为三个阶段。

1）塌陷的初期变形阶段。

这是由于抽汲地下水使水位下降，土孔隙中水气发生转移，引起土孔隙体积减小造成土的压密，形成地面下沉。随着地下水位不断下降，土的压缩变形越来越显著，在沉降带的边缘，由于土的剪切破坏作用，沿破裂面发育有剪切裂隙，这些剪切裂隙由于土的进一步压缩及地下水的楔入作用而扩展形成地表的环状开裂。

2）隐伏土洞的发育形成阶段。

地下水流对土体的不断冲刷破坏，引起土体的流失，土体被掏空而形成隐伏的土洞。

3）塌陷的形成阶段。

①隐伏土洞底部继续受到地下水流的破坏，土洞进一步扩展，当土洞顶部土体变薄，土体强度不足以抵抗土的自重就会引起塌陷；②地表水入渗起软化作用，使土洞顶部土体失稳引起塌陷；③大暴雨使岩溶地下水位突然猛烈回升产生气爆，引起地面塌陷。

据不完全统计，目前全省有地面塌陷670处，占灾害点总数的6%。其中巨型地面塌陷27处，占地面塌陷的4%；大型8处，占地面塌陷的1%；中型1处；小型634处，占地面塌陷的95%。地面塌陷多见于覆盖型岩溶发育区和矿山坑道采空区，目前发现的自然岩溶塌陷零星分布在粤北阳山、翁源、始兴、英德，粤西阳春，粤东河源、新丰和珠江三角洲增城及高明等地，规模不大；人为活动引起的岩溶塌陷，主要分布于韶关市市郊、仁化县、廉江市、肇庆市郊、云浮市云城区、广州北郊广花盆地、深圳龙岗、五华、蕉岭等地隐伏岩溶区。较典型且危害较严重的是广花岩溶盆地的江村、肖岗、新华等地，1959～1995年，因抽水试验或开采抽水先后产生塌陷146处，导致白云区江高、蚌湖、神山三镇238间房屋开裂。仁化凡口铅锌矿由于矿坑疏干排水，引起严重地面塌陷、地裂2229处，范围达8km²，塌陷直径1～5m，最大达44m，深度30m，造成附近拆迁建筑物约8万m²，毁坏农田近40万m²，破坏了生态地质环境。采空塌陷主要分布于粤北、粤东矿山开采区和广州市区大规模工程建设区。

地面塌陷对居民、道路、水利电力设施、城建设施和耕地造成严重破坏，每年直接经济损失100万元以上，治理费用超过1000万元。近年来，随着地下工程的大量建设，地面塌陷呈增长趋势，对生态环境、地质环境的破坏严重，并难以恢复。

2.5.6.2 广东省地面塌陷与岩溶类型分布相关性分析

根据广东省地面塌陷数据（引自广东省标准《岩溶地区建筑地基基础技术规范》DBJ/T 15—136—2018），将地面塌陷数据和广东省基础地层数据导入地理信息系统GIS软件中，分析其相关性，得出以下结论：

（1）岩溶地面塌陷与碳酸盐岩性关系密切相关

岩溶发育程度与碳酸盐纯度密切相关，碳酸盐纯度越高，岩溶发育程度越高，并且沿岩溶强烈发育的地段分布。

碳酸盐岩性较纯的层位、断裂破碎带、断裂交汇处、褶皱轴部及可溶岩与非可溶岩接触带岩溶强烈发育，易形成连通性较好的溶隙、溶洞，具备了发生岩溶地面塌陷的基本条件，因此岩溶地面塌陷多在这些地段分布。

（2）岩溶地面塌陷与土层厚度密切相关

上覆土层的内聚力强，含水量低，土层越厚越不容易引起塌陷；砂类土颗粒粗，粘聚力小，崩解性好，容易被潜蚀、淘空，产生塌陷的机会较多。因此，从塌陷事故可以看出，大部分的岩溶塌陷，都发生在覆盖型或裸露型岩溶地区，尤其以覆盖型岩溶地区较为明显。土层厚度越薄，岩溶塌陷越强烈。

（3）广东省岩溶地面塌陷多分布在丘陵中的洼地及珠江上游两岸

首先，丘陵中的洼地和珠江流域两岸，其水位较高，水位变化大，与地下水连通性好，这些条件都为岩溶的发育提供了主要的动力；其次，丘陵中的洼地和珠江上游两岸，因冲积形成的土量较少，土层较薄，容易产生土洞塌陷。在这两个条件下，溶洞发育和土洞发育均较为强烈，容易产生地面塌陷。

第3章 岩溶勘察

3.1 概述

由于岩溶场地的复杂性，岩溶勘察需有别于一般场地的勘查，勘察的阶段划分、勘查手段、勘察精度、勘察成果评价均要比一般勘察有更高的要求，因此，应进行专门的岩溶勘查。

岩溶地区的地质灾害和工程事故多数与地下水及其变化有关。与非岩溶地区不同，岩溶地区的地下水具有流动性高、承压性大、连通性强以及水位稳定性差等特征。在岩溶地区进行工程建设时，地下水水位变化易造成场地周边建筑物、道路及管线等下沉或损坏，甚至破坏；岩溶水流失或被抽取时，会导致或引发地面塌陷；基坑开挖时，岩溶水突涌易造成基坑工程事故并影响周边环境；场地位于狭长的沟谷或封闭的洼地时，应充分估计岩溶地下水的季节性动态变化；地下室抗浮计算往往会低估地下水的承压性等问题。所以，对于岩溶发育区与地下水密切关联的工程应进行专门的水文地质勘察，尤其是岩溶水文地质勘察。同时，进行水文地质勘察，将有利于拟建项目的可行性研究，如建设场地应避免基础或地下构筑物拦堵地下水的正常流泄；对已查明的洞穴系统或巨大的溶洞或暗河分布区，当地面稳定性较差时，群体建筑物的布置宜绕避等。

工程地质勘察中使用的勘察方法或技术手段，可分为工程地质测绘、工程地质勘探及物探、工程地质室内试验、工程地质野外（现场或原位）试验、工程地质长期观测和勘察资料的室内整理。

勘察方法的选择、工作的布置和工作量的大小，由工程地质条件的复杂程度和工程建筑的类型决定，除此之外，还受勘察阶段的影响。不同勘察阶段对工程地质条件查明的程度和对工程地质问题分析的深度不同，所以使用的工作方法和工作量也不一样。在工程地质勘察中明确勘察阶段，以确定勘察的深度和广度，是非常必要的。

3.2 岩溶勘察现状

岩溶勘察需要探明岩溶区的岩溶发育规模、形态、埋深、分布规律以及岩溶洞穴中的水及充填物填充情况，常用的勘察方法有工程地质测绘、工程钻探、地球物理勘探（简称物探）等。

工程中应用最为广泛的勘察技术是钻探法。作为传统的勘察方法，钻探法以其较高的可靠性和数据的全面性，在工程勘察中应用十分广泛。然而，其主要特点是采集到的仅仅是某一点深度方向的岩样数据，对于采集点周边的地质情况并不清楚，并且钻探法由于其造价高、勘探时间长，并且对场地扰动大（甚至后期施工过程中钻孔存在冒浆现象），不可能大量使用。并且，在岩溶地区钻探中，由于钻探机的扰动和水土的流失也可能造成塌陷，影响勘探人员和机械的安全。这就使得技术人员对岩溶区地基场地的岩溶分布情况了解不清楚，影响了岩溶区地基稳定性分析及设计的可靠性。

随着新技术的发展，学者和工程技术人员通过引入新的物探手段，得以预测和调查岩土体及其水的分布情况。对于一个未知的勘探区域，先期投入物探方法有如下优势：

1）利用物探方法可准确探明复杂的基岩面起伏状况，从而可实现合理布置钻孔工作量。

2）利用物探方法可在岩溶发育区探测复杂的岩溶分布状况（当前三维的岩溶分布状况或随时间变化的四维探测成果，如岩溶漏斗的变化情况），钻探可依据物探成果灵活布置，二者结合可对勘测区域内的岩溶分布全面掌握。

3）利用物探方法可准确探测地下人工设施的地下赋存情况，当地下人工设施规模较小时，投入大量的钻探工作量几乎无任何经济性可言。

可见，物探方法体现在前期的物探小投入，换来后来的钻探小投入，从而降低了钻探的使用代价，在某种意义上就降低了勘探的总成本。因此重视物探方法在岩土工程勘察的应用对于提高岩土工程勘察的效率和效益是有积极意义的。

为此，美国测试与材料协会于 1999 年就发布了《地球物理法选择地表的标准指南》（*Standard Guide for Selecting Surface Geophysical Methods*），提出了 12 种不同的工程物探方法，推荐在岩溶地区使用地质雷达法、频域电磁法、浅层地震射波法、微重力法、直流电阻率法等物探方法进行岩溶区地质的探测。我国岩溶地区的工程实践中，主要使用地质雷达、地震勘探法、电阻率法、管波法、无线电波透视法等，在建筑、铁路、公路工程、大型重点工程中的塌陷治理、超前地质预报工作中已得到广泛应用，如：广州新白云机场、广州地铁、南海石化等工程的综合地质治理中，物探方法取得了良好的效果；广州地铁 2 号线北沿线某段长度约 1km，钻探揭露岩溶土洞 22 个，补充物探后揭露的岩溶土洞为 107 个，将近钻探法的 5 倍。

需要特别指出的是，地质雷达方法在岩溶区地质勘察中的应用具有优势，主要是因为它是利用高频电磁波，以脉冲方式通过发射天线定向地送入地下，雷达波在地下介质传播的过程中，当遇到存在电性差异的地下目标体（如空洞或其他不连续界面）时，电磁波便发生反射，当电磁波返回到地面时由接收天线所接收。由于其具有的高分辨能力，对地下空洞的埋藏深度、轮廓大小确定较为准确的特点，已经成为欧美一些国家岩溶区空洞探测的一种必备的常规手段。并且由于技术的进步，其探测深度越来越大，能达到 50～60m，基本能满足建筑行业对岩溶分布的探测要求，已大量应用到岩溶区工程中，特别在水利水电、矿产、铁路、公路建设等行业已普遍应用于超前地质预报工作中。而在房屋建筑行业也有应用，但相对较少。比如李大心于 1994 年就尝试在广州花都地区使用地质雷达探测岩溶的分布，同时也指出，探地雷达对岩溶探测的结果对钻探勘察起到了指导作用，避免了钻探的盲目性；姚彩霞等解决了部分建筑物地质雷达探测的技术细节，取得了良好的效果。

经过二十多年的发展，地质雷达技术得到较大发展，其测深和抗干扰性能也得到较大提升。然而，该技术对于岩溶区地质探测的改进并不明显，这主要是因为在建筑基础领域，纯粹依靠地质雷达建立的地质模型的可靠性尚不足以满足建筑地基岩土勘察的要求。

虽然在部分工程中也与钻探法相结合，但仍把雷达数据和钻孔数据单独分开来考虑，只是把钻探法的钻孔数据作为一种检验手段。这样做，其两者的缺点（物探数据的模糊性和钻孔数据的范围局限性）都是明显的，没有很好地把两者数据结合起来。

雷达数据是波形曲线，反映了各界面的变化情况；钻孔数据反应的是岩土各方面的数据，包括完整度、风化程度、各岩土参数，如何将两者的数据整合起来，发挥钻孔数据准确度高和雷达数据覆盖面大的特点，使岩土勘探数据更为全面可靠，为岩溶区地基稳定性分析提供更为全面的地质信息。

工程地质测绘方法在岩溶勘察技术中最为简单、直接，但其局限性也非常明显，只能在地表进行调查，无法探知地下岩溶的发育情况；工程钻探法成本高，耗时多、操作复杂、偶然性强，由于岩溶发育的复杂性，一孔之见难以准确查明地下岩溶发育情况；物探方法具有多解性，物探成果需要钻孔进行验证方可应用于工程中。因此在实际的工程应用中，一般采用物探与钻探等多种勘察手段相结合的综合勘查方法。

3.3　工程地质测绘与调查

工程地质测绘是工程地质勘察中一项最重要、最基本的勘查方法，也是诸勘察工作中的先行工作。岩溶地区的工程地质测绘和调查宜在可行性研究或初步勘察阶段进行。后期勘察阶段仅在工程地质条件复杂或工程关键地段进行详细测绘，或对某些专门地质问题作补充调查。它是运用地质、工程地质理论对与工程建设有关的各种地质现象进行详细观察和描述，以查明拟定建筑区内工程地质条件的空间分布和各要素之间的内在联系，并按照精度要求将它们如实地反映在一定比例尺的地形底图上。同时，配合工程地质勘探、试验等所取得的资料编制成工程地质图，作为工程地质勘察的重要成果提供给建筑物规划、设计和施工部门参考。

岩溶地区工程地质调查，应着重查明该地区的地层，地质构造，地壳运动的规律（特别是新构造运动的规律），水文地质条件，洞穴的形态、位置、充填情况等。在此基础上着重分析、研究岩溶发育规律与工程的关系，合理选择工程方案并提出恰当的工程处理措施意见。

3.3.1　地质测绘与调查一般内容

地质测绘与调查一般应包括以下内容：

（1）地质调查

查明岩溶地区的地层序号、岩层产状、可溶岩的岩性、化学成分、结晶程度、结构等，可溶岩与非可溶岩的相互关系、分布规律、埋藏条件。对碳酸盐岩中所含杂质也应进行分析和描述。

查明岩溶褶曲、断层等地质构造的性质、产状、断层带的宽度、充填物性质、裂隙发育特征、岩体破碎程度，并与地下水的活动规律相联系，分析与岩溶作用的关系。

（2）岩溶地貌的调查

调查各种岩溶地貌形态类型、分布范围、撑裂方向、高程、岩溶泉和暗河的出露位置、覆盖层的成分、厚度等，分析岩溶发育与近代岩溶基准面的关系，岩溶发育与岩性、地质构造、裂隙发育程度、地貌单元、水系沟谷等的关系。

（3）岩溶洞穴的调查

查明洞穴的平面走向及代表性断面形态；地下水水位及其流速、流向、流量；洞内沉积物的特征、成分及其物理力学性质；洞穴发育所在层位，与岩性、构造的关系；洞体的完整性及稳定程度等。当需详细评价建筑物基础下洞穴的稳定性时，应着重调查洞顶、洞壁、洞底的完整程度、裂隙的分布特征、充填与胶结情况、顶板岩层的产状等。同时宜取样作岩石密度、抗拉、抗压强度、泊松比、弹性模量等试验。

（4）覆盖型岩溶地区的调查

覆盖型岩溶地区应查明覆盖层的厚度、岩性、物理力学性质，必要时应查明基岩顶板形态、地下水埋藏深度、地下水与地表水的关系、地下水的开采量；地面塌陷的位置、形态、洞壁倾斜方向、塌陷发生的时间；覆盖层土洞和疏松带的发育情况；地面塌陷与地下水开采、采矿、地表水、大气降水的关系；分析塌陷的成因机理、分布规律；已有工程处理措施及其效果。

（5）岩溶地区的水文地质调查

对于岩溶地区的岩溶泉、落水洞、暗河、潭、湖等，应查清其出露的地层层位、岩性及地质构造特征；查明这些水点的高程、水位、水深、流量、水位变幅，流速等，为查明暗河的来龙去脉，必要时应作连通试验；查明水的物理性质，取代表性水样进行水质分析。

对于岩溶地区地下水的特征，应着重查明岩溶水的补给来源、含水层及覆盖层的特征，植被发育程度、地表水或大气降水与地下水的转换条件、岩溶水的排泄方式、地表水和地下水分水岭位置；调查中还应注意因暗河、落水洞排泄不畅或受地表水顶托倒灌而造成内涝的地区；调查时还应注意河沟及泉水的流量、水质、水温等的变化情况，特别要注意雨后间隙泉的流量变化。

工程地质测绘宜充分利用航空摄影相片或卫星摄影像片资料进行遥感地质解译。在露头良好的地形陡峻地段、溶洞进行大比例尺测绘时，可采用大比例尺航空摄影相片、无人机倾斜摄影技术、三维扫描技术等手段进行遥感地质解译，解译成果应实地验证核实。

进行工程地质测绘的范围，一般按岩溶发育可能影响的范围进行确定。根据广东省岩溶发育情况特点，建设场地的调查面积不应小于 0.5 km²，调查范围可按建设场地及其周边外扩不少于 300m 确定；如遇岩溶特别发育，工程建设可能引发岩溶地面塌陷等地质灾害时，外扩范围应适当增加，具体可根据可溶性岩分布情况、岩溶水分布规律、覆盖层性质及厚度综合确定。

进行工程地质测绘和调查时，应重视对测绘区已有资料的收集和分析，对大、中比例尺工程地质测绘，除利用已有资料外，还应结合工程布置方案，进行场地踏勘，了解测区地质情况和问题，合理布置观测路线，制定野外工作方法。对工程有重要影响的地质体和地质现象，可采用大比例尺表示。

3.3.2 地质测绘和调查重点内容

岩溶地区工程地质测绘和调查，应着重调查以下内容：

1）岩溶洞隙的分布、形态和发育规律；

2）岩面起伏、形态和覆盖层厚度；

3）地下水赋存条件、水位变化和运动规律；

4）岩溶发育与地貌、构造、岩性、地下水的关系；

5）土洞和塌陷的分布、形态和发育规律；

6）土洞和塌陷的成因及其发展趋势；

7）当地治理岩溶（土）洞和塌陷的经验。

土洞的发展和塌陷的发生，往往与人工抽吸地下水有关。抽吸地下水造成大面积成片塌陷的例子屡见不鲜，因而在进行工程测绘时应特别注意。

这里特别指出要调查当地经验，是因为岩溶的不确定性和地域特殊性所致。

大型岩溶洞穴应进行专项测绘，宜包括下列内容：

1）洞穴位置、洞口和洞底高程，所在层位、岩性和构造发育情况；

2）洞穴形态，纵、横剖面特征，延伸和变化情况；

3）洞内地下水状况，洞内沉积物和堆积物的成分和性质，洞体的完整性和稳定性；

4）不同形态洞穴的数量和密度，成层情况，空间分布规律，洞穴垂直、水平方向的连通情况；

5）初步判定洞穴的形成时期。

工程地质测绘和调查的成果资料宜包括实际材料图、综合工程地质图、工程地质分区图、综合地质柱状图、工程地质剖面图以及各种素描图、照片和文字说明等。

3.3.3　岩溶地质测绘与调查新技术

近年来，随着科技进步，岩溶地质测绘与调查方面出现了一些新技术新方法，主要包括无人机倾斜摄影技术、钻孔电视、洞穴激光扫描仪等方法和设备，为进一步查明岩溶空间分布及发育规律提供了很好的补充。

3.3.3.1　无人机倾斜摄影技术

无人机在工程地质测绘的应用越来越广泛，采用无人机倾斜摄影技术可以形成全景图、三维模型、等高线图，甚至可以辅助量测岩层及结构面的产状。利用无人机可以进行地表的工程地质测绘，查明地表山体整体的地形地貌、岩壁上发育的溶洞，对于塌陷区无需人员实地踏勘，就可以快速圈定塌陷区范围，统计塌陷区的受影响房屋面积，预估塌陷的面积和深度等。无人机航拍及倾斜摄影技术成为岩溶勘察、工程地质测绘和塌陷抢险有利的补充手段。

3.3.3.2　钻孔电视技术

钻孔电视集钻孔拍照、录像、成像和轨迹测量等功能于一体，一次测试，完成以前多次测试的工作量，同时可以获取钻孔动态录像视频、局部高清照片、全孔壁展开平面图和钻孔空间轨迹，高效快捷（图3-1）。钻孔电视可实现以下功能：

1）对钻孔进行全孔壁成像，孔内录像，关键部位抓拍图片等；

2）测量钻孔在空间的轨迹和钻孔的实际深度；

3）从成像平面图上量测地层或各种构造的厚度、宽度、走向、倾向和倾角等；

4）区分溶洞、岩层、土层等各种地质结构体；

5）观测和定量分析岩层走向、厚度、倾向、倾角等；

6）观测断层裂隙产状及发育情况；

7）观测含水断层、溶沟溶洞、含水层出水口位置等；

8）适合于各种形状和功能的钻孔的检测，如水平孔、垂直孔、倾斜孔等。

图 3-1　钻孔电视虚拟岩芯照片

3.3.3.3　洞穴激光扫描仪

洞穴激光扫描仪是利用钻孔电视成像和三维激光扫描测距的技术方法测量和探测地下空间和采空区等洞穴空间的体积。仪器探头沿钻孔深入到难以接近的空穴、地下空间以及空腔内。内置的钻探摄像头上装有红外 LED 灯，便于清楚地看到钻孔内部以及测量过程中遇到的各种障碍物，利用激光头扫描空穴的三维形态及其表面反射率，通过一体化的主机，自动控制钻孔电视成像和三维激光扫描探测与成图，并实时显示钻孔电视成像图像和激光扫描生成的三维空穴图像，可安全、快速、精确地实现空穴和空腔扫描。

3.4　勘探

勘探工作是工程地质勘探的重要工作方法之一，其中钻孔是最广泛采用的一种勘探手段，可以鉴别、描述土层，岩土取样，进行标准贯入试验或波速测试等。岩溶地基勘察应遵循工程地质测绘和调查分析由面到点、勘探工作由疏到密的原则，宜采用工程地质测绘和调查、地球物理勘探、勘探取样及测试、试验和观测等多种手段相结合的方法进行。

3.4.1　勘探的目的和要求

岩溶区钻探工作的目的是揭露地表以下地质体的工程地质特征，特别是要查明各种岩溶现象及其工程地质特征。其主要任务是：

1）查明各岩、土体的岩性、厚度、结构及空间分布与变化规律，并进行工程地质岩类划分和土体结构类型划分；查明碳酸盐岩与非碳酸盐岩的接触关系。

2）研究地质构造的特点及空间变化情况。

3）查明地下岩溶形态、规模、充填情况及其空间变化规律、了解岩溶发育的不均一性，研究岩溶与地质构造、岩性及水文地质条件的关系。

4）了解岩溶含水层与上覆松散地层孔隙（裂隙）含水层的岩性、厚度、埋藏条件、水质、水位、水量及相互水力联系；查明隔水层的岩性及空间分布。

5）探明土洞、塌陷、滑坡等地面变形和斜坡变形的空间分布和物质结构。

6）了解天然建筑材料的埋藏分布、岩性和开采条件。

7）进行取样试验及野外测试，了解岩、土体性质和空间变化规律。

3.4.2   勘探手段

岩土工程勘探手段包括钻探、井探、槽探、坑探、洞探以及物探、触探等。对于岩溶地区的勘探手段，采用最多的是钻探及物探，本节主要论述钻探手段。钻探的目的是为了查明场地下伏基岩埋藏深度和基岩面起伏情况，岩溶的发育程度和空间分布，岩溶水的埋深、动态、水动力特征等。钻探施工过程中，尤其要注意掉钻、卡钻和井壁坍塌，以防止事故发生，同时也要做好现场记录，注意冲洗液消耗量的变化及统计线性岩溶率（单位长度上岩溶空间形态长度的百分比）和体积岩溶率（单位体积上岩溶空间形态体积的百分比）。

3.4.3   勘探技术要求

对初勘、详勘和溶（土）洞专项勘察，根据广东省标准《岩溶地区建筑地基基础技术规范》DBJ/T 15—136—2018，其技术要求做了相关规定。

3.4.3.1   初步勘察

可行性研究勘察的勘探点和勘探线宜结合物探方法进行布置。初步勘察勘探线、点的间距如表3-1所示。对特殊地段，应进行重点勘察，并加密勘探点：

1）地面塌陷或地表水消失的地段；

2）地下水强烈活动的地段；

3）可溶岩与非可溶岩接触的地段；

4）可溶岩埋藏较浅且起伏较大的石芽发育地段；

5）软弱土层分布不均匀的地段；

6）物探成果异常或基础下有溶洞、暗河、伴生土洞分布的地段；

7）构造导水断层或导水破碎带以及交汇地段；

8）存在采空区和其他人类工程活动强烈的地段。

初步勘察勘探线、勘探孔的间距（单位：m）   表 3-1

地基复杂程度等级	勘探线间距	勘探孔间距
一级（复杂）	40 ~ 80	25 ~ 40
二级（中等复杂）	60 ~ 120	35 ~ 80
三级（简单）	100 ~ 150	50 ~ 100

注：控制性勘探孔应占勘探孔总数的1/4 ~ 1/3，且每个地貌单元均应有控制勘探孔。

初步勘察勘探孔的深度如表 3-2 所示。

初步勘察勘探孔深度（单位：m）　　　　　　　表 3-2

工程重要性等级	一般性勘探孔	控制性勘探孔
一级（重要工程）	≥ 15	≥ 30
二级（一般工程）	10 ~ 15	15 ~ 30
三级（次要工程）	6 ~ 10	10 ~ 20

注：1. 勘探孔包括钻孔、探井和原位测试孔等；
　　2. 特殊用途的钻孔除外。

初步勘察钻孔宜增减勘探孔深度的情形：

1）当勘探孔的地面标高与预计整平地面标高差值较大时，应按其差值调整勘探孔深度；

2）在预定深度内遇可溶岩时，勘探孔钻入完整可溶岩层的深度，控制性勘探孔应不少于 6m，一般性勘探孔应不少于 3m；

3）当预定深度内有软弱土层、混合土层等特殊土时，勘探深度应适当增加，部分控制性勘探孔应穿透特殊土；

4）当预定深度内有洞体存在时，应钻入洞底基岩面下不少于 2m。

3.4.3.2　详细勘察

（1）探孔的间距要求

详细勘察勘探孔应沿建（构）筑物轴线、周边和角点布置，高层建筑中心应布置勘探孔，勘探孔间距如表 3-3 所示。

详细勘察勘探孔的间距（单位：m）　　　　　　表 3-3

地基复杂程度等级	勘探孔间距
一级（复杂）	8 ~ 15
二级（中等复杂）	12 ~ 25
三级（简单）	25 ~ 40

注：详细勘察的控制性钻孔数量不应少于总钻孔数量的 1/2。

详细勘察时，对一柱一桩基础，应逐柱布置勘探孔。当采用独立基础或条形基础时，宜采用钻探与动力触探或钎探相结合的方法，查明可能存在的隐伏土洞、软弱土层的分布范围。勘探孔布置宜符合以下规定：

1）岩溶弱发育及中等发育地段，独立基础应一柱一孔，条形基础应 6 ~ 12m 一孔。

2）岩溶强烈发育地段，独立基础的勘探孔可按基础底面积 A 确定：$A \leqslant 1m^2$ 时布 1 个孔，$1m^2 < A \leqslant 3m^2$ 时布 2 个孔，$3m^2 < A \leqslant 5m^2$ 时布 3 个孔，$A > 5m^2$ 时布 5 个孔；条

形基础应沿基础中线每 4m 布 1 个勘探孔。

3）下列条件下，应适当加密钻孔，勘探线宜垂直岩溶发育方向：

① 溶洞顶板可能利用作为地基持力层；

② 遇深溶槽或串珠状溶洞，拟采取混凝土梁、板跨越，并需查找稳定支点。

（2）勘探孔的深度要求

1）当基础底面以下土层厚度不大于独立基础宽度的 3 倍或条形基础宽度的 6 倍，且具备形成土洞或其他地面变形条件时，全部勘探孔应钻入基岩面下 3～5m；

2）当预计深度内有溶洞存在且可能影响地基稳定时，应钻入洞底基岩面下不少于 5m，必要时应增加勘探孔和孔间 CT 物探剖面确定洞体范围；

3）对重大建筑物基础应适当加深勘探孔的深度；

4）采用桩基础时，勘察深度不应小于桩端以下 4 倍桩径，且不小于 8m；当相邻桩底的基岩面起伏较大时应适当加深勘探孔的深度；

5）为验证物探异常带而布置的勘探孔，一般应钻入异常带以下不少于 2m。

岩溶中等发育以上的场地，施工勘察时，对于抗浮桩、基坑立柱桩宜采用一桩一孔；对于采用承重连续墙的支护结构，宜采用一槽两孔；对于荷载较大的工程桩或大直径嵌岩桩，宜采用一桩多孔或钻孔结合孔中物探方法确定持力层性状，一桩多孔的钻孔数量宜符合表 3-4 规定。

不同桩径下钻孔孔数布置表

表 3-4

桩径 d（m）	$d < 1.0$	$1.0 \leqslant d < 1.2$	$1.2 \leqslant d < 1.6$	$d \geqslant 1.6$
每桩位布置钻孔数（个）	1	2	3	$\geqslant 4$

注：1. 当辅以物探时，每根桩应布置不少于 1 个钻孔；

2. 当钻孔为 1 个时，宜在距桩中心 10～15cm 的位置开孔，当钻孔超过 1 个时，宜在桩径范围内均匀对称布置。

3.4.4 勘探操作技术措施

岩溶区溶（土）洞与溶沟、溶槽、基岩裂隙等相互连通，水文地质条件复杂，若施工不当，极易诱发地质灾害。钻孔成孔的机械振动可能诱发地面塌陷；钻头穿过无填充或有少量充填物的溶洞、土洞顶板时，孔内水头急剧下降，钻孔孔壁失去孔内压力而引起塌孔；抽水试验在短时间内引起水位降低，产生真空吸蚀也会诱发地面塌陷。因此，在工程勘探施工过程中，应特别注意加强安全防范意识，应避免机器振动、抽水试验抽取地下水诱发岩溶塌陷造成安全事故。在岩溶发育地层钻探，常会出现卡埋（埋钻）、钻孔漏水（涌水）及钻孔偏斜等钻探事故，应做好防护措施，防止卡钻、埋钻等。根据岩溶地区钻探孔内事故应急处理措施，一般采取如下措施：

1）对于小溶洞及岩溶裂隙漏浆，宜采用向孔内回填泥球，然后下钻具挤压泥球，并上下活动，使投入孔内的泥球大部分挤进岩溶裂隙之间，再开机扫孔。

2）对于大溶洞，应采用多层套管跟进钻至基岩面多次变径方法钻进。应将厚壁套管钻至基岩面，用双层金刚石钻头钻进，当遇到溶洞后，提起钻具，并取出岩芯，再用合金钻头的岩芯管钻进，直到溶洞底部岩石，并钻入岩石 20～30cm；然后将此岩芯管当作第二级套管，留在钻孔内，再用双层金刚石钻头钻进；对于在具有多层溶洞的岩溶区钻探，宜采用三级、四级或五级套管，相应变换钻头、钻径。

3）钻进时应采取低钻压、慢转速。发现进尺突然加快、漏水、掉钻或有异响时，应立即检查钻具连接情况或用轻压、慢转速探索钻进。

4）洞内有充填物时应采用干钻或双管钻具钻进。

5）钻过空洞后应下导向管或接长岩芯管，其长度为空洞高度的 2～3 倍，并轻压、慢速钻至空洞底板下 2～3m 后，用套管隔离空洞。

6）倒杆时应吊住钻具，升降钻具应减速，并注意遇阻情况。

7）岩芯应用卡簧或取芯钻具卡取。

勘察的原始记录除应满足现行规范外，应重点记录下列情况：

1）钻具自然下落或自然减压的情况及起止深度；

2）发生异常声响、孔内掉块、钻具跳动等情况及起止深度；

3）冲洗液变化情况，如漏水、涌水和水色突变的情况及起止深度；

4）测定岩芯的岩溶率。

3.5　岩溶地区物探

近年来，地球物理勘探技术的勘察能力和勘察精度都得到极大提升和创新。在岩溶场地进行地球物理勘探时，有多种方法可供选择，如：电法（电剖面法、电测深法、高密度电法、自然电位法、充电法）、电磁法（音频大地电磁法、瞬变电磁法、探地雷达法）、地震波法（反射法、折射法、面波法、映像法）、声波测试（测井）、放射性测试（声波 CT 探测）等技术。为获得较好的探测效果，必须注意各种方法的使用条件以及具体体场地的地形、地质、水文地质条件。当条件允许时，应尽可能地采用多种物探方法综合对比判译。

电法是最常用的物探方法，以电剖面法和电测深法为主。它们可以用来测定岩溶化地层的不透水基底的深度，第四系覆盖层下岩溶化地层的起伏情况，均匀碳酸盐地层中岩溶发育深度，地下暗河和溶洞的规模、分布深度、发育方向、地下水位，以及圈定强烈岩溶化地段和构造破碎带的分布位置等。

电磁法测量速度快，因而在大面积场地上测量效率高、费用低。通过沿剖面的逐点测量，最终可获得用传导值等值线表示的剖面图。通常，石灰岩石芽呈低传导性，黏土层呈高传导性，并且传导率变化最大的部位预示着石灰岩和黏土岩交界的出现。在岩溶场地勘查中，地质雷达天然发射频率一般集中在 80～120MHz，穿透 5～9m。在雷达剖面上，通常可以识别出石灰岩石芽、充填沉积物的落水洞、岩溶洞穴、竖井或溶沟。如同其他方法一样，地质雷达不能识别岩土类型。因此它必须与钻探相结合，以根据雷达剖面获得的异常部位布置钻探而获得更详细准确的资料，同时也可检验雷达探测的准确程度，以获得仅根据雷达剖面推测地下地质结构的可靠程度。

3.5.1　物探方法及其适宜性

岩溶地区常用的物探方法及其适宜性建议如表 3-5 所示。

岩溶地区物探方法选用建议表　　　　　　　表 3-5

物探方法		勘探任务						
类别	方法	可溶岩分布	岩面深度与起伏形态	岩溶洞隙空间分布	土洞空间分布	断裂破碎带空间分布	桩基持力层及下卧层性状	地下水流向
地震法类	反射法	○	●	●	●	●		
	折射法	●	●			●		
	面波法		○		●	○		
	映像法	○	○	●				
电法类	电剖面法	●				●		
	电测深法	●	●	○		●		
	高密度电法	●	●	●	○	●		
	自然电位法							●
	充电法							●
电磁法类	音频大地电磁法		○	●		●		
	瞬变电磁法	○		●	○			
	探地雷达法		○	○	●	○	○	
孔中物探类	跨孔 CT 法	●	●	●	●	●	●	
	管波探测法			●		●	●	
	孔中雷达			○		●	●	

注：●推荐方法，○可选方法。

3.5.2　高密度电法

高密度电法以地下介质导电性差异为基础，采用人工在地下建立电场，通过观测和研究人工电场的分布规律，以达到了解岩土分层、基岩起伏形态及地质构造、溶洞裂隙及软弱层等不良地质体的分布范围的一种地球物理勘探方法。

高密度电法作为一种有效、快捷的勘查方法，在岩溶地区得到广泛应用，其优势在于生产成本低、工作效率高。罗鑫（2017）等在某公路的路基勘察实例中，应用高密度电法，经过最小二乘法进行反演，查明了路基岩溶发育及岩体破碎带情况；何国全（2016）将高密度电阻率法用于云南某水库，查明地下岩溶分布情况，并取得良好的应用效果；王玉洲（2012）等结合某工程岩溶区利用高密度电法和高精度 GPS 测量联合勘察的工程实例，利用三维高密度电法反演软件（Surfer）反演出的模型电阻率，采用纵切和横切技术，从而实现了高密度电法对溶洞的三维成图，为溶洞的空间分布特征提供了直观、可靠的资料。

该方法是一种阵列勘探方法，也称自动电阻率系统，是直流电法的发展，其功能相当于四极测深与电剖面法的结合。其基本原理主要是通过电极向地下供电形成人工电场，其电场的分布与地下岩土介质的电阻率 ρ 的分布密切相关，通过对地表不同部位人工电场的测量，了解地下介质视电阻率 ρ_s 的分布，根据岩土介质视电阻率的分布推断解释地下地质结构。

这种方法原理清晰、图像直观，是一种分辨率较高的物探方法。近年来随着计算机数据采集技术的改进，勘探效率大大提高，增大了剖面的覆盖面积和探测深度，在强干扰的环境下也能取得可靠数据，大大地提高了信噪比，可准确地探测地质体。该方法在工程与水文地质勘探和矿产、水利资源勘察中有着广泛而成功的应用。

高密度电法是许多普通电法排列、测点的集合，是将许多电极（一般为 60 个以上），按一定极距（一般为 1 ～ 5m）排列，通过电缆、转换开关同测量仪器相连。测量时，测量仪器通过指令控制转换开关以一定的排列顺序将电极转换成供电电极或测量电极。根据不同的电极排列顺序和测量方式，可分为不同的装置方式。该系统由多功能直流电法仪和多路电极转换器组成，基于常规电阻率法勘探原理并利用多路电极转换器的供电，测量电极的自动转换，配合常规电阻率法的测量方法及电阻率成像（CT）等高新技术来进行高分辨、高效率的电法勘探。该法综合了电测深法、电剖面法的功能。其系统示意图如图 3-2 所示。

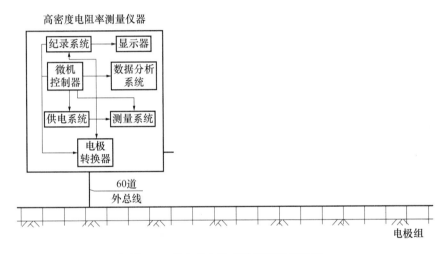

图 3-2 高密度电阻率勘探系统示意图

3.5.2.1 岩土界线的推断

根据高密度电法勘探结果，勘探范围内可根据视电阻率等值线的疏密变化来划分岩土的分界线。图 3-3 粗黑线条表示岩土分层界线。

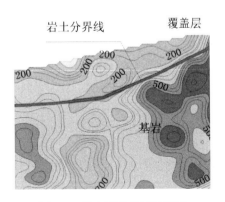

图 3-3 岩土界限判读示意图

根据高密度电法勘探结果，结合钻探成果，工区内视电阻率等值线由疏变密的部位推断为岩土分界线。

3.5.2.2 岩溶（溶洞及岩溶发育区）异常的解释推断

根据地质调查资料及钻探资料，工区内部分地区岩溶强烈发育。图 3-4 粗黑线圈定范围为物探推断溶洞或岩溶发育区发育位置、规模及范围。

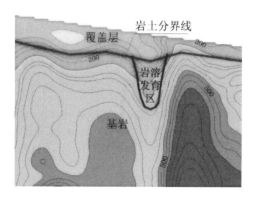

图 3-4 岩溶异常判读示意图

3.5.2.3 岩溶发育连通或区域构造断裂的解释

根据高密度电法勘探结果，岩溶引起的高密度电法异常主要为团块状、凹陷状、串珠状低阻异常，结合相邻近的测线勘探资料，如发现有相同低阻异常同时存在，且关联性强，可推断该区域岩溶发育存在连通或区域地质存在构造断裂通过，如图 3-5 所示。

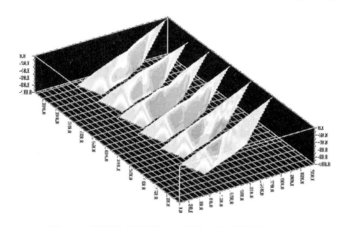

图 3-5 岩溶发育连通或区域构造断裂判读示意图

3.5.3 管波探测法

管波探测法是在钻孔中利用"管波"这种特殊的弹性波，探测孔旁一定范围内不良地质体的孔中物探方法。管波探测法在一个钻孔中进行探测，即可快速、准确查明孔旁地质情况，探测范围是以钻孔为中心、直径约 2m 范围的圆柱形空间，如图 3-6、图 3-7 所示。在岩溶地区桩位超前勘查孔中，探测孔旁岩土层内岩溶、软弱夹层、溶蚀裂隙的发育和分布情况，评价桩基持力层完整性和风化程度，为桩基设计提供直接依据，如图 3-8 所示。

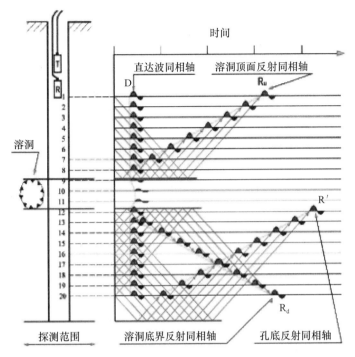

图 3-6　管波法原理图

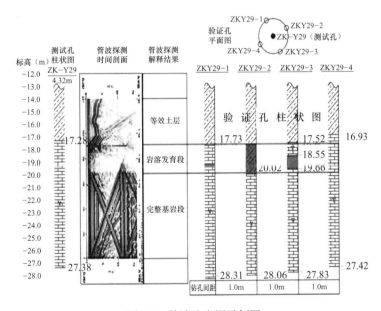

图 3-7　管波法应用示例图

李学文等（2005）利用管波探测法在超前钻探阶段，查明桩直径范围内是否存在岩溶和软弱夹层，确定持力层的完整情况，在指导基桩设计、施工和保证桩端持力层的完整方面具有良好的应用效果，探测可以为设计更加准确地确定桩端位置提供可靠的指导依据。于亚欢（2015）利用管波探测技术对岩溶区进行勘察，从装置、流程、勘察结果等方面进行介绍，说明了管波探测技术的可操作性良好，并结合具体使用情况对该项新型技术应用进行分析。刘世奇（2015）以长昆线怀化南站岩溶勘察为例，采用地震 CT 与管波探测法综合勘察，说明了地震 CT 法及管波探测法在井间岩溶勘察的应用效果较好。谭友根（2013）等对某大桥进行综合物探测试，在钻孔内采用管波测试法和跨孔弹性波 CT 测试结合钻探法，详细查明了灰岩中桩底及桩间岩溶发育情况，证明了管波测试法和跨孔弹性波 CT 测试相结合具有精度高、工期短、探测费用低等优点。

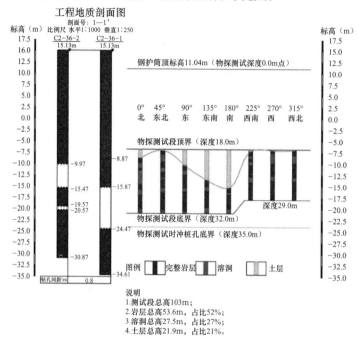

图 3-8　管波法物探测试成果

3.5.4　探地雷达法

利用高频电磁波束反射来探测地下目标的一种高分辨率电磁方法，也被称为电磁波脉冲雷达法、脉冲微波法、脉冲无线电频率法等。探地雷达技术作为一种非破坏性地表原位探查技术，能够现场提供实时剖面记录，图像清晰直观、工作效率高、重复性好。由于电磁波在空洞、岩溶与覆盖层及围岩中的传导速度不同，在两个接触界面之间存在速度差异，在接触界面产生反射，因此可利用以电磁波理论为基础的地质雷达探测技术。探地雷达法对于浅表的空洞有较高的探测精度。

探地雷达法是以地下岩石、土层、空洞等地质体的介电常数、传导速度不同存在差异为基础的。如图 3-9 所示，工作时在雷达主机控制下，脉冲源产生周期性的毫微秒信号，并直接反馈给发射天线，经由发射天线耦合到地下的信号在传播路径上遇到介质的非均匀体（面）时，便产生反射信号。位于地面上的接收天线在接收到地下回波后，直接传输到接收机，信号在接收机经过整形和放大等处理后，经电缆传输到雷达主机，经处理后，传输到计算机。在计算机中对信号依照幅度大小进行编码，并以伪彩色电平图／灰色电平图或波形堆积图的方式显示出来，经事后处理，可用来判断地下目标的深度、大小和方位等特性参数。

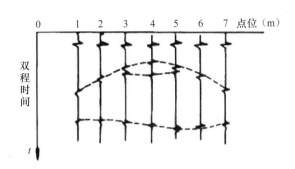

图 3-9 探地雷达法原理图

3.5.5 地震映像法

地震映像法是近十年来用于探测浅部介质中纵、横向不均匀体（构造、溶洞裂隙、洞穴、障碍物、非金属管道、岩溶、土坝中白蚁巢及空洞、地裂缝与疏松带、滑坡体等）的有效方法。它不同于常规地震勘探中的折射波法及反射波法有明确的勘察目的层（速度界面、波阻抗界面）。实质上，它采集的是近震源处的弹性波场。岩溶裂隙为均匀地层中的局部纵、横向不均匀体，为地震映像法的使用提供了前提条件。

该方法数据采集方法简单，共偏移距单道（或 2 ~ 3 道）采集，施工人员只需 2 ~ 3 人即可，具有很高的工作效率；采用小偏移距、小道距采集，地形的影响很小，适用于各种复杂的工作环境；在近震源的面波区采集，锤击震源即可采集到能量较强的弹性波；和常规地震勘探中的反射波法和折射波不同，地震映像法对地下三度体也可探测，可解决常规地震勘察方法解决不了的问题；它主要应用弹性波的动力学特征对波场进行解释，没有繁杂的资料处理流程，是一种能适应各种工作环境、简便、快速的工程物探勘察手段。图 3-10 为其系统示意图。

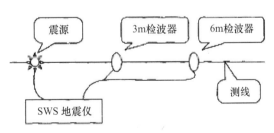

图 3-10 地震映像法勘探系统示意图

发射点距及接收点距根据试验确定，应尽可能满足探测深度超过潜水面。

检测中所采用的各项参数（采样时间间隔、增益、采样点数，模拟滤波、触发方式）应通过现场试验确定。检测时，应保证采集信号的质量，对采集的弹性波信号进行实时监控，所采集的时间剖面波形要求初至清晰，波列及延时等均正常，发现波形畸变或初至难以判读的情况，立即进行重复观测，两次观测记录的相对误差应满足要求。

3.5.6 浅层地震反射波法

浅层地震反射波法是利用人工激发地震波在岩土介质中的传播规律，探测浅部地质构造或测定岩土物理力学参数、进行物性分层、寻找构造破碎带的一种较成熟的地球物理勘察方法。地震反射波法是国内外公认的具有较高精度的一种物探方法。

浅层地震反射波法是根据波动理论，当人工激发产生的地震波在向地下介质中传播时，由于不同的岩土层具有不同的波阻抗差异，当地震波经过具有不同波阻抗差异的界面时，产生反射现象，应用专门的仪器记录各种波的传播时间和特征，经数据处理后，便可获取岩土层、构造断裂带的反射信息，从而解决相应的工程地质问题。

3.5.7 井间层析 CT 探测

井间层析 CT 探测方法是 20 世纪 80 年代末发展起来地球物理探测技术，它将医学 CT 的原理成功地运用于地学中，并得到迅速的发展，并派生出一系列的层析成像技术。目前国际上发展了三种井间层析探测技术：即弹性波井间层析 CT 探测、电磁波井间层析和电阻率 CT 探测。国内外已有大量这方面的研究工作，在工程实践中积累了丰富的经验，并取得了丰硕的成果。在场地地质勘探中，钻孔是最基本的手段，它固然能给出详细的、直接的地层信息，但这不能代表钻孔之间大范围的地下结构状态，而井间层析 CT 探测方法正好能弥补这方面的不足。它运用固定的可控发射源，在两个钻孔之间进行发射与接收，对比发射与接收之间的差异，重建钻孔之间的结构图像。一般采用的发射源可以是声波或者是电磁波，而在重建结构时可根据实际工作的需要，可以采用振幅或频率等因素的变化，根据一定的数学物理关系，经反演计算得到构造的图像。

遵循由已知到未知的原则，首先选择已知且有代表性的地段进行物探方法有效性对比试验，根据对比结果，选定较为有效的物探方法进行勘察。

弹性波 CT 观测系统，以一个钻孔为发射孔，另一个钻孔为接收孔，发射孔与接收孔之间的距离为 14～20m，在发射孔内按 1.0m 间距设置激发点，在接收孔内，一般按 1.0m 间距设置接收点，对于每一个激发点，接收孔内对每一个接收点进行接收（图 3-11）。

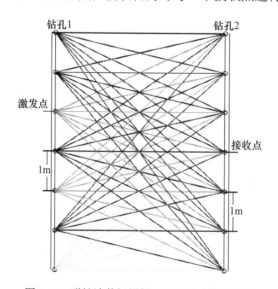

图 3-11　弹性波井间层析 CT 观测系统示意图

通过反演波速影像图、钻孔波速测试成果对岩土层的类比，有表 3-6 所示对应性。

弹性波 CT 探测地质解释波速对应表　　　　　　　　　　　　　表 3-6

序号	波速范围（m/s）	推测岩（土）层	岩（土）层特征
1	1500～2000	土层	第四系土层，全、强风化岩
2	1500～2000	溶洞或破碎带	充填或半填充溶洞、破碎带
3	2000～4500	裂隙发育段	岩石基本完整，存在溶蚀现象及小的溶洞、裂隙发育
4	4500～6000	完整基岩	完整的基岩

　　根据上述对弹性波井间层析 CT 探测数据的分析和反演计算，并结合钻孔、地质调绘等资料综合推断解释，绘制出弹性波井间层析 CT 反演波速影像及地质解释展开剖面图（图 3-12）。展开剖面图异常解释推断：低速异常，解释推断为溶洞的异常。

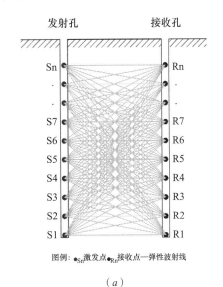

（*a*）

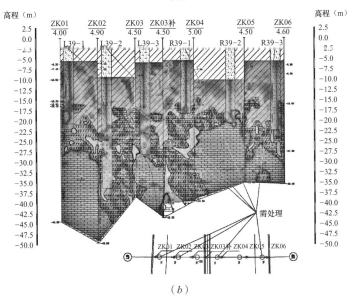

（*b*）

图 3-12　跨孔弹性波 CT 反演波速影像及综合地质解析剖面（一）

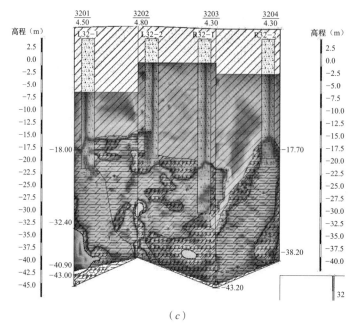

（c）

图 3-12　跨孔弹性波 CT 反演波速影像及综合地质解析剖面（二）

3.6　地下水勘察

当需要了解可溶性岩层渗透性和单位吸水量时，可以进行抽水试验和压水试验；当需要了解岩溶水连通性时，可以进行连通试验。后者对分析地下水的流动途径、地下水分水岭位置、水均衡有重要意义。一般采用示踪剂法，可用作示踪剂的有：荧光素、盐类、放射性同位素等。

查明地下水动力条件和潜蚀作用、地表水与地下水的联系、预测土洞及地面塌陷的发生和发展时，可进行水位、流速、流向及水质的长期观测。

（1）勘察的方法

岩溶地区地下水勘察可采用水文地质测绘、勘探、物探、钻探、水文地质试验、地下水动态观测等一种或多种方法进行并应符合下列规定：

1）水文地质测绘前应进行现场水文地质踏勘，收集分析已有的区域水文地质及水文地质遥感资料，初步评价场地水文地质条件并分析对拟建工程的影响，提出下一阶段场地地下水勘察的工作内容与要求；

2）水文地质勘探孔应在水文地质测绘的基础上，结合场地岩土工程勘察和水文地质物探进行布置；

3）水文地质物探宜选用浅层地震法、高密度电法、钻孔电磁波层析成像、地质雷达、钻孔声波探测、电测井等方法；

4）水文地质试验包括现场试验（如抽水试验、连通试验）和室内试验（水质分析）；

5）岩溶场地基础施工期间应对与工程相关的地表水、地下水持续进行动态观测，对基底涌水、涌砂或可能溃底的地段进行监测。

（2）勘察的重点内容

岩溶地区专门水文地质勘察应重点查明以下内容：

1）地下水的埋藏条件、类型、流向、水位及变化幅度，含水层和隔水层的性质与埋深等；

2）地下水的补充排泄条件，岩溶地下水与地表水及其他地下水的补排关系；

3）多层地下水的每层地下水的埋深情况、赋存条件、相互影响或补充关系；

4）岩层承压水的埋藏条件、水位及其变化，承压水层对其他含水层的影响等；

5）溶洞地下河的形态、流量和流向、补给条件。

（3）地下水作用评价

岩溶地区专门水文地质勘查的地下水作用评价，除应符合国家现行有关标准的规定外，尚应重点分析评价以下内容：

1）地下水位变化对基础、地下结构、基坑和挡土墙的静水或动水压力作用；

2）因水头压差、水位波动、渗流等产生的潜蚀破坏作用；

3）地下水补给排泄产生的水位升降对地基沉降或土洞发育、地面塌陷的影响；

4）基坑坑底位于岩溶水承压水头以下时，坑底涌水、涌泥的可能性，特别是岩溶水沿开口溶洞、钻孔通道涌水的可能性；

5）地基渗透性对地基的影响；

6）建筑结构的设计使用年限内，地下水对建筑场地内土洞或溶洞发展的影响。

（4）抽水试验

当需要提供水文地质参数和确定岩溶水的连通性时应进行抽水试验。抽水试验井孔宜按不同岩溶发育地段布置，岩溶强烈发育地段不少于2个，岩溶中等发育地段不少于1个。当预测降水可能造成不良环境工程问题时，宜将抽水试验改为压水试验或注水试验。

需要特别注意的是，对地下水高于基岩面的场地，需作施工降水时，应评价降水对周围环境的影响。在岩溶强烈发育区的降水影响半径范围内，存在道路、管线等公共设施，或以土层作持力层的建筑物时，如未采取可靠的防护措施，不应采用降水施工。

第4章 岩溶地基稳定性与塌陷

场地稳定性评价对于岩溶地区建筑地基设计与施工十分重要。地面塌陷是场地不稳定的主要形式，岩溶场地发生塌陷可能造成严重的工程事故及人身伤亡。对于岩溶场地，应根据勘察成果评价场地稳定性，预测岩溶地面塌陷发生的可能性，从而确定建筑场地的适宜性。

本章主要讨论场地的稳定性。场地稳定性主要是场地地基稳定性，对于岩溶区而言，地基稳定性的重点是洞体稳定性，因此，本章重点介绍洞体稳定性的判别标准及方法。

4.1 岩溶塌陷

4.1.1 塌陷的分布规律

塌陷的分布受岩溶发育规律、发育程度的制约，同时，与地质构造、地形地貌、土层厚度等有关。塌陷多分布在断裂带及褶皱轴部、溶蚀洼地等地形低洼处、河床两侧以及土层较薄且土颗粒较粗的地段。

4.1.2 塌陷与水力作用的关系

塌陷与水力作用的关系主要体现在以下几方面：

1）水位降深作用：当降深保持在基岩面以上且较稳定时，不易产生塌陷；水位降深小，地表塌陷坑的数量少、规模小；降深增大，水动力条件急剧改变，水对土体潜蚀力增强，地表塌陷坑的数量增多，规模增大。

2）塌陷的数量及程度与降水漏斗的位置有关：塌陷区多处于降落漏斗之中，其范围小于降落漏斗区。塌陷坑的数量和规模随着远离降落漏斗中心而递减。

3）水力坡度、流速影响塌陷的发展：根据广东曲塘矿区资料，当水力坡度小于3%、流速小于0.0005m/s时，处于相对稳定状态；当水力坡度大于3%、流速大于0.0005m/s时，地面开始产生变形；当水力坡度大于5%、流速大于0.0005m/s时，地面产生塌陷。

4）径流方向易于塌陷：主要径流方向上地下水来量丰富，水的流速大，地下水对土体的潜蚀作用强，故此方向上易产生塌陷。

4.1.3 岩溶塌陷的判别

地面塌陷是场地稳定性评价的重要内容。首先要对溶岩塌陷的类型加以判别，再对溶岩塌陷进行预测。

（1）岩溶塌陷的类型

1）从物质组成上可分为两类：一是发生在石灰岩中的溶洞顶板塌陷，二是发生在覆盖层中的土洞顶板塌陷。其中，土洞顶板塌陷又分为两种类型：一种是黏性土土洞塌陷，另一种是砂性土土洞塌陷。

2）从成因类型上可分为两类：一是自然岩溶塌陷，二是人为诱发的岩溶塌陷。自然岩溶塌陷是指在天然地质作用下形成的塌陷，包括暴雨引起的塌陷、重力引起的塌陷、地震引起的塌陷等，约占总数的33%（不包括陷落柱），是各类塌陷中数量最多的一种。人为诱发岩溶塌陷是由于人为活动，如抽水、基坑排水、地面渗漏、蓄水及荷载、列车震动、爆破等一系列活动，加速了地下水的活动及改变了土洞的自稳条件，土洞扩大，土洞盖层失稳，从而促成岩溶塌陷的加速与发展。

（2）溶岩塌陷的预测

地面塌陷评价的预测可根据水位变动、覆盖层性质及厚度、岩溶发育程度及可能遭受震动等因素按表4-1进行评定。

岩溶地面塌陷预测分析参考标准　　　　　　　　　　　　表 4-1

基本条件	主要影响因素	因素的水平	指标分数
水—塌陷动力	水位（40分）	水位能在土、石界面上下波动	40
		水位不能在土、石界面上下波动	20
覆盖层—塌陷物质	土的性质与土层结构（20分）	黏性土	10
		砂性土	20
		风化砂页岩	10
		多元结构	20
	土层厚度（10分）	＜10m	10
		10m～20m	7
		＞20m	5
岩溶—塌陷与储运条件	地貌（15分）	平原、谷地、溶蚀洼地	15
		谷坡、山丘	5
	岩溶发育程度（15分）	强烈发育	15
		中等发育	10
		弱发育	5

注：1. 累计指标分≥90为极易塌陷区，71～89为易塌陷区，≤70为不易塌陷区；
　　2. 近期产生过塌陷区，累计指标分应为100；
　　3. 地表降水入渗致塌地区，水的指标分为40。

4.2　场地稳定性评价

岩溶场地稳定性分为不稳定场地、欠稳定场地、基本稳定场地三类。判定场地稳定性应从不稳定开始，向欠稳定、基本稳定推定，以最先满足的为准。

（1）不稳定场地

符合下列条件之一的可划分为不稳定场地：

1）岩溶强烈发育的场地；

2）岩溶中等发育，具有多层土层结构，地下水埋藏较浅且变化幅度较大或水位线在基岩面附近的地段；

3）建筑物影响范围内存在浅层大溶洞或溶洞群，洞体不稳定；

4）塌陷成群发育地段；

5）土洞钻孔见洞率大于 5% 地段；

6）极易塌陷区。

（2）欠稳定场地

符合下列条件之一的可划分为欠稳定场地：

1）岩溶中等发育的场地，地下水位长期位于基岩面以下或者水位变化幅度小于 3m；

2）建筑物影响范围内存在浅层溶洞，洞径小于 3m，洞体稳定性差；

3）场地周边 1km² 以内发现地面塌陷，塌陷个数不超过 5 个地段；

4）钻孔揭露土洞，见洞率不大于 5% 地段；

5）易塌陷区。

（3）基本稳定场地

符合下列条件的可划分为基本稳定场地：

1）岩溶弱发育的场地；

2）建筑物影响范围内不存在浅层溶洞，或浅层溶洞全填充，洞体稳定或较稳定；

3）场地周边 1 km² 以内，未发现地面塌陷；

4）钻孔未揭露土洞；

5）不易塌陷区。

4.3 场地适宜性评价

场地适宜性评价可帮助拟建项目进行可行性评估及经济性评价。一般来说，应根据岩溶场地条件（包括岩溶发育程度、分布规律、塌陷规律等）判断场地稳定性，再结合工程重要性等级判断场地的适宜性。建筑场地适宜性应根据工程重要性等级和场地稳定性，通过表 4-2 进行判别。同时，宜结合工程地质条件、水文地质条件、拟建建（构）筑物的特征等进行综合判别。对于拟建建（构）筑物建设可能引发大面积塌陷或变形的不稳定场地，应对场地建设适宜性进行专项论证。当地基为易溶岩时，应考虑溶蚀继续作用。

场地适宜性判别表 表 4-2

工程重要等级	不稳定	欠稳定	基本稳定
一级（重要工程）	适宜性极差	适宜性差	基本适宜
二级（一般工程）	适宜性差	适宜性较差	基本适宜
三级（次要工程）	适宜性差	适宜性较差	基本适宜

注：在适宜性极差场地上建设的工程项目应进行专项论证。

岩溶场地适宜性评价，可根据场地稳定性、破坏后果、治理难易程度结合工程建设特征，按表 4-3 进行综合评价。

场地适宜性	破坏后果、治理难易程度
适宜性差	工程建设可能造成大面积地面塌陷或严重社会影响的场地
适宜性较差	工程建设可能造成地面塌陷或治理难度较大的场地
基本适宜	工程建设不会造成地面塌陷，治理难度一般的场地

场地适宜性分级　　　　表 4-3

4.4　地基稳定性评价

溶洞地基稳定性的评价，其本质上是对溶洞洞体的稳定性评价。应采取先定性、后定量的原则对岩溶洞隙稳定性进行评价。溶洞地基稳定性评价，可采用定性评价、半定量评价和定量评价多种方法进行综合评判。对于重大工程，除应进行定性评价和半定量评价外，宜增加定量评价。

4.4.1　定性评价方法

定性评价法主要适用于初勘阶段的场地选择及一般工程的地基稳定分析评价。根据已查明的地质条件，确定岩溶发育和分布规律，综合考虑影响溶洞稳定性的各种因素（地质构造、岩层产状、岩性和层厚、洞体形态及埋藏情况、顶板情况、充填情况、地下水等），如表 4-4 所示，给出溶洞稳定性的初步评价。

溶洞稳定性分级表　　　　表 4-4

等级	地层岩性	地质构造	地下水及支洞、暗河	洞体表面特征	洞底堆积物
稳定	厚层至巨厚层，无软弱夹层，层面胶结好	无褶皱、断层；裂隙不发育，仅有1~2组较明显，裂隙呈闭合状或胶结好；未形成临空不稳定切割体	洞内少量滴水；四周支洞少，洞内无暗河通过	洞顶、侧壁均有钙壳、溶蚀窝状面，洞内表面较完整；无危岩和近期崩塌	洞顶平坦，表层堆积物为黏性土或钙质胶结层，不含块石
较稳定	厚层至中厚层，层面有一定程度的胶结	有小型断层，褶皱；有2~3组连续性差的裂隙；形成的临空切割体的体量小	断层中有季节性地下水活动；四周支洞较少，暗河易于查明、处理	洞顶有钙壳、溶蚀窝状面，有少量钟乳石、灰华物；有少量危岩，无近期崩塌痕迹	洞底平坦，表层堆积物含少量块石，或有古崩塌体
稳定性差	中厚层夹薄层，层面胶结差	断层发育；有3组以上的裂隙，且胶结差；形成较多的临空切割体	顶板及断层中常有地下水活动；四周支洞较多，暗河分布较复杂，不易查明、处理	洞顶钙壳和窝状溶蚀面少，钟乳石多，侧壁有含泥质的灰华物；局部地段有危岩和近期崩塌痕迹	有近期崩塌堆积物和较多块石
不稳定	薄层至中厚层，有软弱夹层，层面胶结差	断层很发育；裂隙在4组以上，呈张开状，充水夹泥；形成大量的临空切割体	洞内、断层中漏水严重；四周大小支洞多，暗河分布复杂，难于查明、处理	危岩和近期崩塌痕迹多；钟乳石、石笋、石柱等林立丛生，灰华物大面积分布	洞底为暗河或大量近期崩塌物

注：评价时应对各因素综合考虑，如条件不完全符合某一等级或情况交叉时，可按地层岩性、地质构造和洞体表面特征等三项主要因素来评价。

在初步评价的基础上，结合基底荷载情况，以及已有经验的分析比较，进行以下稳定性评价：

1）对于完整、较完整的坚硬岩、较硬岩地基，当符合下列条件之一时，可不考虑岩溶对地基稳定性的影响：

① 洞体较小，基础底面尺寸大于洞的平面尺寸，并有足够的支承长度；

② 顶板岩体厚度大于或等于洞的跨度。

2）地基基础设计等级为乙级或丙级且荷载较小的建筑物，当符合下列条件之一时，可不考虑岩溶对地基稳定性的影响：

① 基础底面以下土层厚度大于独立基础宽度的 3 倍或条形基础宽度的 6 倍，且不具备形成土洞的条件时；

② 基础底面与洞体顶板间土层厚度小于独立基础宽度的 3 倍或条形基础宽度的 6 倍，洞隙或岩溶漏斗被沉积物填满，其承载力特征值超过 150kPa，且无被水冲蚀的可能性时；

③ 基础底面存在面积小于基础底面积 25% 的垂直洞隙，但基底岩石面积满足上部荷载要求时。

当不符合上述条件时，应进行洞体地基稳定性分析。

4.4.2　半定量评价方法

在岩溶区内按岩溶分布与发育特征，初步定性判别其对工程的适宜性的影响与危害程度，筛选出对工程影响较大、需进一步查明与评价的重点区域，进行半定量评价，为进一步的稳定性评价、处治措施提供依据。溶洞稳定性半定量计算方法主要包括：

（1）顶板塌陷堵塞法

当顶板为中厚层、薄层，裂隙发育，易风化的岩层，顶板有可能坍塌、但能自行填满洞体时，无需考虑其对地基的影响。此时所需塌落高度（H）可按下式计算：

$$H = \frac{H_0}{K-1} \qquad (4-1)$$

式中　H_0——塌落前洞体最大高度（m）；

　　　K——岩石松散（涨余）系数，石灰岩 K 取 1.2，黏土 K 取 1.05。

（2）结构力学近似分析法

当顶板岩层较完整，强度较高，层厚较大，并已知顶板厚度和裂隙切割情况时，可按抗弯、抗剪验算顶板稳定性，且应符合下列规定：

1）当顶板跨中有裂缝，顶板两端支座处岩石坚固完整时，可按悬臂梁计算：

$$M = \frac{1}{2} pl^2 \qquad (4-2)$$

2）当裂隙位于支座处，而顶板较完整时，可按简支梁计算：

$$M = \frac{1}{8} pl^2 \qquad (4-3)$$

3）当支座和顶板岩层均较完整时，可按两端固定梁计算：

$$M = \frac{1}{12} pl^2 \qquad (4-4)$$

4）计算弯矩和剪力应符合下列公式的要求：

$$\frac{6M}{bH^2} \leqslant \sigma \qquad (4-5)$$

$$H \geqslant \sqrt{\frac{6M}{b\sigma}} \qquad (4-6)$$

$$\frac{4f_s}{H^2} \leqslant S \qquad (4-7)$$

$$H \geqslant \sqrt{\frac{4f_s}{S}} \qquad (4-8)$$

式中 M——弯矩（kN·m）；

p——顶板所受总荷载（kN/m），为顶板的岩体自重、顶板上覆的土体重量和附加荷载之和；

l——溶洞跨度（m）；

σ——岩体计算抗弯强度（石灰岩一般为允许抗压强度的 1/8）（kPa）；

f_s——支座处的剪力（kN）；

S——岩体计算抗剪强度（石灰岩一般为允许抗压强度的 1/12）（kPa）；

b——梁板的宽度（m）；

H——顶板岩层厚度（m）。

（3）极限平衡法

按极限平衡条件计算顶板受剪切承载力时，应符合下列公式的要求：

$$T \geqslant P \qquad (4-9)$$

$$T = HSL \qquad (4-10)$$

$$H = \frac{T}{SL} \qquad (4-11)$$

式中 P——溶洞顶板所受总荷载（kN）；

T——溶洞顶板的总抗剪力（kN）；

L——溶洞平面的周长（m）

其余符号意义同前。

（4）成拱分析法

溶洞未坍塌时，相对于与天然拱处于平衡状态，如发生坍塌则形成破裂拱。破裂时顶板岩层厚度 H 为：

$$H = \frac{0.5b + h_0 \tan(90° - \varphi)}{f} \qquad (4-12)$$

式中 b——溶洞宽度（m）；

h_0——溶洞的高度（m）；

φ——岩石内摩擦角（°）；

f——为溶洞围岩坚实系数，一般可根据岩石的单轴抗压强度确定。

破裂拱以上的岩体重量由拱承担，因承担上部荷载尚需一定的厚度，故溶洞顶板的安全厚度为破裂拱高加上部荷载作用所需要的厚度，再加适当的安全系数。

4.4.3 定量评价方法

定量评价主要是采用有限元等理论方法对溶洞或土洞的稳定性进行分析。

目前虽然已有一些对洞体稳定性分析评价的定量方法，但是大范围的应用推广仍较难实现，原因有二：① 受到各种因素的影响，岩溶地基的边界条件相当复杂，同时受到探测技术的局限，岩溶洞穴和土洞往往很难查清，洞体与围岩的边界条件与性能指标也很难查清；② 洞穴的受力状况和围岩应力场的演变十分复杂，要确定其变形破坏形式和取得符合实际的力学参数很困难。

定量评价方法的应用目前尚属探索阶段，在工程实践中受到很大限制，有待不断积累资料，探索提高。因此，对于重大工程，采用有限元等理论方法进行溶洞稳定量评价时，需结合定性、半定量评价法以及现场试验综合确定。

现场试验法包括电阻应变片测试法、荷载试验法与静载试验法。

1）电阻应变片测试法是沿纵、横洞轴方向贴设电阻应变片及布置挠度量测，在加载过程中追踪测量。根据测得的最大应力与岩体抗剪强度比较，若后者大于前者 5 ～ 10 倍，则认为岩溶洞体的顶板是可靠的。

2）荷载试验法是在有代表性的浅层洞体上，将顶板岩体修凿成一梁板形状，有条件时底面或侧面亦可贴设电阻应变片，于其上分级加载，观察其应力与变形。通过试验，了解在特定条件下洞体的变形特征、破坏形式与顺序，反求顶板岩体参数，建立与岩石强度参数、岩体纵波速度等的相关性，借此评价其他洞体的稳定性。

3）静载试验法是通过现场静载试验获得荷载—位移曲线（$P\text{-}S$ 曲线），进而确定承载力，判断地基稳定性。

第5章 岩溶地基处理

岩溶地区地基处理的主要方法有充填法、跨越法、桩基穿越法、注浆法、褥垫层法、复合地基等。各种方法均有其适用性和局限性，实际工程中通常根据地质条件及岩溶发育特征，采用一种或多种方法综合处理。本章重点讨论填充法、注浆法。考虑到复合地基在岩溶地区应用较为广泛，第7章专门论述岩溶地区复合地基设计。

5.1 岩溶地基处理常用方法

5.1.1 充填法

充填法适用于无填充、半填充溶（土）洞以及出露地表的溶沟（槽）、溶蚀（裂隙、漏斗）、落水洞的充填和石芽地基的嵌补。对有地下水活动的溶（土）洞，采用充填法时应设置反滤层，并预留排泄水流的通道。充填法被广泛应用于岩溶溶洞地基处理中。

充填材料可采用素土、灰土、砂砾、碎石、水泥砂浆、混凝土、泡沫轻质土等。当充填部位在地下水位以下、埋藏较深时，不宜采用素土、灰土充填；有防渗要求时，不宜采用砂砾、碎石、黏土＋片石充填。若利用泡沫轻质土进行回填，泡沫轻质土的抗压强度应通过试验确定，且不应低于1.5MPa，其设计施工可根据当地经验选用，也可参照《现浇泡沫轻质土技术规程》CECS 249—2008。

实际工程中，挖和填是分不开的，一般先挖后填。通常的做法是：当洞穴埋藏不深时，可挖除其中的软弱填充物，回填碎石、灰土、混凝土或用麻袋装填的土石混合材料等，以增强地基强度。当基础下溶洞埋藏不深，其顶板又不稳定时，可炸开顶板，挖除充填物，回填碎石等，或设置混凝土塞，使建筑荷载传给完整岩体。黏性土基地局部有石芽突出时，可将石芽凿去，回填素土，以调整地基变形。当溶洞直径较小，深度较大时，采用充填难以保证工程质量，这时可用预制钢筋混凝土板直接跨越较为方便。

充填法施工时，除设置投料孔外，还应设置排气孔，或临近设置两个投料孔，相互作为排气孔。投料孔的孔径根据填充材料的最大粒径进行调整，应保证材料填充时不受阻碍。这是因为洞穴内的空气会影响和阻碍填充物的密实度，故需要在进行填充法施工时，应设置排气孔，使洞穴内的空气通畅，保证材料填充时不受阻碍，达到填充密实的目的。

由于岩溶边界及空间的不确定性和实际填充材料级配的差异性，充填法处理后的地基密实度与强度一般较低。当工程对地基承载力和变形要求较高时，宜与注浆法等其他方法结合使用，才能满足工程要求。经充填法处理的地基应进行检测。检测数量应根据相关标准的规定确定。对复杂场地或重要建筑地基应增加检测点数，检测深度不应小于设计有效深度。

5.1.2 注浆法

注浆法适用于隐伏溶（土）洞、深埋溶洞等岩溶地基处理和岩溶水治理。当基础下深埋溶洞、溶隙充填物工程特性稍好，或破碎带清除工作量太大，或溶隙产状平缓，其他处理方法难度较大时，可采用注浆法处理。注浆材料一般为水泥浆（单液浆），为防止溶隙贯通、水泥浆渗漏，一般掺以一定比例的粉煤灰和速凝剂水玻璃（双液浆）。

在拟建岩溶场地进行注浆处理可起到以下作用：

1）当注浆孔的间距较密时，密布的注浆孔在施工过程中可以揭露未发现的溶（土）洞，达到消除隐患的目的。

2）注浆可以充填洞穴，防止土洞塌陷，同时浆液扩散渗透，也可击破消除相邻（隐伏）土洞，达到（预）处理或降低塌陷的目的。

3）注浆浆液进入岩土界面可固结土体或破碎带，阻隔地下水与土洞的水力联系，从而阻止或延缓土洞的发生和发展。

4）注浆可以提高土体的密度，增强土体强度与稳定性；当岩溶顶板破碎、较薄或不稳定时，对岩溶注浆可封堵岩溶裂隙、充填洞穴、固化破碎带，提高溶洞的整体性和稳定性，从而提高岩溶地基承载和抵抗变形能力。

5）注浆可增强抗管涌（潜蚀）能力，防止或减弱地下岩溶水引起的涌泥、突水，保证施工与周边建筑安全。多数情况下，岩溶水都是承压水，在建筑基坑开挖过程中，当溶洞上覆盖土层厚度不足以平衡承压水的压力时，或者直接开挖揭露岩溶水，就会造成突水、涌泥，淹没施工场地而造成施工困难；严重时，地下水的流失会导致周边地面与建筑物下沉。通过注浆，对较薄上覆土层、岩溶裂隙和地下水通道进行封堵与加固处理，可以降低此类事故出现的概率。

广东省多用注浆法或注浆与充填法等方法结合处（治）理岩溶，工程实例较多，如广州市轨道交通二号线北延段、五号线广州火车站至小北路区间等广州地铁工程中，用压力注浆处理浅埋溶洞群、结构底板下高风险区内的溶（土）洞以及封堵隧道的岩溶水。在工业与民用建筑工程中，当一些溶（土）洞影响施工或建筑物的安全时，也多用注浆法对其进行预处理或加固处理，如大坦沙某住宅项目等。

5.1.2.1 岩溶注浆处理的主要参数

注浆处理的主要内容包括：注浆材料的种类、性能、配比，注浆压力，浆液有效扩散半径、注浆量、注浆结束标准、注浆顺序和验收标准等。由于岩溶的特殊性，强调浆液的配比、注浆压力等设计参数应通过现场试验确定。为了保证注浆材料注入溶（土）洞、溶（槽）沟等裂隙、洞穴或挤入岩溶体，形成应考虑强度高、抗渗性好、稳定性强的岩溶地基，或达到封堵岩溶水的效果，注浆材料的选用除了应考虑注浆目的、地质条件、注浆工艺外，还应考虑浆液的稳定性、耐久性、绿色环保等因素。

（1）注浆配合比

单液浆的材料宜选用超细水泥浆、普通水泥浆、TGRM水泥基灌浆材料或其他特种注浆材料。在单液浆的基础上增加用于缩短凝固时间的水玻璃之类材料，从而形成双液浆。单液浆中水泥浆的配比宜为水:水泥＝（0.5:1.0）～（1.0:1.1），双液浆的配比宜为水泥浆:水玻璃＝（1:0.5）～（1.0:1.0）。注浆处理前应进行室内配比试验和现场试验确定设计参数，检验施工方法和设备，可参考类似工程经验确定设计参数。广州市轨道交通二号线北延段三元里—江夏段的溶（土）洞处理的单液浆配比为水：水泥＝（0.5∶1.0）～（1.0∶1.0），该段的双液浆的配比为水泥浆∶水玻璃＝1.0∶1.0。广州市轨道交通五号线广州火车站至小北路区间溶洞群处理的单液浆配比为水∶水泥＝1.0∶1.0。广州市轨道交通三号线北延段施工 5 标段单液浆配比为水∶水泥＝（1.0∶1.0）～（1.0∶1.5）。该段双液浆配比为水泥∶水∶水玻璃＝1∶1.38∶0.29。

（2）注浆压力

注浆压力宜通过现场试验和结合当地工程经验确定，宜分级间隔提高注浆压力。注浆压力的大小决定了浆液在岩溶裂隙、溶（土）洞以及土层中流动、渗透和扩散的范围，直接影响注浆处（治）理岩溶和防渗效果。注浆压力过小不能满足注浆处理要求，注浆压力过大会击穿薄弱的岩溶体，造成浆液流失，或导致周边地面隆起。

确定注浆压力时，除按注浆理论进行计算外，还应考虑地质条件、环境因素、注浆材料特性等的影响。在此特别强调现场试验和当地类似工程经验对注浆压力确定的重要性。

广东省标准《建筑地基处理技术规范》DBJ/T 15—38 规定，注浆压力的选用应根据土质的特性及其埋深确定，在砂土中的经验数值为 0.2～1.5MPa，在黏性土中的经验数值为 0.3～0.6MPa，在淤泥或淤泥质土中的经验数值为 0.1～0.4MPa。

广州市轨道交通工程的注浆压力如下：

1）二号线北延段三元里—江夏段，周边孔（双液浆）：第一轮为 0.2～0.3MPa，终灌为 0.6～0.8MPa；中央孔（单液浆）：第一轮为 0.2～0.3MPa，终灌为 0.8～1.0MPa。

2）五号线广州火车站至小北路区间，注浆压力为 0.8～1.0MPa。

3）三号线北延段施工 5 标，周边孔：以相对小压力，多次数（分 3～4 次），较大量控制，压力 0.6～0.8MPa；中央孔：注浆压力逐步提高，压力一般按 0.8～1.0MPa 控制。

4）二号、八号线延长线施工 11 标，周边孔：以相对小压力，多次数，较大量控制，压力 0.6～0.8MPa，3～4 次，每次间隔 6～8h；中央孔：压力按 0.8～1.0MPa 控制，3 次，每次间隔 6～8h。

与普通地层相比，岩溶初始注浆压力小，终压力大。周边孔较中央孔的注浆压力要小，土洞较溶洞的注浆压力要小。对于填充溶（土）洞，注浆应分两次或多次进行，压力宜分级间隔、逐步提高，间隔时间为 6～8h。对于溶洞，周边孔的控制压力宜为 0.3～0.8MPa，中央孔的控制压力宜为 0.8～1.0MPa，如表 5-1 所示。

溶（土）洞注浆压力控制表　　　　　　　　　　　　表 5-1

序号	内容	注浆参数
1	周边孔控制压力	0.3～0.8MPa
2	中央孔控制压力	0.8～1.0MPa

（3）注浆方法

宜采用袖阀管注浆，注浆孔宜采用矩形或梅花形布置，为了确保岩溶区注浆效果，间距不宜大于 2m×2m；为了使注浆加固体与原岩土层紧密连接形成整体，以及阻断与隐伏溶（土）洞的连通孔，注浆应深入溶（土）洞底不宜小于 500mm。袖阀管注浆处理溶

（土）洞，与花管注浆相比，袖阀管注浆工艺具有以下优点：

1）适用范围不受土层渗透性好与差的限制，注浆深度较深；

2）可采用单液和双液注浆，可分段（层）、多次反复注浆，注浆过程可控性强，浆液分布均匀，注浆质量有保证；

3）可使用较高的注浆压力，注浆时冒浆和串浆的概率小；

4）钻孔和注浆作业可以分开，不必单独设置观测孔，同时也提高了钻孔设备的利用率；

5）注入的浆液在土体中可形成复合结构，留在土体中的袖阀管可增强加固效果。

（4）注浆孔的布置

注浆孔的布置应根据浆液的有效扩散半径和注浆要求来确定。浆液的有效扩散半径与工程地质条件有关。通常情况下，渗透性高的土层的浆液扩散半径大，渗透性低的土层浆液扩散半径小，如全填充溶洞注浆扩散半径，当溶洞充填物为黏土、粉质黏土和泥炭质土时，注浆扩散半径经验值为 1.0～1.5m；填充物为砂、碎块时，注浆扩散半径经验值为 3m。对广州市轨道交通五号线广州火车站至小北路区间溶洞注浆处理后的浆液扩散半径实测发现，在砂、碎石屑充填物中，浆液扩散半径可达 2.5m；在黏土充填物中，浆液扩散半径大约为 1m。

广州市轨道交通二号线北延段三元里—江夏段溶（土）洞处理的注浆孔布置为方形，间距为 2m×2m，入溶洞底 500mm；广州市花都区某 28 层高层建筑基础采用 $\phi400$ 的 CFG 桩复合地基，用间距为 2m×2m 的 $\phi114\times3.0$ 钢管注浆加固处理溶洞顶板破碎区域，入溶洞顶板下 500mm；广州大坦沙某地块的岩溶洞与上部砂层直接连通，为消除砂土层水土流失及土洞发展而造成地面塌陷等隐患，在直径不小于 89mm 的钻孔中下放 $\phi50t5$ 的袖阀管，袖阀管按 2m×2m 方格状布置，对溶（土）洞注浆处理，入溶洞顶板下 0.5～1.0m；广州市轨道交通五号线广州火车站至小北路区间的溶洞集中区采用间距 2.5m×2.5m 袖阀管注浆加固处理，深入隧道下 5m；广州地铁三号线北延段为降低盾构通过溶（土）洞区的风险和满足永久隧道的要求，对隧道下 10m 的高风险区用 $\phi48$ 间距为 3m×3m 的 PVC 袖阀管注浆处理，注浆管入溶（土）洞底不小于 0.5m。

（5）注浆流量

广东省标准《建筑地基处理技术规范》DBJ 15—38—2019 第 13.2.8 条规定，注浆流量宜为 7～35L/min，对于加固注浆，可取流量较小值；对于充填注浆，可取流量较大值。

在实际工程中，注浆流量应根据场地实际情况加以调整。如，广州市轨道交通二号线北延段三元里—江夏段，溶洞顶底部的注浆流量为 20～50L/min，其他部位为 30～70L/min；广州市轨道交通三号线北延段施工 5 标注浆流量为 30～70L/min。

一般情况下，岩溶地层的注浆加固是对溶（土）洞、溶沟（槽）、裂隙等的充填与封堵，浆液流动的阻力较土层要小得多，所以该标准的流量控制在岩溶地区并不适用。因此，对于岩溶地区，注浆流量宜按 30～60L/min 控制。

（6）注浆顺序

注浆顺序宜结合溶（土）洞和岩溶裂隙的埋深、空间形状以及注浆材料特性确定。与其他岩土层相比，岩溶地区的注浆顺序直接影响溶（土）洞和岩溶裂隙的灌注密实度和注浆浆液的流失。注浆顺序的设计宜考虑下列因素：

1）应遵循分序隔注、小洞先外后内、大洞先内后外、先下后上的注浆顺序进行注浆施工。

2）当溶（土）的空间形状呈"盒状"，宜先进行中心注浆，再进行周边注浆；若为倾斜产状，注浆顺序宜从下向上进行，即从溶洞的最深部位开始灌注；若为水平产状，则宜先进行周边注浆，后进行中心部位注浆。

3）当为开放型溶（土）洞时，宜先在溶（土）洞外侧适当距离用双液浆（水泥—水玻璃浆）灌注封闭的止水围幕，然后灌注中心部位。

5.1.2.2　注浆法与其他地基处理方法的综合使用

当溶（土）洞较大、连通性较好或为串珠状溶洞时，单独采用注浆法对溶（土）洞进行加固处理，效果可能不理想，经济性较差。通常采用注浆法与充填法等相结合的方法对溶（土）洞进行加固处理。

注浆法与其他地基处理方法综合使用的工程实例如下：

1）广州市轨道交通二号线北延段三元里—江夏段：对于半填充、未填充洞体，当洞体高度小于 2.0m 时，直接采用袖阀管注浆填充；当洞体高度大于 2.0m 时，先进行吹砂处理，后采用袖阀管注浆填充。对于串珠状溶洞，当第一层溶洞底板下钻进 0.5m 时出现第二层溶洞，且第二层溶洞位于高风险区外，第一层溶洞进行注浆或注浆与吹砂联合处理，而第二层溶洞仅进行填砂处理。

2）广州市轨道交通五号线广州火车站至小北路区间：洞径大于 2m、填充物少的溶洞采用吹砂处理后注浆；洞径小于 2m、无填充和半填充的溶洞，直接注浆填充。

3）韶关市建设银行大楼：在钻孔抽芯检测时发现钻孔灌注桩端存在高为 1.3m 的溶洞，采用压力灌注水泥浆、填入适量砂砾石的处理措施，以提高加固体的承载力。钻孔抽芯检测 28d 龄期灌浆固结体混凝土强度等级达 C20。

4）广东医疗器械厂 9 层住宅楼：在钻孔抽芯检测时发现人工挖孔灌注桩端存在高为 1.5m 的溶洞，溶洞顶板厚 0.8m。采用的溶洞处理措施为：先将溶洞内软塑状黏土填充物冲洗干净后，填入适量的砂砾石，采用压力灌注水泥浆，以提高加固体的承载力。钻孔抽芯检测 28d 龄期灌浆固结体混凝土强度等级达 C40。

5.1.3　跨越法

当基础下的溶洞、溶蚀裂隙较小时，可采用跨越法处理，即把基础设计成钢筋混凝土梁横跨于溶洞之上。这种处理方法省事简单，但应保证溶洞周围的岩体必须完整、稳固。采用跨越法处理岩溶地基时，可根据溶（土）洞，溶沟（槽），溶蚀（裂隙、漏斗），落水洞的大小、形状，充填物的性质，岩体的强度，地下水等因素确定洞侧支承条件，进行结构计算。

对浅埋的开口型或跨度较大的溶（土）洞、溶沟（槽）、溶蚀（裂隙、漏斗）等岩溶地基，宜采用梁、板、拱等结构跨越；对规模较大的洞隙或溶沟、溶槽，可采用洞底支撑、沟槽底部连续支撑或调整结构柱距等方法处理。

基底有不超过 25% 基底面积的溶洞（隙）且充填物难以挖除时，宜在洞隙部位设置钢筋混凝土底板，底板宽度应大于洞隙，并采取措施保证底板不向洞隙方向滑移。也可在洞隙部位设置钻孔桩进行穿越处理。

对于荷载不大的低层和多层建筑，围岩稳定，如溶洞位于条形基础末端，跨越工程量大，可按悬臂梁设计基础；若溶洞位于单独基础重心一侧，可按偏心荷载设计基础。

为保证跨越结构具有可靠的支撑面或支撑体，考虑到岩溶洞隙侧壁岩石的稳定性和完整性，应将结构放在稳定的岩石或支撑体上，且长度应有保证，梁式结构在稳定岩石或支撑体上的支撑长度应大于梁高 1.5 倍。同时，为保证跨越的钢筋混凝土板刚度及传力可靠，跨越的钢筋混凝土板板厚应满足强度要求，且不宜小于 500mm。

一般情况下，岩溶洞隙侧壁都受到一定程度的溶蚀风化，其岩体强度和完整性也有一定程度的降低，为安全考虑，要求梁、板在溶沟（槽）或溶洞平面投影范围外支承面积上的基底地基承载力特征值应大于基础设计荷载标准值组合的 1.25 倍。

5.1.4 桩基础法

桩基础即用桩基穿越不稳定土层。当场地存在下列情况之一时，可采用桩基础法：

1）浅埋的溶（土）洞、溶沟（槽）、溶蚀（裂隙、漏斗）或洞体顶板破碎的地段；

2）洞体围岩为微风化岩石、顶板岩石厚度小于洞跨或基础底面积小于洞体的平面尺寸并且无足够支撑长度的地段；

3）基础底面以下土层厚度大于独立基础的 3 倍或条形基础的 6 倍，但具备形成土洞或其他地面变形条件的地段；未经有效处理的隐伏土洞或地表塌陷影响范围内地基基础设计等级为甲级的建筑物；

4）浅部地基存在溶蚀持续作用或地基存在滑移条件的地段；

5）采用注（灌）浆加固等方法达不到处理要求的地段。

桩身穿越溶洞顶板的岩体，由于岩溶发育的复杂性和不均匀性，顶板情况一般难以查明，通常情况下不计算顶板岩体的侧阻力。

5.1.5 褥垫层法

褥垫层一般被应用于岩溶地基中石芽存在的地方：

1）对于石芽密布并有出露的地基，当石芽间距小于 2m，其间为硬塑或坚硬状态的红黏土地基时，对于房屋为 6 层及 6 层以下的砌体承重结构、3 层及 3 层以下的框架结构或具有 150kN 及 150kN 以下的单层排架结构，其底压力小于 200kPa 时，可不作地基处理。如不能满足上述要求时，可利用经检验稳定性可靠的石芽作支墩式基础，也可在石芽出露部位作褥垫。

2）对于大块孤石或个别石芽出露的地基，当土层的承载力特征值大于 150kPa、房屋为单层排架结构或一、二层砌体承重结构时，宜在基础与岩石接触的部位采用褥垫层进行处理。

3）褥垫层可采用中砂、粗砂、土夹石、级配砂石、碎石和毛石混凝土等材料，其厚度宜取 300～500mm，夯填度应根据试验确定。初步设计时，夯填度可按下列规定取值：中砂、粗砂 0.87±0.05；土夹石（其中碎石含量为 20%～30%）0.70±0.05，其中夯填度为褥垫夯实后的厚度与虚铺厚度的比值。褥垫层材料不宜采用卵石，由于卵石咬合力差，施工时扰动较大，褥垫厚度不容易保证均匀。

5.1.6 岩溶水处理

岩溶地基处理需考虑岩溶水的处理，对岩溶水的处理应遵循疏导为主、封堵为辅、因地制宜、综合处理的原则。对地表水做好排水措施，对地下水以疏为主，并设置反滤层、截渗层等以减少淘蚀、潜蚀。

岩溶水的处理应符合下列规定：

1）对流量较小、水路复杂、出水点多、影响范围广、水流分散不易汇集等地段，应采用与水流方向垂直设置的截水盲沟、截水墙、截水洞等截流（渗流）措施；

2）对流量大而集中的岩溶水，应采用与水流方向一致的泄水洞、管道、桥涵及明沟等进行疏导；

3）应采取措施保持岩溶泉正常出水、落水洞排水不受影响；

4）对覆盖型岩溶（土）洞发育地段的地下水越流渗透进行地基处理时，应采用钻孔注浆、旋（摆）喷注浆等措施进行截渗处理。

常用的岩溶水处理可归纳为截、排、围和堵。

1）截即截流，是指与水流方向垂直而设的排水设施，以达到截断岩溶水的入渗或达到疏干某一范围的日的。一般常采用盲沟、截水墙、截水洞和截水沟等措施。其中盲沟适用于截阻或疏干水量小而分散的岩溶水，还可降低地下水；截水墙一般用于截堵暗河，防止暗河涌水淹没地基；截水洞一般设置在当岩溶水大而集中的某一地下空间的来水一侧，以保持其干燥；截水沟一般用于消除溶蚀洼积水或改变暗河水流方向。

2）排即排泄，是指与水流方向一致而设的排水设施，一般有：泄水洞、潜水洞、排水管、桥涵等措施。其中泄水洞适用于防止暗河排泄不畅，以致水淹形成积水洼地而另设的排水管道；潜水洞：一般用于可溶岩中将地下水由此处引向彼处的目的；排水管：一般用于水量集中但不大的岩溶水的排泄，既可集中又可分散排泄；桥涵：主要用于交通工程中，如存在间歇泉水的谷沟，枯水期为干谷，下雨时流量增大几十倍且泉水大量涌出，用桥涵排泄较合适。

3）围，是指围堰与帷幕。其中，围堰用于保持岩溶泉正常出水，保持落水洞消水或阻止消水以提高水位引出他用等目的；帷幕用于水利工程和地下洞室的防渗。

4）堵，即堵塞或堵截墙，是用人工材料对岩溶水水流进行堵塞。当岩溶水小而分散时，可用水泥浆、砂浆、黏土等材料堵塞。而当流量、流速大时可用浆砌片石、混凝土或钢筋混凝材料堵塞。

5.1.7　其他处理方法

岩溶地区地基处理除本章所列的几种处理方法外，常用的地基处理方法还可采用顶柱法、复合地基、爆破挖除法等方法。

1）当顶板较薄、裂隙较多、洞跨较大，顶板强度不足以承担上部荷载时，为保持地下水通畅，条件许可时可采用附加支撑减少洞跨的顶柱法；

2）对溶（土）洞内软土较深地段，宜采用砂桩、碎石桩、石灰桩、灰土桩、混凝土桩或者钢管等打入洞内以形成复合地基的复合地基法；

3）当采用爆破挖除法处理岩溶地基时，应采取有效措施避免对周围建（构）筑物产生震害。当爆破对周围建（构）筑物产生的震害较严重时，应部分或全部采用人工、静态爆破、液压涨裂等开挖方案；

4）上覆盖土层较厚，土洞较多时，可采用水泥土墩柱对土洞和隐伏土洞进行处理的水泥土墩柱法。

水泥土墩柱法基于模糊理论，通过由水泥搅拌桩或高压旋喷桩与周边土体组成的框格结构体，达到控制和处理土洞的目的。原则上要求水泥土墩柱的水泥搅拌桩（高压旋喷桩）桩端至岩面。

水泥土墩柱最早用于广州地铁建设中，它是基于模糊理论，沿隧道方向的一定距离（如净间距 10m）内设置伸至岩面或适当土层不小于 12m 中的、宽于隧道宽度的半刚性水泥土墩柱，同时加强两墩柱之间隧道结构的纵向刚度。如此处理后，由于水泥土墩柱伸至岩面或伸至（不小于 12m）土层中，水泥土墩柱下的土洞不可能复活，即使有个别小土洞复活，也不影响水泥土墩柱的承载能力与抗变形能力。一旦墩柱之间土体有新生土洞形成或隐伏土洞发展，由于墩柱的限制，其土洞的发展无法超越墩柱，由此限制了土洞的发展范围，从而达到土洞的发展范围和位置均可控的目的，保证了结构与地铁的运行安全。典型的水泥土墩平面图如图 5-1 所示。

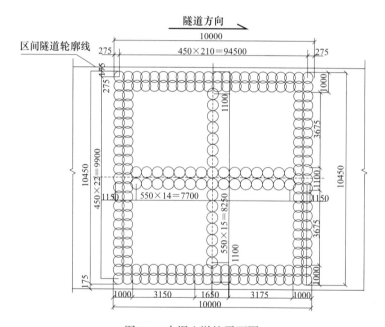

图 5-1　水泥土墩柱平面图

5.2　岩溶地基处理方法的选用

5.2.1　一般原则

在对溶洞土洞或岩溶塌陷进行地基处理时，一般应遵循以下原则：

1）重要建筑物宜避开岩溶强烈发育区；

2）在溶（土）洞处理过程中，发现新的溶（土）洞时，应调整处理方案，重新设计；

3）当地基含石膏、岩盐等易溶岩时，应考虑溶蚀继续作用的不利影响；

4）不稳定的岩溶洞隙应以地基处理为主，并可根据其形态，大小及埋深，采用清爆

换填浅层楔状填塞、洞底支撑、梁板跨越、调整柱距等方法对其进行处理;

5）岩溶水的处理宜采取疏导的原则;岩溶地基和岩溶水的处（治）理宜在岩溶地下水位稳定时进行;

6）在未经有效处理的隐伏土洞或地表塌陷影响范围内不应作天然地基,对土洞和塌陷宜采用地表截流、防渗堵漏、挖填灌填岩溶通道、通气降压等方法进行处理,同时采用梁板跨越方法。对重要建筑物应采用桩基或墩基;

7）应采取措施防止地下水排泄通道堵截造成动水压力对基坑底板、地坪及道路等的不良影响,以及泄水、涌水对环境的污染;

8）当采用桩（墩）基时,宜优先采用大直径墩基或嵌岩桩,并应符合下列要求:

① 桩（墩）以下相当桩（墩）径 3 倍范围内,无倾斜或水平状岩溶洞隙的浅层洞隙,可按冲剪条件验算顶板稳定;

② 桩（墩）底应力扩散范围内,无临空面或倾向临空面的不利角度的裂隙面可按滑移条件验算其稳定;

③ 应清除桩（墩）底面不稳定石芽及其间的充填物;

④ 嵌岩深度应确保桩（墩）的稳定及其底部与岩体的良好接触。

此外,在建筑地基基础结构处理措施中,应选用有利于与上部结构共同工作,并可适应小范围塌落变位、整体性好的基础形式,如十字交叉条形基础、筏板基础、箱形基础等,同时采取必要的结构加强措施。

5.2.2　适用性

5.2.2.1　溶洞地基处理

对地基稳定性有影响的岩溶地形多种多样,实际工程处理应根据其位置、大小、埋深和围岩稳定性和水文地质条件对其进行综合分析,因地制宜,趋势利导采取下列措施:对塌陷或浅埋溶洞,宜采用挖填夯实法、跨越法、充填法、垫层法进行处理;对深埋溶洞,宜采用注浆法、桩基法、充填法进行处理;对落水洞及浅埋的溶沟、溶蚀裂隙（漏斗）等,宜采用跨越法、夯填法进行处理。在溶洞处理过程中,发现新的溶洞时,应调整处理方案,重新设计;大块孤石或石芽出露的地基宜对岩石表面进行修整,并按土岩组合地基设置褥垫层。岩溶地基和岩溶水的处（治）理宜在岩溶地下水位稳定时进行。

岩溶地基处理方法较多,主要总结为三类:加固法、跨越法和桩基法。

（1）加固法处理溶洞地基

加固法比较适合浅层岩溶,且处理方法投入成本较少,因而被广泛应用于岩溶地基处理中。加固法是指通过向溶洞中灌浆阻断其与地下水的联系,以达到提高岩溶地基的强度和稳定性,阻止溶洞进一步变大的目的。如溶洞浅埋且填充有较浅的软土时,可挖除软土重新夯填密实;如溶洞中充填有砾砂或黏性土,其结构决定了其具有较强的漏水性,甚至会出现与上部溶洞相连的情况,为获得较好的加固效果,对该种类型的岩溶进行加固时应考虑使用联合灌浆技术;如溶洞中无填充物,不应进行旋喷洗孔处理;如遇到岩溶埋深较深的情况,应使用压力注浆法对其进行加固处理。压力注浆加固的原理:利用压浆泵将浆液通过注浆管注入需要加固的位置,并结合使用挤密、渗透、填充等手段将位于土颗粒间和岩石缝隙的气体和水分驱走,当浆液胶结后就会形成一个稳定性和渗透性较强的结构，进而达到加固岩溶地基的目的。此外，注浆参数，应根据现场试验和当地施工经验确定。

（2）跨越法处理溶洞地基

跨越法包括的类型较多，不同类型的溶洞其地基类型也有所差别。对浅埋的开口型或跨度较大的溶洞，溶沟（槽）、溶蚀（裂隙、漏斗）等岩溶地基，宜采用梁、板、拱等结构跨越；对规模较大的洞隙或溶沟、溶槽，可采用洞底支撑、沟槽底部连续支撑或调整结构柱距等方法处理。进行跨越结构计算时，要考虑溶洞大小、形状、充填物的性质、岩体的强度、地下水等因素，确保洞侧支承条件合理稳固。

（3）桩基法处理溶洞地基

桩基法处理溶洞地基的形式主要有：冲孔注浆桩、钻孔桩、预应力管桩、群桩等。

当溶洞洞穴顶板较薄，洞口比较小且有多层结构时，宜选择使用冲孔注浆桩。冲孔注浆桩能穿透溶洞上层顶板直接坐落在较厚的溶洞顶板上。其中，适合冲孔注浆桩持力层的岩层应事先用超前钻查明。当岩溶表面比较粗糙，且存在夹层，而且地基下有孤石分布时宜采用钻孔桩。当地基下出现砂、土洞、淤泥或暗河与地下溶洞相通时，可选择使用预应力管桩，以保证成桩质量。当利用上述桩基形式无法保证成桩质量，且岩溶表面有厚度较大的砂土覆盖时，可使用群桩，以提高成桩的安全性和成桩质量。另外，在岩层起伏较大、存在大量土洞、土层较厚时还可以采用复合地基。

5.2.2.2 土洞地基处理

可溶性岩层被第四纪松散土层覆盖，由于地下水位降低或动力条件改变，在岩溶水的淋浴、潜蚀和搬运作用下，使岩面以上的土体下落、流失或坍塌，形成大小不一、形态不同的土中洞穴。土洞一般埋藏浅，发育快，顶部强度低，发展到一定程度就会塌陷，对建筑物威胁较大，特别是对高层建筑，由于基础埋置深，上部荷载大，造成的危害更大。有时建筑物施工时，由于地质勘察布孔有限而未发现土洞，但在建筑物使用后，由于改变了地下水的条件，如人工降低地下水位，就会产生新的土洞和地表塌陷。土洞对建筑物的影响有时比溶洞还要大，因此在岩溶地段进行建设时，应查清土洞的分布、形状、深度以及它们的发育程度，可采用钎探的方法。

对地基中存在的土洞，应根据土洞在地基中所处的位置、土洞大小及形状、埋深、水文地质条件等，综合采取措施。主要处理措施有：挖填法、灌填法、梁板跨越法、桩基法和处理地表水及地下水法等。

对塌陷或浅埋溶（土）洞，宜采用挖填夯实法、跨越法、充填法、褥垫法进行处理；对深埋溶（土）洞，宜采用注浆法、桩基法、充填法进行处理；对落水洞及浅埋的溶沟（槽）、溶蚀裂隙（漏斗）等，宜采用跨越法、充填法进行处理。

注浆法适用于隐伏溶（土）洞、深埋溶洞等岩溶地基处理和岩溶水治理；充填法适用于无填充、半填充溶（土）洞以及出露地表的溶沟（槽）、溶蚀（裂隙、漏斗）、落水洞的充填和石芽地基的嵌补，充填前需先清除洞内软弱充填物然后回填素土、毛石或混凝土等；跨越法适用于溶洞壁完整，而顶板较为破碎的情况；桩基穿越法适用于使用深基础的建筑物需跨越洞体较大的溶洞；褥垫层法适用于石芽密布并有出露的地基。

此外，还有顶柱法、复合地基、爆破挖除法、变断面基础发等。大块孤石或石芽出露的地基宜对岩石表面进行修整，并按土岩组合地基设置褥垫层。

5.2.3 岩溶地基处理其他问题

岩溶地基处理还应注意以下问题:

1)地基处理应考虑地基、基础与上部结构的共同作用,要适应上部结构的选型,同时结构也要适应地基的变形。例如,在对岩溶塌陷进行灌浆处理时,是否考虑在灌浆塌陷体的顶部预留 10～20cm 空间,做成砂垫层(褥垫层),以调整灌浆塌陷体与周围地基的差异沉降。

2)喀斯特岩面起伏,导致其上覆土质地基压缩变形不均。

3)在土层较厚的溶沟(槽)底部,往往有较软弱的土层存在,更加剧了地基的不均匀性。

4)岩体洞穴顶板变形造成地基失稳。

尤其是一些浅埋、扁平状、跨度大的洞体,其顶板岩体受数组结构面切割,在自然或人为作用下,有可能坍落造成地基的局部破坏。

5)土洞坍落形成地表塌陷。

土洞形成后常可以保持相对稳定,若外界条件改变,会逐渐坍落,最后波及地表形成塌陷或地面变形。土洞较之岩溶洞隙具有发育速度快、分布密度大的特点,并随着工程的实施,当地下水及地表水环境发生改变时而形成新的土洞,因此土洞具有一定的隐蔽性。土洞一般在岩溶的覆盖土层中,距离建筑物近,直接危害建筑(构)物地基基础的稳定。

6)岩溶水的动态变化给施工和建筑物造成不利的影响。

雨季深部岩溶水通过连接地表的垂直通道(如漏斗、落水洞等)向地下消泄。由于各种原因,当岩溶垂直通道堵塞而丧失消泄地表水流的功能时,岩溶水都可能造成场地的暂时性淹没。以分布不均为特征的岩溶水依存于裂隙洞穴体系而存在,常无统一水面,水位和水量易骤变。旱季时,在某一深度的岩体可能是干燥状态,雨季可能突发涌水,使深基础施工措手不及。如补给源位置较高,管状裂隙水流在巨大的动水压力作用下,可能冲毁建筑物地坪及地下室底板。

5.3 岩溶塌陷处理

5.3.1 针对已形成塌陷的治理

对于已经形成的塌陷进行治理可以采用清除填堵法、跨越法、强夯法、注浆法等加固处理方法。清除填堵法是最简单、直接、经济、快速的方法,因此,也是塌陷治理中应用较为普遍的方法,但是治标不治本,只简单地恢复地表形态,往往不能防范塌陷再次发生。

当塌陷治理的目的是治理后的塌陷地段要作为建筑场地使用时,则需依据场地内岩溶发育特征、覆盖层厚度及性质、水文地质条件以及拟建建(构)筑物特性综合考虑确定治理方法。强夯法、注浆法均能对塌坑或地表浅层覆盖层土体起到加固作用,从而满足拟建建(构)筑对场地和地基强度的要求;跨越法可以应对溶洞规模较大,基础处理工程难度大或溶洞虽小但要求不堵塞水流等情况;深基础法适用于那些深度较大,跨越结构也不适宜的隐伏土洞或已形成的岩容塌陷。

5.3.2 针对塌陷隐患的治理

岩溶塌陷主要取决于岩溶发育程度、覆盖层性质及水文地质条件三方面因素。

（1）针对覆盖层性质治理

覆盖层较薄、结构松散，则易发生塌陷。强夯、注浆、高压喷射注浆等治理方法可对地表覆盖层起加固作用，令覆盖层性质得以改善，使岩溶塌陷的主要致灾因素之一得到控制。

（2）针对水文地质条件治理

制约岩溶塌陷发生的另一个重要因素是水文地质条件，由前文关于塌陷机理的讨论可知：覆盖层内土洞的形成及后期隐伏土洞的塌陷，主要取决于地下水（地表水）的动态。注浆、跨越以及地表水疏排围改等治理方法正是针对这一情况施治的。注浆法借助压浆封闭岩溶洞隙、注浆帷幕堵截岩溶管道，达到控制地下水位、预防岩溶塌陷的目的；跨越法则对地下水采取合理疏导的方法，针对由真空吸蚀机理导致的岩溶塌陷加以防控；对地表水采取合理的疏、排、围、改措施，通过控制地表水入渗对岩溶塌陷的影响。总之，针对塌陷隐患的治理是标本兼治的方法，治理成功的关键在于正确分析岩溶塌陷形成机理，针对致灾主控因素合理选择工程治理方法。

1）注意系统平衡

工程治理设计宜根据岩溶发育程度、覆盖层性质及水文地质条件这三个要素综合确定，既要抓主要因素，也须兼顾其他。例如，采用清除填堵法，在塌坑中填入块石、碎石，做成反滤层，然后上覆黏土夯实，往往还需配合灌浆处理，将浅部基岩中的溶隙封堵，其目的在于防止地表水入渗引起土中潜蚀及进一步塌陷。治理措施是针对岩、土、水系统的综合治理。达到以下效果：提高土体强度、改善岩体完整性、削弱岩溶连通性、减弱水动力强度。

2）注意点面平衡

工程治理方案如果只从局部考虑进行设计，可能会顾此失彼。譬如，采用压浆处理岩溶塌陷潜在隐患是目前较好的处理方法之一。值得注意的一个问题是：在设计地段实施压浆后，原地下水的通道被切断，地下水在压浆半径边缘找寻突破口，其结果会造成地下水径流方式改变，地下水可能运移到更远的排泄区，势必在其他适宜的地方产生塌陷。对这一情况的解决方案是：治理设计之前一定要查明岩溶发育规律和岩溶管道的连通性。

3）注意动态平衡

针对水文地质条件进行塌陷预防及治理，包括合理疏排与有效封堵两种措施。矿坑疏排水和突水是矿区岩溶塌陷中最为突出的。对此，治理方案宜堵不宜排。然而，对岩溶管道、溶隙进行注浆封堵的同时，也封堵了地下水循环通道，其结果有二：

① 防范并削弱了潜蚀作用诱发的岩溶塌陷；

② 由于封堵作用，可能造成相对封闭的岩溶（土洞）空腔，一旦后期水动力条件改变，真空吸蚀和高压水气冲爆机理会导致岩溶塌陷的概率增大。

因此，在封堵的同时还应设置排气管道。对于不宜封堵的岩溶系统，可以采用跨越法治理，保持岩溶含水层排泄畅通。无论采用哪种方法均应在查明水文地质条件的前提下施治，尽可能减弱动水压力。

5.4　溶（土）洞处理案例

5.4.1　项目概况

项目为高层住宅小区，位于广州市白云区，总建筑面积 100 万 m^2。地下 2 层，地上 31 层，共 42 栋。项目场地岩溶发育较为复杂。勘查完成钻孔 874 个，共有 186 个揭露有溶（土）洞，钻孔见洞率约 21.28%，其中 88 个钻孔揭露有土洞。灰岩岩面起伏大，相邻两钻孔之间岩面埋深相差悬殊。溶（土）洞顶埋深为 7.50 ～ 55.30m，洞高为 0.50 ～ 21.40m。溶洞内多全填充或半填充流塑、软塑状黏性土或松散砂土，少部分溶（土）洞为空洞，无填充物，施钻过程中，绝大部分钻孔钻至石灰岩面时出现漏水现象。该项目的典型地质剖面图如图 5-2 所示。

工程地质剖面图

比例尺 水平1:300 垂直1:400

剖面号：10-10'

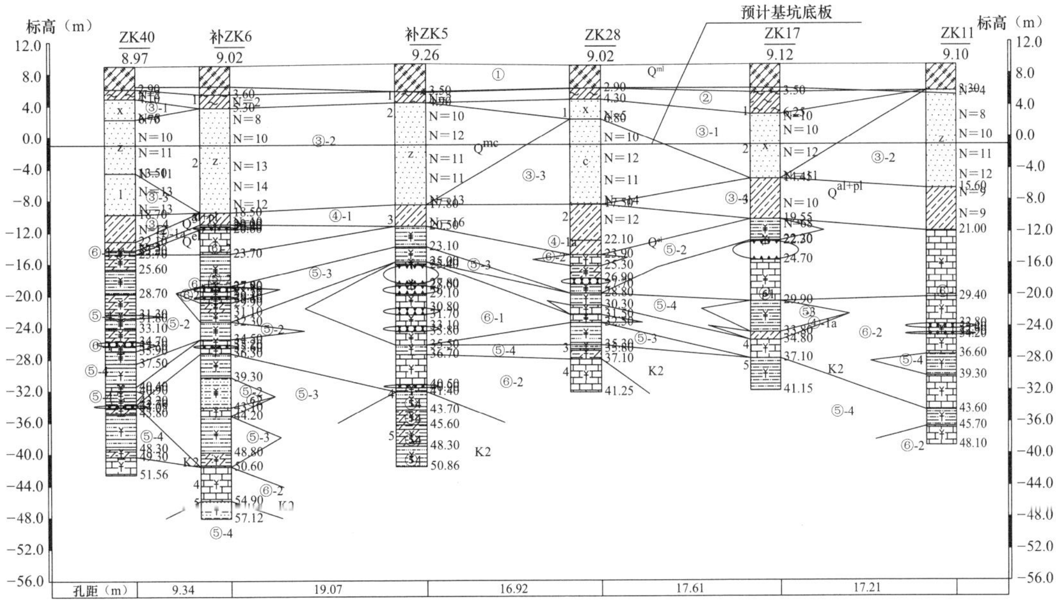

图 5-2　项目典型地质剖面图

5.4.2　溶（土）洞处理基本要求

（1）处理范围

对影响施工安全及建筑物安全的溶（土）洞进行处理，主要对详勘、溶（土）洞专项勘查及施工过程中发现的溶（土）洞，进行处理。

（2）处理总体方法选择

1）对全填充溶洞，采用注浆处理。

2）对半填充及无填充土洞及溶洞，宜采取：

对小型（高度小于 2m）非连通的土洞和溶洞宜采用袖阀管注浆处理；

对中型土洞和溶洞（高度 2 ～ 5m）宜采用吹砂后泵送低标号素混凝土处理；

对大型土洞和溶洞（高度大于 5m）宜采用填砂或填片石，后泵送低强度等级素混凝土的处理措施。

3）灌注桩施工时发现的溶（土）洞，在保证安全的前提下也可边施工边处理；

4）对连通性的溶洞，可通过实验采用双液浆或泵送素混凝土的方法处理。

最终处理方法应以安全、经济为原则，通过现场试验最终确定，如图 5-3 ～ 图 5-5 所示。

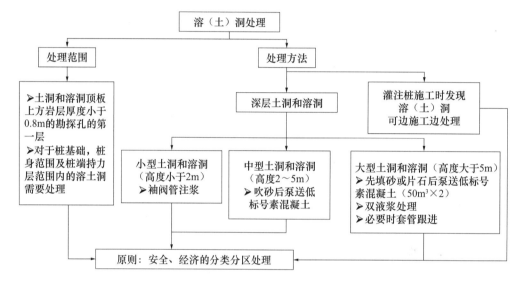

图 5-3　溶土洞处理方法选择流程图

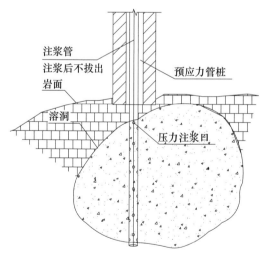

a. 对全填充的溶洞，采用压力注浆。

b. 对半填充的小型溶洞，采用低压注入水泥浆。

c. 对洞高较大、顶板厚度较薄、无填充或半填充的溶洞
应先灌砂，后灌低标号混凝土或水泥浆。

图 5-4　溶洞处理示意图

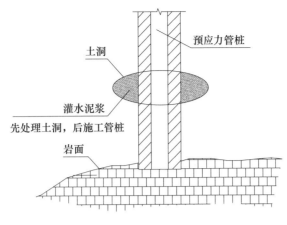

图 5-5　土洞处理示意图

5.4.3　注浆要求

（1）注浆孔

1）注浆孔孔径 110mm，注浆孔进入基岩面以下不小于 3m。

2）根据详细勘察和补充勘察资料，钻孔揭露土洞或无填充或半填充洞高大于等于 1.5m 的溶洞，且溶洞顶板厚度小于 2m，采用高压灌注 M5 水泥砂浆进行填充处理，以减少 CFG 桩施工时出现地面塌陷或跑浆的风险，保障建筑结构和复合地基施工安全，提高结构可靠性。注浆孔周边间距 1.0 ～ 1.5m 布置 1 ～ 3 个检查注浆孔，检查注浆孔兼作出气孔，水泥砂浆稠度值约 70 ～ 100mm，注浆材料具体强度和流动性根据现场试验确定。

3）对于灌注水泥砂浆的注浆孔，其终孔孔径不小于 130mm，排气孔终孔孔径不小于 91mm，以方便注浆施工。排气孔成孔时，如发现大型空溶洞，应扩孔改为灌注水泥砂浆。

4）注浆孔深度应入基础底面以下的强风化岩体不小于 3m，中微风化岩体不小于 2m，遇溶洞钻至溶洞底。

（2）注浆材料

溶洞处理材料可采用水泥砂浆（M7.5），水灰比可取 0.8 ～ 1.2，需根据现场土质情况适当调整；根据现场情况亦可采用纯水泥浆或 C15 素混凝土。

（3）注浆参数

1）对于灌注水泥砂浆的注浆孔，先泵送 M5 水泥砂浆（采用 ϕ108 ～ 127 钢管，壁厚 4mm），注浆压力 0.8 ～ 1MPa（周边小，中央大）。如灌注的水泥砂浆超过 50m³/ 孔，待砂浆初凝后再灌注，直至灌满，达到注浆压力要求。施工时，如发现溶洞已被相邻注浆孔灌浆填充时，则根据填充情况，采用花管（花管可采用 ϕ75PVC 管，壁厚 2.5mm，管径以方便插入注浆管注浆为宜）灌注水泥浆。

2）排气孔采用花管注浆，灌注 42.5R 普通硅酸盐水泥浆，先稀（水灰比 0.8 ～ 1.0）后浓（水灰比 0.5 ～ 0.6），以浓浆为主，注浆压力 0.5 ～ 1.0MPa。如灌注的水泥浆超过 50m3/ 孔，改用双液浆封堵，直至灌满，达到注浆压力要求。如检查注浆孔成孔时揭露大于等于 2m 无填充或半填充的溶（土）洞，应扩孔改灌水泥砂浆，灌浆要求同前。

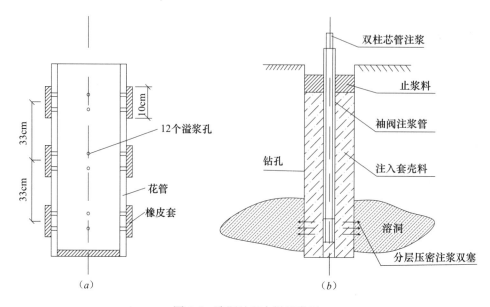

图 5-6 溶洞处理大样示意图

（a）袖阀管剖面示意图   （b）袖阀管注浆立面示意图

3）一般要求从现状地面开始注浆，但施工单位可根据现场施工组织设计开挖基坑至一定深度后再进行注浆施工，并且注浆管顶绝对高程不应低于 4.0m。灌注砂浆时，注浆管进入溶洞顶板以下 0.3～0.5m，施工单位可根据现场试灌情况调整。灌注水泥浆时，注浆管应达到溶洞底。

4）灌注砂浆的注浆孔附近布置 1～3 个排气孔，排气孔距离注浆孔 1.0～1.5m 左右，终孔孔径不小于 91mm，呈"品"字形布置。

5）排气孔内放置直径 75mmPVC 管，注浆时作为出气孔，注浆完毕待砂浆初凝后利用花管进行补浆，浆液采用纯水泥浆，注浆压力 0.8～1MPa。

（4）注浆顺序

注浆顺序采用先周边孔，再中央孔的顺序进行。如图 5-7 所示。

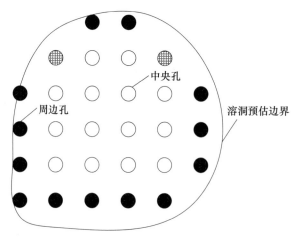

图 5-7 溶洞注浆顺序示意图（先周边，后中央）

5.4.4　其他注意问题

1）对于灌注桩施工区域，如发现多层串珠状溶洞，且串珠溶洞间岩层厚度小于 1.5m，下层揭露无填充或半填充洞高大于等于 1.5m 的溶洞，应自下而上按照洞高分布特征，依次提升注浆管，逐级灌满。

2）对于土洞，则在溶洞灌满后将注浆管提升至土洞部位一并灌满。

3）若注浆孔成孔过程揭示岩溶发育情况与超前钻差异较大时，应及时通知设计人员，以便及时调整注浆方案。

4）注浆施工前，施工单位应先进行试灌，设定注浆压力、注浆材料配合比等施工参数，上述参数为建议值，应结合现场试灌所得参数采纳使用。

5）注浆施工完成后，应拔出注浆管便于后续地基基础施工。

6）溶洞需灌满，应进行抽芯检测（注浆孔总数的 1% 且不少于 3 根），强度不小于 0.5MPa，作为抢险或溶洞边线封堵时亦可采用双液浆。

7）如溶洞无填充或半填充，则高压泵送 M10 水泥砂浆对溶洞进行加固，注浆管进入溶洞顶板下 0.5 ~ 1.0m，注浆压力不小于 0.8 ~ 1.0MPa，同时不宜过高。

8）如溶洞全填充且填充物为流塑至可塑状黏性土，则采用袖阀管注浆方式对溶洞进行加固。

9）正式施工前应进行注浆工艺试验，通过钻孔抽芯检测溶洞注浆的效果。

10）施工单位应提供溶洞处理方案供甲方及设计审核，同时需考虑施工时若遇土洞、溶洞、场地及周边土下陷时的突发事故的应急处理方案。

11）溶洞若较大，则可仅处理复合地基底板范围宽度 2m 以内的部分。

12）对于溶（土）洞无法注满的区域，必要时采用钢护筒处理（图 5-8、图 5-9）。

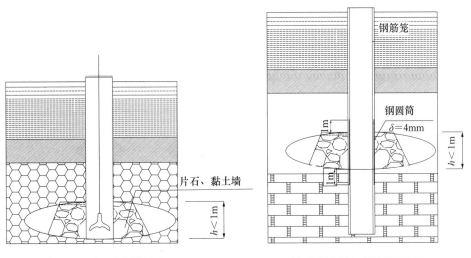

（a）厚度小于 1m 溶洞的护壁处理　　　　　（b）溶洞小于 1m 的钢筋笼处理

图 5-8　厚度小于 1m 的溶洞处理

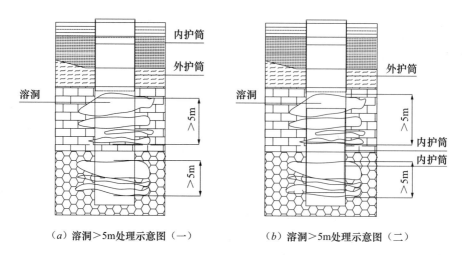

（a）溶洞＞5m处理示意图（一）　　　（b）溶洞＞5m处理示意图（二）

图 5-9　大溶洞钢护筒处理示意图

第6章 岩溶地区地基基础选型

岩溶发育的复杂性、不均匀性以及与此相关的特殊水文地质情况使得岩溶地区地基基础设计与施工问题多、困难大。而地基基础设计的核心就是地基基础的选型及方案。地基基础方案一般包括基础选型、基础布置、基础持力层要求、地基处理、岩溶水特征、施工技术条件与环境、工期与造价等内容。

岩溶地区的地基类型可分为天然地基和人工地基两大类。

（1）天然地基

天然地基是未经人工处理的自然原状地基。大多数岩溶场地的岩溶都需要加以适当处理方能进行地基基础设计，但当其上覆盖层较厚且地基稳定时，可不进行地基处理，利用天然地基进行基础设计。天然地基一般可分为以下三种类型：土质地基、土岩组合地基和岩石地基。

（2）人工地基

人工地基是经过人工处理的地基，根据处理后增强体和周围地基的关系又可分为土性改良地基和复合地基。

1）土性改良地基

是指经过人工处理仅改善地基土工程特性的增强体，以提高地基的承载力和改善其变形性质，而不考虑被改善的增强体与周围地基土的共同作用，亦称为地基处理。通常有换填垫层法、预压法、真空预压法、强夯法、强夯置换法和振冲预压法等。

2）复合地基

是指部分土体被增强或被置换形成增强体，由增强体和周围地基土共同承担荷载的地基，根据增强体的刚度大小，可分为柔性桩复合地基、刚性桩复合地基和刚—柔性桩复合地基。常见的复合地基有：水泥土搅拌桩复合地基、深层搅拌桩复合地基、高压旋喷桩复合地基、灰土挤密桩复合地基、夯实水泥土桩复合地基、石灰桩复合地基、挤密砂石桩复合地基、砂石桩复合地基、强夯置换土墩复合地基、刚性桩复合地基、长－短桩复合地基和 CM 桩复合地基。

广东省内常用深层搅拌桩复合地基，高压旋喷桩复合地基、刚性桩复合地基，长－短桩复合地基、夯实水泥土复合地基、石灰桩复合地基，挤密砂石桩复合地基等。但应考虑各种类型复合地基的局限性，如旋喷桩性价比不高且环保性差，石灰桩施工时对人体健康的有害且环保性差，砂石桩桩身结构安全性差等。

当岩溶地区的基础不考虑地基、基础的共同作用时，从埋置深度方面可分为浅基础和深基础。

1）浅基础，可分为扩展基础、条形基础、筏形基础和箱形基础。

2）深基础，主要是指桩基础以及以桩为主要承载力的桩筏型基础。

6.1 岩溶地区地基基础选型原则

6.1.1 总体原则

岩溶地区地基基础设计的关键是概念设计，其核心是地基基础方案的比选。应根据场地岩溶发育特征，综合考虑基础形式、地基处理施工技术条件和环境、上部结构、工期与造价和当地经验等因素，进行多种地基或基础处理方案的技术经济比较，选择适宜的地基基础形式及方案。

工程实践证明，采用单一的地基基础方案，往往满足不了设计要求，而且造价较高或工期难以控制。而由两种或多种形式组成的综合地基基础方案，可能是较好的选择，这就要求在设计时进行多种方案的技术、经济的比选。地基基础设计时既要考虑地基和基础的共同作用，又要考虑地基基础与上部结构的共同作用，同时还要考虑场地周边环境的关系以及施工技术条件对工期和造价的影响。这里特别指出，在地基基础设计时必须考虑当地经验，这是由岩溶的不确定性和地域特殊性所决定的。

6.1.2 浅埋原则

由于岩溶地质环境的复杂性和不确定性，当岩溶场地的地基满足地基稳定性和变形要求时，地基基础宜浅埋。优点：① 规避岩溶地质危害；② 贯彻国家的节能技术政策。

在我国，大量的工程实践表明，当覆盖层厚度较小时，地面塌陷比厚度较大时严重。一般情况下，当上覆盖土层厚度小于 10m 时，塌陷严重；10～30m 时容易塌陷；若厚度大于 30m 时，地面塌陷的可能性较小，所以通常将底板下 10m 以内存在溶洞、土洞的情况划分为影响工程安全的高风险区，反之为低风险区。

上覆土层处于低风险区，土层稳定且较厚时，可考虑作为建筑物基础的持力层，特别是当上部结构的荷载不大时，可直接利用上覆土层作持力层，选用浅基础方案。若上部结构荷载较大且对沉降要求较严时，应根据上部结构载荷及对沉降要求依次选用简单地基处理的地基基础（强夯法、置换法）和复合地基基础、桩筏基础以及桩基础方案。采用桩筏基础和桩基础宜发挥上覆土层对桩的摩阻力，即优先选用摩擦桩，其次考虑端承摩擦桩。因此，岩面埋藏较深、上覆土层较厚且稳定时，宜采用浅基础、经地基处理的浅基础或摩擦型桩基。

6.1.3 持力层选取原则

上覆土层是否稳定至关重要，但目前定性和定量判定上覆土层是否稳定却很困难。上覆土层不稳定、未经有效处理时，不应作为建筑物基础的持力层。以下几种土层结构和分布情况，可判定上覆土层不稳定，易造成地面塌陷，不应作为基础持力层：

1）基岩上覆土层为饱和砂性土。
2）上覆土层为砂黏互层结构且与基岩接触处为砂性土。
3）与基岩接触处为不厚的基岩裂隙发育的黏性土，且上覆土层有砂性土。

对于这类情况，宜选用桩基穿过不稳定的上覆土层至岩面或进入岩层；或采用置换地基或面积置换率较高的复合地基作为建筑物的持力层。

6.2　桩型选择

岩面埋藏较浅或裸露时，可采用以下基础形式：

1）岩面较浅时，当地基下伏土层稳定时可直接选用浅基础或经处理的浅基础。

2）岩面裸露时，应对裸露石芽进行削平，对溶沟、溶洞进行填塞等地基处理后可作为地基基础的持力层。

3）上部结构荷载较大，浅基础不能满足要求时，可采用桩基础。但此时基础底至岩面的深度不深，桩长较短，桩的侧阻力难以发挥作用，故宜选择以桩端阻力为主的摩擦端承桩和端承桩桩型。

（1）人工挖孔灌注桩

岩溶地区进行人工挖孔灌注桩施工时易出现涌水、涌砂和塌孔，造成施工人员伤亡事故。有些地方对人工挖孔桩的应用进行限制，如《广东省建设厅关于限制使用人工挖孔灌注桩的通知》（粤建管字〔2003〕49 号）对人工挖孔灌注桩进行了严格限制。因此，岩溶中等及强烈发育场地，不应采用人工挖孔灌注桩基础。

（2）预应力混凝土管桩

岩溶地区岩面起伏较大、陡峭，锤击式打桩时，预应力混凝土管桩一触及岩面就发生桩尖滑动、桩身断裂事故。据统计，在岩溶地区进行锤击式预应力混凝土管桩施工时，桩的破损率高达 30% ~ 60%，所以不宜采用锤击沉桩法预应力混凝土管桩基础，但可通过降低单桩承载力的方法采用静压式预应力混凝土管桩基础。

（3）复合地基

上覆土层主要由淤泥、淤泥质土等饱和软土组成的情况下，作为复合地基中增强体之间的软土很难协调增强体之间的变形，增强体和周围的软土很难共同发挥承载作用，一般起不到复合地基的作用。因此，主要由饱和软土组成的上覆土层未经处理时，不宜采用复合地基。当然，在实际工程中，也可采用大置换率（如大直径搅拌桩等）或对上覆盖土层整体处理等地基处理方法，但其与复合地基的概念是不同的。

（4）地下室抗浮

当地下室有抗浮要求时，宜采用抗拔锚杆、抗拔桩或不入岩刚性桩墩法。对于有抗浮要求的一般场地建筑物地下室，当采用灌注桩或预应力管桩基础时，桩基础同时兼有抗拔与抗压的作用。为满足桩的抗拔承载力要求，桩端需入岩一定深度。但在岩溶区施工时，入岩的灌注桩（旋挖灌注桩、冲孔灌注桩、钻孔灌注桩）会触及溶洞，增加了施工的难度和风险。锚杆与灌注桩相比，钻孔直径小，施工方便、质量可靠，对岩溶的破坏小，故在岩溶地区，宜优先考虑采用锚杆进行地下室抗浮。如位于广州白云国际机场的中国南方航空综合办公楼，场地岩溶强烈发育，溶洞见洞率达 40% 以上，原基础采用旋挖灌注桩，入灰岩深度较深，施工进度缓慢，成本高，后改为复合地基加抗拔锚杆的基础方案才得以顺利实施。采用抗拔锚杆时应注意溶洞突水、漏浆对锚杆施工的不利影响以及岩溶水的腐蚀作用。

当岩溶不属强烈发育时，可考虑采用灌注桩桩基进行抗拔。若上覆盖土层较厚，地下室抗浮要求不高时也可考虑采用不入岩刚性桩墩法。

不入岩刚性桩墩法的基本概念是，采用岩溶地区普遍使用的长螺旋钻孔灌注桩或长螺旋钻孔压灌桩使其至岩面，但不入岩，从而避开溶洞和要穿越溶洞顶板的施工难度与风险。长螺旋灌注桩的桩径小（$\phi 400 \sim \phi 800$），不入岩，单桩承载力较低，为满足建筑物基础承载力的要求，可将长螺旋灌注桩布置较密集，形成桩墩（或密集的群桩）。由于桩墩底面积较大，可以跨越溶洞顶板的开口，施工过程中遇到土洞也可用混凝土灌满，防止土洞复活、发展。同时由于长螺旋钻孔灌注桩承载力较低，应力扩散均匀，不需要较厚的溶洞顶板。长螺旋钻孔灌注桩配置钢筋后，具有抗压与抗拉的能力。

6.2.1 浅基础方案

岩溶地区的浅基础方案应关注以下内容：

1）岩溶地区浅基础宜选用箱形基础、筏形基础、柱下条形基础。岩溶地区岩面上覆土层具有明显的不均匀性特征，其地基易发生不均匀沉降，从控制地基基础不均匀沉降以及整体性的角度来说，箱形基础和筏形基础优于条形基础，条形基础优于扩展基础。故在岩溶地区设计浅基础时，宜优先选用箱形基础、筏形基础、柱下条形基础。

2）岩溶地区不宜采用扩展基础及单向条形基础，宜采用柱下交叉条形基础。当采用扩展基础时，应设置双向基础连系梁等，以加强双向约束。岩溶地区存在土洞坍塌导致地基下陷的风险，对基础的整体性要求较高。单向条形基础虽可分担平行于条形基础方向的土洞塌陷风险，但是无法避免建筑基础发生不均匀沉降甚至下陷，故宜采用柱下交叉条形基础布置，不宜采用柱下单向条形基础。与桩基础承台的连系梁受拉构件不同，扩展基础的约束梁同时起到与上部结构共同作用，提高结构框架整体性的作用。因此需要设置双向基础连系梁，以加强双向约束，其工作状态类似于交叉条形基础。

3）应考虑岩溶基岩面上较软土层对地基承载力与沉降的影响。由于岩溶影响，上覆盖土层一般存在上硬下软的特点。土层上部分较硬，地基承载力较高，而岩面接触处土层较软，地基承载力偏低，该部分厚薄不一，是天然的软弱土层。岩溶地区工程建设中，曾发生因忽略该部分软弱土层而导致工程事故的情况，故应予以重视。

4）置于土岩组合地基上的建筑物不宜采用柱下独立基础。土岩组合地基是岩溶地区常见的地基形式之一，其主要特点是不均匀沉降。由于土岩组合地基的不均匀性，可能会产生过大的不均匀沉降，影响建筑物正常使用或造成结构损坏，因而对于多层底部框架—剪力墙、多排内框架、框架结构以及砌体结构等敏感型结构的建筑不宜直接选用土岩组合地基。此外，如果将柱下独立基础直接建在土岩组合地基上，由于潜在土洞存在，独立基础坍塌机会较大；即使土洞不存在，因独立基础较差的整体性，很难调节基础和建筑由于地基不均匀沉降所产生的不均匀变形。

5）土岩组合地基基础方案应考虑石芽稳定性对地基稳定性的影响。在土岩组合地基中，经常存在溶洞具有临空面的出露岩体和石芽，它们的存在对浅基础的稳定性影响较大，石芽与周边土体常存在较弱的结构面，当基础偏置于石芽一侧时，基础和土体存在沿软弱结构面滑动以及引起场地滑坡的可能性。

6）土岩组合地基基础方案应考虑竖向坚硬基岩对地基不均匀沉降的影响。

7）在地基压缩性相差较大的部位，宜根据建筑物体型和荷载条件设置沉降缝。

8）岩溶地区选用浅基础时宜采用综合的控制沉降措施。

6.2.2　岩溶地区的桩基方案

主要考虑到岩溶地区的基岩面起伏较大，溶沟、溶槽、溶洞往往较发育，无风化岩层覆盖等特点，岩溶地区的桩基方案应关注以下内容：

1）岩溶地区的桩基，宜采用钻（冲）孔桩、旋挖桩、静压预应力管桩；入岩桩较非入岩桩承载力高且变形小，当基桩可以入岩时，宜选钻（冲）孔灌注桩这种易入岩的桩型。

对于静压预应力管桩，桩端与溶岩岩面仅是点或线或者面接触，端承作用效果不理想，桩长悬殊，且个别桩桩端可能会落在极薄的溶洞岩石顶板上。当采用静压法施工时，通常废桩率偏高的原因是压桩快终止前，桩尖接触到岩面后，容易沿倾斜的岩面滑移，使桩身发生倾斜，甚至使桩身折断，若桩尖恰恰落在石笋顶时，则累接累断，故要求有较高的压桩操作技术，所以，为达到桩端与岩面"零距离"接触，在第一节桩施压完毕后，应立即往桩内灌注 C30 细石混凝土，灌注高度 1.5 ～ 2.0m。其作用有两方面：① 起防水作用；② 是当桩尖破损时，坍下的混凝土起人造桩头的作用。鉴于上述情况，也可通过降低单桩承载力、增加桩数来确保工程安全。

2）在单桩受荷载较大，岩面埋深较浅的情况下，当岩溶弱发育时，优先采用嵌岩桩。

3）当基岩面起伏很大且埋深较大时，宜采用摩擦型灌注桩。当岩面起伏很大，而上覆土层厚度较大时，考虑到嵌岩桩桩长变异性较大，嵌岩施工难以实施，可采用较小桩径（$\phi 500 \sim \phi 700$）且密布的非嵌岩桩，以形成整体性和刚度很大的块体基础。

4）当基岩岩溶中等以上发育时，宜采用端承摩擦型桩。当基岩岩溶中等以上发育时，层状或串珠溶洞较发育，若采用嵌岩桩时，很难满足"嵌岩灌注桩桩端以下 3 倍桩径且不小于 5m 范围内应无软弱夹层、断裂破碎带和洞穴分布，且在桩底应力扩散范围内应无岩体临空面"的要求。此时宜使桩入岩达到一定深度，桩侧摩擦阻力承担桩的大部分竖向荷载，甚至全部荷载，在这种情况下，对桩底基岩的要求条件可以放松。

5）岩溶强烈发育时，不宜采用一柱一桩基础。主要有以下几方面考虑：

① 桩身质量和承载力难以满足要求。当基岩岩溶强烈发育时，基岩的溶洞较大，串珠状和厅式溶洞相互交错，溶沟、溶槽密布，岩面起伏极大。桩距相差几十厘米，桩长相差十几米的工程实例较多。在一些桩基不合格的工程中，经 CT 检查发现，有些桩端一部分支承于基岩上，一部分悬空，桩身缩径严重。所以，单根桩的实际承载力及工作状态与设计相差较大，可靠度不高。

② 单根桩承台结构破坏的失效概率高于群桩。《建筑地基基础设计规范》GB 50007—2011 和《建筑桩基技术规范》JGJ 94—2008 对桩基础安全可靠度保证方面仅仅只限于单桩，如单桩的竖向承载力特征值是通过单桩极限承载力除以安全系数 2 确定的，没有考虑桩数对承台结构安全度的影响。可以粗略地推断，当单桩承台破坏的失效概率为 100% 时，二桩承台的单桩破坏对承台结构破坏的失效概率为 50%，三桩承台的单桩破坏对承台结构破坏的失效概率为 33%。按此推断，一个承台下的桩数越多，承台结构破坏的失效概率就越低。

③ 群桩对基岩的破坏性小于单桩，承台防止连续倒塌的能力高于单桩。理由有两点：

a.《工程结构可靠性设计统一标准》GB 50153—2008 第 3.1.2 条规定，"当发生爆炸、撞击、人为错误等偶然事件时，结构能保持必需的整体稳固性，不出现与起因不相称的破坏后果，防止出现结构的连续倒塌。"在岩溶地区，目前需探明桩底岩溶分布的真实情况所花费的代价较高，对于一柱一桩而言，当桩出现破坏时，承台就会破坏，导致柱破坏。而在群桩情况下，当其中一根桩出现意外（出现与起因不相称的破坏后果）时，承台结构可以通过刚度较大的承台进行调节，进行桩受力的重分布，不会由于其中某一根桩的破坏而导致承台结构发生连续倒塌破坏。

b. 单桩对基岩的作用为点荷载，而群桩对基岩的作用近似于面荷载。群桩相比单桩的优点就在于，将上部荷载扩散到基岩，由基岩的整体承担，而不是由基岩的某一处或一点来承担。当基岩某一处在长期点荷载作用下，随着岩溶及岩溶环境变化，桩基及基岩的受力状态就会发生变化，如单桩基底某处基岩崩塌，导致基桩底悬空，单桩承载力降低，甚至完全丧失承载力。另外，从荷载类型来讲，集中荷载较均布荷载对结构作用更为不利，所以，单桩对类似溶洞顶板稳固性及破坏性要较群桩的面荷载严重得多。

6.3 岩溶地区基础选取案例

6.3.1 案例一

6.3.1.1 工程概况

广州市荔湾区某住宅项目，地下 2 层，地上 33 层。项目场地岩土层自上而下为：人工填土、淤泥质土、细沙、淤泥质粉细沙、中砂、粗、砾砂、粉质黏土、全风化泥质粉砂岩、泥岩、泥灰岩、强风化泥灰岩、强风化红色碎屑岩、中风化红色碎屑岩、泥灰岩、角砾状灰岩、微风化粉砂岩、粉砂质泥岩、泥岩、泥质粉砂岩和灰岩。

项目场地钻孔后统计，共有 51 个钻孔揭露有灰岩或泥灰岩，有 29 个钻孔揭露溶洞，场地钻孔见洞率约 46.7%，属岩溶强发育地段。以多层溶洞为主，局部为单层溶洞，溶洞多无充填，部分有黏性土充填，洞高最大为 4.4m 串珠状溶洞（ZK30），最小为 0.16m（ZK16）。

补 ZK5 钻孔揭露的地质情况如下：人工填土 <1-1> 厚 3.5m，淤泥质土 <2-1> 厚 1.4m，中砂 <3-2> 厚 12.9m，粉质黏土 <4-1> 厚 2.7m，强风化粉砂质泥岩 <5-2> 厚 2.6m，中风化粉砂质泥岩 <5-3> 厚 1.9m，中风化灰岩 <6-1> 厚 0.4m，溶洞（全填充）高 2.4m，中风化灰岩 <6-1> 厚 0.2m，溶洞（空洞，掉钻）高 1.1m，中风化灰岩 <6-1> 厚 1.7m，溶洞（空洞，掉钻）高 0.9m，中风化灰岩 <6-1> 厚 1.4m，溶洞（空洞，掉钻）高 0.7m，中风化灰岩 <6-1> 厚 1.7m，微风化粉砂质泥岩 <5-4> 厚 1.2m。

典型的地质剖面如图 6-1 所示，主要的地质参数如表 6-1 所示。

本工程地下 2 层，地上 33 层，荷载按 15kN/m² 估算，作用在地基上的压应力为 525kN/m²。

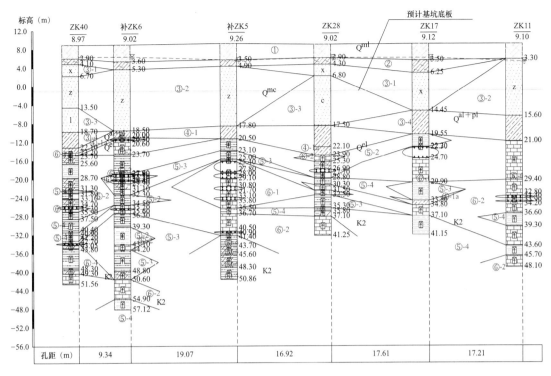

图 6-1 典型地质剖面图

各岩土层的物理参数 表 6-1

岩土层名称	层厚（m）	地基承载力特征值（kPa）	CFG桩桩周土摩阻力特征值（kPa）	CFG桩桩端土承载特征值（kPa）		预制桩桩周土摩阻力特征值（kPa）	预制桩桩端土摩阻力特征值（kPa）	
				≤15m	>15m		≤16m	>16m
人工填土 <1-1>	2.3～6.5（3.47）	60	10			10		
淤泥质土 <2-1>	0.8～4.75（2.27）	60	8			9		
细沙、淤泥质细沙 <3-1>	2.2～16.65（9.12）	80	8			11		
中砂 <3-2>	2.1～13.7（8.18）	120	15			11		
粗、砾砂 <3-3>	2.4～19.1（9.72）	160	25			30		
粉质黏土 <3-4>	1.4～5.4（3.52）	150	15			30		
淤泥质土 <3-5>	0.8～9.6（4.46）	65	8			9		
粉质黏土 <4-1>	1.5～8.8（3.21）	180	15			33		
粉质黏土 <4-2>	0.9～8.2（3.78）	220	35			40		
全风化泥质粉砂岩 <5-1>	0.6～8.3（3.5）	300	40	500	750	55	2800	3800
强风化泥质粉砂岩 <5-1>	0.5～28.0（4.91）	500	70	750	1000	100	3200	4200

注：括号内为岩土层的平均值。

6.3.1.2 地基基础选型及地基承载力的确定

地下 2 层底板板面标高 −9.15m，基础厚 1.5m，3 号楼基础底下部各土层名称、厚度以及基岩面埋深等情况如表 6-2 所示。

3 号楼基底下各岩土层分布情况

表 6-2

补 ZK5		补 ZK6		补 ZK7		ZK18		ZK28		ZK29	
岩土层名称	土层厚度（m）	岩土层名称	土层厚度（m）	岩土层名称	土层厚度（m）	岩土层名称	土层厚度（m）	岩土层名称	土层厚度（m）	岩土层名称	土层厚度（m）
中砂 * <3-2a>	5.45	中砂 <3-2>	5.05	细砂 <3-1>	6.35	粗砂 <3-3>	3.25	粗砂 <3-3>	3.55	粗砂 <3-3>	3.45
	7.45		8.15		8.35		10.05		7.15		6.95
粉质黏土 ④-1	2.7	粉质黏土 <4-1>	1.5	粉质黏土 <4-1>	1.8	粉质黏土 <4-2>	2.8	粉质黏土 <4-1>	4.6+1.8	粉质黏土 <4-1>	1.4+8.8
强风化粉质泥砂岩	2.6	中风化灰岩	0.3	中风化灰岩	0.2	微风化灰岩	0.9	微风化灰岩	1.4	强风化粉质泥砂岩	6.6
基底距岩面厚度	10.15		9.65		10.15		12.85		13.55		17.5

注：带 * 号栏的第一行表示基础入持力层的深度，第二行表示基底下持力层的厚度。

由图 6-1 和表 6-2 可以看出，采用混凝土灌注桩基础或复合地基上的筏板或独立基础是可行的。而复合地基可采用深层搅拌桩＋长螺旋钻孔压灌素混凝土桩或深层搅拌桩＋高强预应力管桩的亚—刚性复合地基。

1. 混凝土灌注桩基础

钻（冲）孔混凝土灌注桩的单桩承载力大、沉降小，是常用的建筑物基础形式之一，但在岩溶地区使用会遇到下列问题：

1）当桩穿越溶洞、土洞、溶沟时，易发生塌孔、漏浆及混凝土流失等情况，影响成桩质量；对于较高的溶洞和多层溶洞需增设钢护筒才能穿越溶洞，既增加了工程成本又延长了工期；对于较高较大的溶洞还要预先进行填充处理，而处理的效果在实际中却难以验证，所以，成桩质量是岩溶区灌注桩施工的难题。

2）由于溶洞、溶槽、溶沟的存在，桩端持力层厚度难以满足规范要求，《建筑地基基础设计规范》GB 50007—2011 第 8.5.6 条第 6 款规定，嵌岩灌注桩桩端以下 3 倍桩径且不小于 5m 范围内应无软弱夹层、断裂破碎带和洞穴分布，且在桩底应力扩散范围内应无临空面。

3）桩端嵌固深度难以控制，在基岩面起伏区，设计通常要求桩端全截面入基岩不少于一定深度，以确保桩端完全嵌固在基岩内。但在岩溶区，岩面起伏较大，桩距相差几十厘米，桩长相差十几米的工程实例较多，岩面起伏之大，很难保证桩端全部嵌入基岩，甚者，桩端仅有部分区域入基岩。

4）岩溶区的同一场地，常有不同岩性的基岩混杂在一起，其灌注桩桩端下可能存在两种以上岩性的持力层，影响桩端承载力的判定。如本工程场地内就同时存在泥质粉砂岩、砂岩和灰岩，其强度相差 1 倍以上。

上述因素都会使灌注桩的桩身质量、桩端承载力、单桩竖向承载力、工期以及造价难以控制和保证。

2. 复合地基

复合地基与桩基的不同之处在于，桩基是以集中荷载的方式将建筑物的作用传递至基岩，而复合地基则是以均布荷载的方式传力至基岩，所以复合地基对持力层的要求不如桩基那样苛刻。

本工程基础底距基岩面的厚度为 9.65 ～ 17.5m，可采用深层搅拌桩（旋喷桩）、长螺旋钻孔压灌素混凝土桩、高强预应力混凝土管桩、长螺旋钻孔压灌素混凝土桩＋深层搅拌桩、高强预应力混凝土管桩＋深层搅拌桩等桩体类复合地基。

（1）深层搅拌桩复合地基

深层搅拌桩的单桩承载力较低，通常为 80 ～ 120kN。广州地区深层搅拌桩的无侧限抗压强度一般在 1.0 ～ 1.2MPa，当桩身在淤泥类上时，其强度一般不会超过 0.5MPa，其变形模量约为 100.0MPa，而 C30 混凝土的弹性模量为 3.0×10^4MPa，是深层搅拌桩的 300 倍。所以，单纯的深层搅拌桩复合地基难以满足地上 33 层建筑物地基承载力和变形的要求，不宜采用。

（2）长螺旋钻孔压灌桩复合地基

长螺旋钻孔压灌桩具有成桩速度快、噪声低、污染小（不需要泥浆护壁）、单桩承载力高（无沉渣、超流态压灌混凝土渗入桩侧土体提高桩侧阻力）等优点外，在岩溶区还可在压灌混凝土过程中对桩处的土洞进行堵填，因而被广泛地用作岩溶区复合地基的增强体。

1）长螺旋钻孔压灌桩单桩竖向抗压承载力特征值的估算。

长螺旋钻孔压灌桩由于其机具简单，动力小，一般情况下只能进入强风化岩一定深度，所以，其在本项目场地的桩长约为 9.65 ～ 17.5m。

对于钻孔补 ZK5，当用式（6-4）估算单桩竖向承载力特征值时，取桩端端阻力发挥系数 $\alpha_p = 1.0$；取强风化粉质泥砂岩的端阻力特征值 $q_{pa} = 750$kPa；桩侧土：中砂厚取 7.45m，侧阻力特征值取 15kPa；粉质黏土 <4-1> 厚取 2.7m，侧阻力特征值取 15kPa；强风化粉质泥砂岩取 2.0m，侧阻力特征值取 70kPa。则：

$R_a = 3.1416 \times 0.5 \times [15 \times 7.45 + 15 \times 2.7 + 70 \times 2.0] + 1.0 \times 750 \times 0.1964 = 606.08$kN

其余钻孔处的单桩承载力特征值如表 6-3 所示。

场地各钻孔处单桩竖向抗压承载力特征值（单位：kN）　　　　表 6-3

	补 ZK5	补 ZK6	补 ZK7	ZK18	ZK28	ZK29	平均
R_a	606	716	736	1547	1614	880	1016.5 ≈ 1017

按《岩土工程勘察规范》GB 50021—2001（2009 年版）第 14.2.2 条计算上述单桩承载力特征值标准差 $\sigma_f = 468.87$kN，变异系数为 $\delta = 0.461$，修正系数 $\gamma_s = 1 - \left[\dfrac{1.704}{\sqrt{n^2}} + \dfrac{4.678}{n^2} \right] \delta = 0.619$，则 $R_a = 0.619 \times 1016 = 629$kN。由此确定的单桩承载力特征值大致相当于大于 $\mu - \sigma$，承载力的保证率为 84.13%，低于结构材料大于 $\mu - 1.645\sigma$

强度的保证率为 95% 的要求。

在作用效应基本组合下，桩身强度应满足：

$$Q \leqslant \psi_c f_c A_p = 0.7 \times 11.9 \times 0.1964 \times 1000 = 1636 \text{kN}$$

对应于荷载标准组合下，桩身承载力：

$$R_k = \frac{\psi_c f_c A_p}{1.35} = \frac{1636}{1.35} = 1212 \text{kN}$$

结合工程经验，综合考虑取长螺旋钻孔压灌桩单桩竖向抗压承载力特征值为 700kN。

2）处理后桩间土承载力特征值 f_{sk}。

由前述可知，处理后桩间土承载力的确定，不但要考虑复合地基中桩的影响深度范围内地基土的差异性，还应考虑整个场地地基土的变化影响。

各钻孔处桩体深度范围内，由式（4-1）计算桩间土各土层承载力特征值的加权平均值如表 6-4 所示。

场地各钻孔处桩间土承载力特征值（单位：kPa）   表 6-4

	补 ZK5	补 ZK6	补 ZK7	ZK18	ZK28	ZK29	平均
f_{sk}	135.96	129	97.7	173	169.4	171.9	146.16

同理，按《岩土工程勘察规范》GB 50021—2001（2009 年版）第 14.2.2 条计算上述各钻孔处桩间土承载力特征值标准差 $\sigma_f = 30.56$kPa，变异系数为 $\delta = 0.209$，修正系数 $\gamma_s = 1 - \left[\frac{1.704}{\sqrt{n^2}} + \frac{4.678}{n^2} \right] \delta = 0.827$，则 $f_{sk} = 0.827 \times 146.15 = 120.92$kPa。综合之，取 $f_{sk} = 120.0$kPa

3）长螺旋钻孔压灌桩复合地基的面积置换率。

长螺旋钻孔压灌桩复合地基中通常有等边三角形布桩、方形布桩和矩形布桩等三种布桩形式，桩间距不小于 3d。本工程拟采用矩形布桩，桩间距暂取 1.5m×1.5m 和 2.0m×2.0m 两种进行比较计算，以确定合理的桩间距。

采用 2.0m×2.0m 间距布桩时，一根桩分担的处理地基面积的等效圆直径为 $d_e = 1.13\sqrt{s_1 s_2} = 2.26$m，则面积置换率 $m = \frac{d^2}{d_e^2} = \frac{0.5 \times 0.5}{2.26 \times 2.26} = 0.0489$。

采用 1.5m×1.5m 间距布桩时，$d_e = 1.695m$，$m = 0.087$。

4）长螺旋钻孔压灌桩复合地基承载力特征值计算。

场地岩溶发育强烈，取单桩承载力发挥系数 λ；桩间土承载力发挥系数 β。则由式（2-6）算得复合地基承载力特征值如下：

2.0m×2.0m 间距布桩时：

$$f_{spk} = 0.9 \times 0.0489 \times \frac{700}{0.1964} + 0.8 \times (1 - 0.0489) \times 120 = 248.16 \text{kPa}$$

采用 1.5m×1.5m 间距布桩时：

$$f_{spk} = 0.9 \times 0.087 \times \frac{700}{0.1964} + 0.8 \times (1 - 0.087) \times 120 = 366.72 \text{kPa}$$

可以看出，单一的长螺旋钻孔压灌桩复合地基承载力难以满足建筑物作用在地基上压应力为 525kPa 的要求。

（3）长螺旋钻孔压灌桩＋深层搅拌桩复合地基

ϕ500 长螺旋钻孔压灌桩单桩竖向抗压承载力特征值的经验值为 700～900kN。现取 700kN 作为单桩承载力特征值是合理的，因为即使提高到 800kN 也无法满足建筑物对地基承载力的要求。

由上述计算可知，减少桩间距或提高置换率可有效地提高复合地基的承载力。目前，上述长螺旋钻孔压灌桩间距 1.5m 是最小的桩间距，不宜再小。在这种情况下，提高置换率的途径只能在已有的长螺旋钻孔压灌桩之间增设挤土效应较小的深层搅拌桩，从而形成长螺旋钻孔压灌桩＋深层搅拌桩复合地基。

1）深层搅拌桩的单桩承载力特征值。

采用 ϕ500mm、桩间距为 1.5m×1.5m 的深层搅拌桩，桩宜穿过场地中的砂层并伸入粉质黏土不少于 1.5m，桩长约为 9～12m。取深层搅拌桩的端阻力发挥系数 α_p ＝ 0.8，由公式（4-4）算得深层搅拌桩单桩竖向抗压承载力特征值如下：

$$R_a = 3.1416×0.5×（15×7.45＋15×2.7）＋0.8×750×0.1964 = 356.99kN$$

实际上，深层搅拌桩的单桩承载力多数是由桩身强度控制的。场地桩身范围内无淤泥类土，深层搅拌桩桩身无侧限抗压强度按 1.2MPa 计取。由桩身强度确定的深层搅拌桩单桩竖向承载力特征值应符合：

$$R_a = \eta f_{cu} A_p \tag{6-1}$$

式中　η——桩身水泥土强度折减系数，对粉质黏土及粉质黏土的填土可取 0.25～0.3，对砂土可取 0.3～0.4；

　　　f_{cu}——与搅拌桩桩身水泥土配比相同的室内加固土试块，边长为 70.7mm 的立方体在标准养护条件下 90d 龄期的立方体抗压强度平均值；

这里，取 η = 0.4，f_{cu} = 1.2MPa，则 R_a = 0.4×1200×0.1964 = 94.27kN。结合经验取 R_a = 90kN。

2）长螺旋钻孔压灌桩＋深层搅拌桩复合地基承载力特征值计算。

长螺旋钻孔压灌桩＋深层搅拌桩复合地基的桩布置采用梅花间隔布置。这是典型的刚—柔性桩复合地基，其复合地基承载力特征值可按下式进行计算：

$$f_{spk}=\frac{\eta_1 m_1 R_{a1}}{A_{p1}}+\frac{\eta_2 m_2 R_{a2}}{A_{p2}}+\eta_3(1-m_1-m_2)f_{sk} \tag{6-2}$$

式中　m_1——刚性桩面积置换率；

　　　m_2——柔性桩面积置换率；

　　　η_1——刚性桩的承载力发挥系数，无经验时可取 0.8～1.0，褥垫层较厚时取较小值；

　　　η_2——柔性桩的承载力发挥系数，无经验时可取 0.75～0.95，褥垫层较厚时取较大值；

　　　η_3——桩间土的承载力发挥系数，无经验时可取 0.5～0.9，褥垫层较厚时取较大值。

根据本场地的地质条件，取 η_1 = 0.9，η_2 = 0.8，η_3 = 0.8，R_{a1} = 700kN，R_{a2} = 90kN，

$f_{sk} = 120.0\text{kPa}$，$A_{p1} = A_{p2} = 0.1964\text{m}^2$。

采用 2.0m×2.0m 间距布桩时，$m_1 = m_2 = 0.048$，则：

$$f_{spk} = \frac{0.048}{0.1964} \times (0.9 \times 700 + 0.8 \times 90) + 0.8 \times (1 - 2 \times 0.048) \times 120$$

$$= 258.35\text{kPa}$$

采用 1.5m×1.5m 间距布桩时，$m_1 = m_2 = 0.087$，则：

$$f_{spk} = \frac{0.087}{0.1964} \times (0.9 \times 700 + 0.8 \times 90) + 0.8 \times (1 - 2 \times 0.087) \times 120$$

$$= 390.26\text{kPa} < 540.0\text{kPa}$$

由计算可知，以上两种桩间距布置方案都不能满足地基承载力的要求。

若再考虑基础埋深的影响，修正后的复合地基承载力特征值为：

$$f_a = f_{spk} + r_m(d - 0.5) = 390.26 + 10 \times (8 - 0.5) = 465.26\text{kPa} < 540\text{kPa}$$

可以看出，长螺旋钻孔压灌桩+深层搅拌桩复合地基不能满足地基承载力的要求，主要是长螺旋钻孔压灌桩的单桩承载力偏低所致。

（4）高强预应力混凝土管桩复合地基

高强预应力混凝土管桩具有桩身质量可靠、承载力高、工期短以及检测简单等优点，缺点是当岩面起伏较大或桩端下存在淤泥类软土，其下直接为中、微风化岩层等不良地质条件时易发生断桩。为避免断桩或减少断桩，除场地内岩面较为平坦之外，一般很少采用锤击式预应力混凝土管桩基础，多数采用静压式预应力混凝土管桩基础。

慎重起见，确定建筑物基础方案时，事先进行了三个预应力管桩的静压试验，均未发生断桩情况。到目前为止，本工程已施工 3164 根 ϕ500 静压式高强预应力混凝土管桩，出现 10 根断桩，断桩率仅为 0.32%。由此说明，在岩溶较发育地区，在设计恰当、施工措施有效的情况下，采用静压式高强预应力混凝土管桩基础方案是合理可行的。

1）静压式高强预应力混凝土管桩单桩竖向抗压承载力特征值的估算。

本工程采用 ϕ500 静压式高强预应力混凝土管桩。预应力混凝土管桩属于挤土桩，其桩侧摩阻力特征值和桩端摩阻力特征值与钻（挖）孔灌注桩等非挤土类桩有所不同，一般情况下，其值会大于后者。

以钻孔补 ZK5 为例，取桩端端阻力发挥系数 $\alpha_p = 1.0$；取强风化粉质泥砂岩的端阻力特征值 $q_{pa} = 3800\text{kPa}$；桩侧土：中砂厚取 7.45m，侧阻力特征值取 15kPa；粉质黏土 <4-1> 厚取 2.7m，侧阻力特征值取 33kPa；强风化粉质泥砂岩取 1.5m，侧阻力特征值取 100kPa。则：

$$R_a = 3.1416 \times 0.5 \times (15 \times 7.45 + 33 \times 2.7 + 100 \times 1.5)$$
$$+ 1.0 \times 3800 \times 0.1964 = 1297.15\text{kN}$$

其余钻孔处的单桩竖向抗压承载力特征值如表 6-5 所示。

场地各钻孔处单桩竖向抗压承载力特征值（单位：kN）　　表 6-5

	补 ZK5	补 ZK6	补 ZK7	ZK18	ZK28	ZK29	平均
R_a	1297	1150	1090	1540	1550	1740	1395

其中，最小的单桩竖向抗压承载力特征值为 1090kN，考虑到岩溶发育情况，$\phi500$ 静压式高强预应力混凝土管桩的单桩竖向抗压承载力特征值取 950kN。

2）高强预应力混凝土管桩复合地基承载力特征值计算。

同样，选取单桩承载力发挥系数 λ 和桩间土承载力发挥系数 β。

采用 2.0m×2.0m 间距布桩时，复合地基承载力特征值计算如下：

$$f_{spk} = 0.9 \times 0.0489 \times \frac{950}{0.1964} + 0.8 \times (1 - 0.0489) \times 120 = 304.18\text{kPa}$$

采用 1.5m×1.5m 间距布桩时：

$$f_{spk} = 0.9 \times 0.087 \times \frac{950}{0.1964} + 0.8 \times (1 - 0.087) \times 120 = 466.398\text{kPa} < 540\text{kPa}$$

同样，若考虑基础埋深的影响，修正后的复合地基承载力特征值：

$$f_a = f_{spk} + r_m (d - 0.5) = 466.398 + 10 \times (8 - 0.5) = 542.398\text{kPa} > 540\text{kPa}$$

修正后的复合地基承载力虽然满足地基承载力要求，但几乎没有富余。

（5）高强预应力混凝土管桩＋深层搅拌桩复合地基

由上面的计算分析可知，单一的高强预应力混凝土管桩复合地基不能满足地基承载力的要求，即使在考虑基础埋置深度的影响情况下，复合地基承载力的富余也不大。为此，可在预应力管桩之间增设深层搅拌桩，通过提高置换率来提高复合地基的承载力。

采用 2.0m×2.0m 间距布桩时，$m_1 = m_2 = 0.048$，则：

$$f_{spk} = \frac{0.048}{0.1964} + (0.9 \times 950 + 0.8 \times 90) + 0.8 \times (1 - 2 \times 0.048) \times 120$$
$$= 313.3\text{kPa}$$

采用 1.8m×1.8m 间距布桩时，$m_1 = m_2 = 0.0604$，则：

$$f_{spk} = \frac{0.0604}{0.1964} + (0.9 \times 950 + 0.8 \times 90) + 0.8 \times (1 - 2 \times 0.0604) \times 120$$
$$= 369.48\text{kPa}$$

采用 1.5m×1.5m 间距布桩时，$m_1 = m_2 = 0.087$，则：

$$f_{spk} = \frac{0.087}{0.1964} \times (0.9 \times 95 + 0.8 \times 90) + 0.8 \times (1 - 2 \times 0.087) \times 120$$
$$= 489.93\text{kPa} < 540.0\text{kPa}$$

同样，若考虑基础埋深的影响，修正后的复合地基承载力特征值：

$$f_a = f_{spk} + r_m (d - 0.5) = 489.93 + 10 \times (8 - 0.5) = 564.93\text{kPa} > 540\text{kPa}$$

可以看出，高强预应力混凝土管桩＋深层搅拌桩复合地基在考虑基础埋深的影响后，是满足建筑物的地基承载力要求的。

深层搅拌桩在岩溶区使用，除提高复合地基的置换率之外，由于岩溶区上覆盖土层多存在砂类土，搅拌时由于浆液的渗透，可改善桩间土性质，并对已有的土洞进行处理；当深层搅拌桩可施工到基岩时，也截断或减弱土洞与岩溶（溶洞、溶槽、溶沟等）的水力联系，从而限制或约束塌陷的发展，提高复合地基的稳定性。

6.3.1.3 基础形式及地基承载力的确定

通过上面的比较分析，本工程采用高强预应力混凝土管桩＋深层搅拌桩复合地基，其复合地基承载力特征值可取 550kPa，可满足建筑物对地基承载力的要求。

6.3.2 案例二

肇庆端州某项目为厂房，位于广东省肇庆市端州区，总用地面积 173911m²，本地块原状土为鱼塘和机耕路，机耕路原始标高大致为 6.50～9.00m。鱼塘淤泥面标高约 3.00～4.00m。灰岩除了钻孔 ZK274 外所有钻孔均揭露有溶洞（包括串珠状溶洞），部分钻孔溶洞呈串珠状，溶洞垂直高度 1.30～21.3m，洞中或无填充物，或半填充、全填充有黏性土或砂土等，岩面或溶洞内漏水。

顶板埋深 16.30～52.0m。场地揭露的灰岩区 52 个钻孔中共有 51 个钻孔遇到溶洞，钻孔遇洞率为 98.1%。局部溶洞顶很薄，只有 0.3m。图 6-2～图 6-4 为该案例的典型地质剖面及钻孔示例。

<2-6> 卵石：黄褐色，稍密～中密，饱和，主要由黏性土、砂颗粒等物质充填，呈次圆状，粒径约 2～10cm，局部达 15cm，含量约 55～70%，成分为石英、砂岩等。该层极不均匀，局部相变为砂层或黏性土层。场地钻孔均有分布，层厚 3.80～44.10m，平均厚度 17.66m。重型圆锥动力触探测试共贯入 13.6m，计 136 次，实测击数 $N'_{63.5}$ = 7～57 击，平均 $N'_{63.5}$ = 22.9 击，标准值 $N'_{63.5}$ = 21.1 击，校正击数 $N_{63.5}$ = 5.5～29.8 击，平均 $N_{63.5}$ = 12.2 击，标准值 $N_{63.5}$ = 11.6 击。地基承载力特征值建议采用 150kPa。

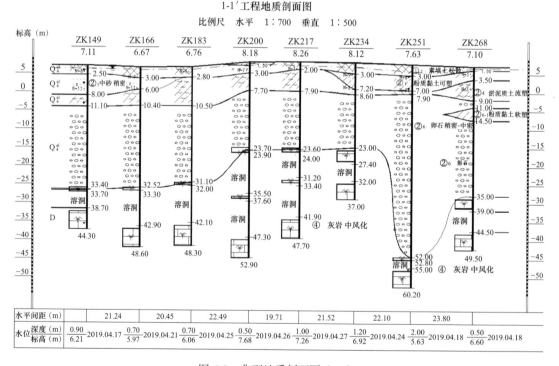

图 6-2　典型地质剖面图（一）

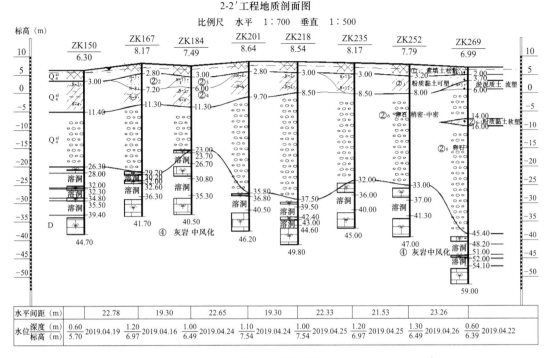

图 6-3　典型地质剖面图（二）

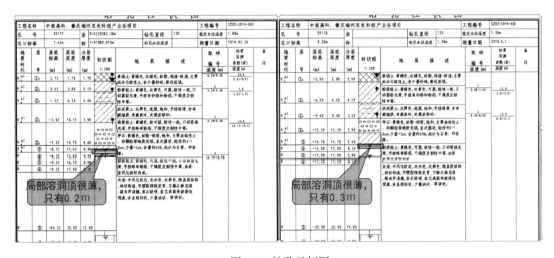

图 6-4　钻孔示例图

6.3.2.1　方案一：复合地基（强夯素填土）

（1）强夯

1）对现场回填土进行强夯；

2）强夯后地基承载力为 150kPa；$ES = 10MPa$；

3）分两次夯实：

第一次现场回填土达 $2 \sim 3m$ 时，对该回填土进行强夯（标高 = 7.5）。

第二次场地回填至室外设计标高时，再进行强夯（标高 = 11.5）。

4）建议由岩土专业公司进行地基处理设计及施工，以满足地基承载力要求。

（2）采用独立浅基础

中柱采用 4.0m×4.0m 独立基础；边柱采用 3.2m×3.2m 独立基础；

缺点：强夯法在高饱和度的粉土、黏性土、填土和淤泥质土地基处理时效果不容易达到。

6.3.2.2 方案二：预应力管桩基础

采用静压 C80 预应力管桩，外径 500mm，壁厚 125mm，A 型；以第 2～6 层卵石层（桩端入持力层不小于 5m），桩长约 10～25m，单桩抗压承载力特征值为 600kN。局部卵石层较薄处，穿过卵石层，以灰岩面为持力层，不入灰岩。同时需要处理桩端以下溶洞。若直接采用静压预应力管桩（$D=500mm$，A 型），以第 4 层灰岩为持力层（桩端不入岩），桩长约 24～40m，单桩抗压承载力特征值为 1000kN。

6.3.2.3 方案三：冲孔（旋挖）灌注桩

采用"单柱单桩"的灌注桩方案，以第 4 层灰岩为持力层（桩端入持力层不小于0.5m），桩长 25～60m，边柱采用 $\phi1200$ 直径，中柱采用 $\phi1400$ 直径。$\phi1200$ 直径单桩抗压承载力特征值为 9000kN。1400 直径单桩抗压承载力特征值为 12000kN。$\phi1600$ 单桩抗压承载力特征值为 15000kN。

本方案缺点：根据目前高层区钻探资料，见洞率达 90% 以上，较难满足规范关于连续岩层不小于 3D 且不小于 5m 的要求，溶洞处理量较大。

三种方案对比如表 6-6 所示。

方案对比表　　　　　　　　　　　　　　　　　　　　　表 6-6

方案	优点	缺点	备注
方案一（复合地基）	多层厂房可以直接采用浅基础，造价较低。10 层厂房桩长可以较短，不用大量处理溶洞	（1）多层区场地回填土需要分两次强夯，工期较长； （2）强夯法在高饱和度的粉土、黏性土、填土和淤泥质土地基处理的效果不容易达到	
方案二（预应力管桩）	施工质量容易控制，施工速度快，工期短，检测简单	（1）现场试桩卵石层硬度不够，该层极不均匀，局部变为砂层或黏性土层，局部夹杂漂石等，离散性很大； （2）部分孔揭露卵石层较薄，需要加固桩头附近土层和溶洞	
方案三（灌注桩）	低噪声；容易穿透局部硬土层无挤土效应，以岩为持力层，能提供较大承载力	（1）孔底清渣困难，岩溶强烈发育地区更容易造成漏浆、漏水、卡钻（锤）、塌孔； （2）需要提前处理大量溶洞； （3）桩长较长（需要满足不小于 3D 且不小于 5m 深度要求）； （4）溶洞分布密集，桩端以下的抽芯检测合格率无法保证	目前钻孔资料显示钻孔遇洞率为 98.1%，溶洞连通性较大，容易注浆跑浆，处理难度较大，后期成本巨大

根据以上分析，对预应力管桩基础进行试桩，情况如图 6-5～图 6-8 所示。

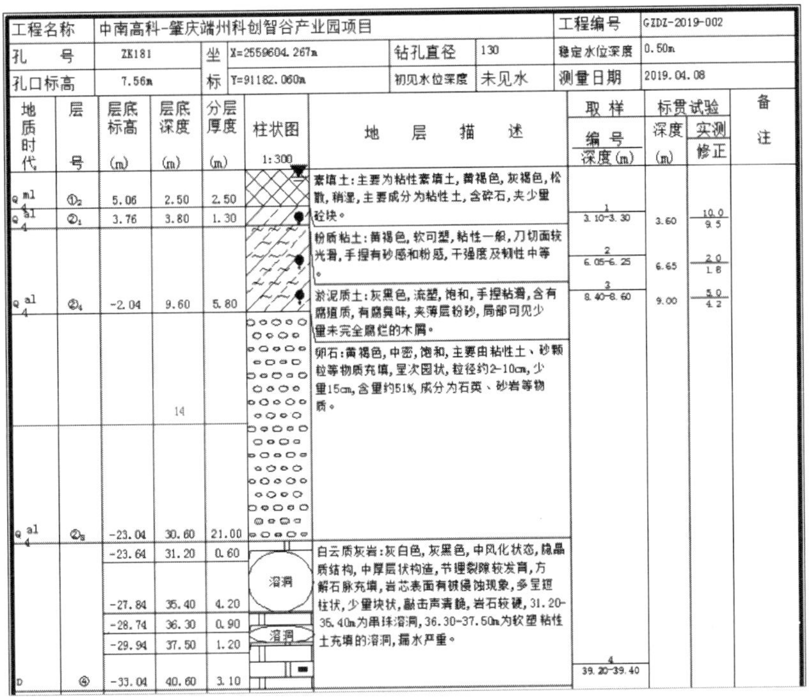

工程名称	中南高科-肇庆端州科创智谷产业园项目				工程编号	GZDZ-2019-002		
孔 号	ZK181	坐	X=2559604.267m		钻孔直径	130	稳定水位深度	0.50m
孔口标高	7.56m	标	Y=91182.060m		初见水位深度	未见水	测量日期	2019.04.08

地质时代	层号	层底标高(m)	层底深度(m)	分层厚度(m)	柱状图 1:300	地 层 描 述	取样编号 深度(m)	标贯试验 深度(m) 实测 修正	备注
Q ml	①₂	5.06	2.50	2.50		素填土: 主要为粘性素填土, 黄褐色, 灰褐色, 松散, 稍湿, 主要成分为粘性土, 含砾石, 夹少量砾块。			
Q sl	②₁	3.76	3.80	1.30		粉质粘土: 黄褐色, 软可塑, 粘性一般, 刀切面较光滑, 手搓有砂感和粉感, 干强度及韧性中等。	1 3.10~3.30	3.60 10.0 9.5	
							2 6.05~6.25	6.65 2.0 1.8	
Q al	②₄	-2.04	9.60	5.80		淤泥质土: 灰黑色, 流塑, 饱和, 手捏粘滑, 含有腐植质, 有腥臭味, 夹薄层粉砂, 局部可见少量未完全腐烂的木屑。	3 8.40~8.60	9.00 5.0 4.2	
				14		卵石: 黄褐色, 中密, 饱和, 主要由粘性土、砂颗粒等物质充填, 呈次圆状, 粒径约2~10cm, 少量15cm, 含量约51%, 成分为石英、砂岩等物质。			
Q al	②₈	-23.04	30.60	21.00					
		-23.64	31.20	0.60	溶洞	白云质灰岩: 灰白色, 灰黑色, 中风化状态, 隐晶质结构, 中厚层状构造, 节理裂隙较发育, 方解石脉充填, 岩芯表面有被侵蚀现象, 多呈短柱状, 少量块状, 敲击声清脆, 岩石较硬, 岩质严硬。31.20~35.40m为串珠溶洞, 36.30~37.50m为软塑粘性土充填的溶洞, 漏水严重。			
		-27.84	35.40	4.20					
		-28.74	36.30	0.90	溶洞				
		-29.94	37.50	1.20			4 39.20~39.40		
D		④	-33.04	40.60	3.10				

图 6-5 钻孔 ZK181 柱状图

单桩竖向抗压静载试验汇总表

工程名称: 中南高科·肇庆端州双龙科创智谷产业园 (试验桩)

试验桩号: 181号　　　　　　　　　测试日期: 2019-05-11

桩长: 13.6m　　　　　　　　　　　桩径: 500mm

序 号	荷载 (kN)	历 时 (min)		沉 降 (mm)	
		本级	累计	本级	累计
0	0	0	0	0.01	0.01
1	480	180	180	2.84	2.85
2	720	150	330	0.98	3.83
3	960	150	480	0.66	4.49
4	1200	45	525	75.49	79.98

最大沉降量: 79.98 mm　　　最大回弹量: 0.00 mm　　　回弹率: 0.0%

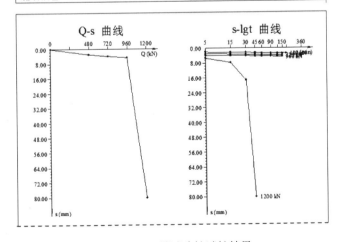

图 6-6 181号试验桩试桩结果

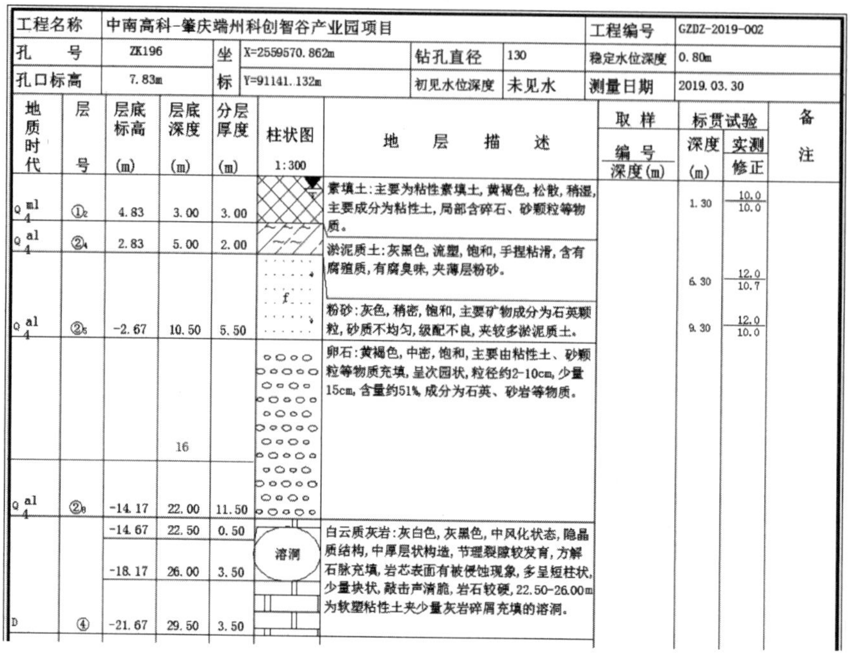

工程名称	中南高科-肇庆端州科创智谷产业园项目						工程编号		GZDZ-2019-002	
孔　号	ZK196	坐	X=2559570.862m			钻孔直径	130		稳定水位深度	0.80m
孔口标高	7.83m	标	Y=91141.132m			初见水位深度	未见水		测量日期	2019.03.30

地质时代	层号	层底标高 (m)	层底深度 (m)	分层厚度 (m)	柱状图 1:300	地 层 描 述	取样 编号 深度(m)	标贯试验 深度(m)	标贯试验 实测/修正	备注
Q4ml	①z	4.83	3.00	3.00		素填土:主要为粘性素填土,黄褐色,松散,稍湿,主要成分为粘性土,局部含碎石、砂颗粒等物质。		1.30	10.0/10.0	
Q4al	②t	2.83	5.00	2.00		淤泥质土:灰黑色,流塑,饱和,手捏粘滑,含有腐殖质,有腐臭味,夹薄层粉砂。		6.30	12.0/10.7	
Q4al	②s	-2.67	10.50	5.50	f	粉砂:灰色,稍密,饱和,主要矿物成分为石英颗粒,砂质不均匀,级配不良,夹较多淤泥质土。		9.30	12.0/10.0	
Q4al	②b	-14.17	22.00	11.50	16	卵石:黄褐色,中密,饱和,主要成分为粘性土、砂颗粒等物质充填,呈次圆状,粒径约2-10cm,少量15cm,含量约51%,成分为石英、砂岩等物质。				
		-14.67	22.50	0.50		白云质灰岩:灰白色,灰黑色,中风化状态,隐晶质结构,中厚层状构造,节理裂隙较发育,方解石脉充填,岩芯表面有被侵蚀现象,多呈短柱状,少量块状,敲击声清脆,岩石较硬,22.50-26.00m为软塑粘性土夹少量灰岩碎屑充填的溶洞。				
		-18.17	26.00	3.50	溶洞					
D	④	-21.67	29.50	3.50						

图6-7　钻孔 ZK196 柱状图

单桩竖向抗压静载试验汇总表

工程名称:中南高科·肇庆端州双龙科创智谷产业园（试验桩）
试验桩号:196号　　　　　　　　　　测试日期:2019-05-09
桩长:16m　　　　　　　　　　　　　桩径:500mm

序 号	荷 载 (kN)	历 时 (min) 本级	历 时 (min) 累计	沉 降 (mm) 本级	沉 降 (mm) 累计
0	0	0	0	0.00	0.00
1	480	120	120	0.26	0.26
2	720	120	240	0.44	0.44
3	960	240	480	0.81	1.25
4	1200	240	720	2.41	3.66
5	1440	15	735	88.82	92.48

最大沉降量:92.48 mm　　　最大回弹量:0.00 mm　　　回弹率:0.0%

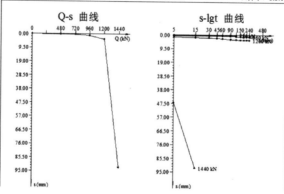

图6-8　196号试验桩试桩结果

　　根据试桩结果,采用预应力管桩基础可满足要求,且避免了灌注桩大量溶土洞处理的费用,较为经济合理。

第 7 章　岩溶地区复合地基

复合地基作为三种常用的地基基础形式（浅基础、复合地基、桩基础）之一，广泛应用于岩溶地区建筑工程中。与天然地基相比，复合地基具有承载力高、沉降小等优点；与桩基础相比，复合地基具有工期短、造价省等优点。在覆盖型岩溶地区，溶洞上覆土层可为复合地基的桩基提供侧摩阻力和侧向支承力，其受力性能优，因而应用更为广泛。

作为复合地基设计的主要内容，承载力的计算已相当成熟，也得到众多工程实例的验证。而对于岩溶地区复杂的地质条件，其复合地基的承载力计算具有特殊性：刘之葵等指出，岩溶土洞的存在，对地基承载力产生较大的折减效应；赵明华等通过溶洞对嵌岩桩桩端极限承载力的理论公式推导和试验验证，表明桩端溶洞对嵌岩桩的桩端承载性能产生影响；夏志永介绍了 CFG 桩复合地基在桂林岩溶地区的应用情况，认为 CFG 桩复合地基在岩溶地区的应用与一般地层不同，需要注意软弱土层、土洞的存在和桩端与岩面接触的区别；刘明华通过两个高层建筑项目的刚性复合地基载荷试验反推出桩间土承载力折减系数为 0.9；马永峰等对 CFG 桩复合地基进行了复合地基静载试验，试验结果表明，桩间土承载力折减系数为 0.75，单桩承载力发挥系数取 0.9，试验的复合地基承载力约为计算值的 1.16 ~ 1.45 倍。以上的研究和工程试验结果均表明，岩溶地区复合地基承载力计算与一般地层条件不同，需要考虑溶（土）洞的折减效应。

韩建强等基于广东岩溶地区复合地基工程的实践经验，总结出岩溶地质 4 个方面的特征，分析了其对岩溶地区复合地基工作机理及地基承载力的影响，给出了各主要参数的取值原则，提出了考虑岩溶发育程度的岩溶地区复合地基承载力计算方法。用该方法对某实际工程进行了不同桩型复合地基的试算比选。

岩溶地区复合地基承载力计算远不如一般场地成熟和得到认同，而且涉及岩溶分布、发育程度等岩溶地质条件对复合地基承载力的研究不多。

7.1　复合地基承载力计算公式

复合地基是由碎石桩复合地基发展与演变而来的，现在的复合地基承载力计算理论是基于碎石桩复合地基提出的。它是根据力的平衡条件，将桩体的承载力和桩间土承载力叠加后得到复合地基的承载力。

现今工程界常用的岩溶地区复合地基桩型包括：碎石桩复合地基、高压旋喷桩复合地基、刚性桩复合地基和 CM 桩复合地基等，由于岩溶地区溶（土）洞的存在，导致碎石桩等散体材料桩复合地基桩身稳定性不足，桩身不容易成型。因此，岩溶地区主要考虑有粘结强度增强体复合地基，其桩体与桩间土构成的复合地基应力状态如图 7-1 所示。

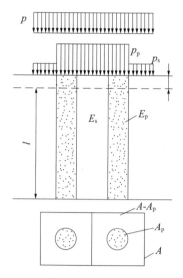

图 7-1　复合地基应力状态

（1）承载力特征值可按下式计算：

$$f_{spk} = m \frac{R_a}{A_p} + (1-m) f_{sk} \qquad (7\text{-}1)$$

引入单桩承载力发挥系数 λ 和桩间土承载力发挥系数 β 后，可得到规范中有粘结强度增强体复合地基承载力计算公式：

$$f_{spk} = \lambda m \frac{R_a}{A_p} + \beta (1-m) f_{sk} \qquad (7\text{-}2)$$

式中　λ——为单桩承载力发挥系数，可按地区经验确定；

　　　R_a——为单桩承载力特征值（kN）；

　　　A_p——为桩的截面面积（m^2）；

　　　β——为桩间土承载力发挥系数，可按地区经验确定；

　　　f_{sk}——桩间土承载力特征值。

岩溶地区的复合地基承载力计算讨论：根据式（7-2），岩溶地区复合地基承载力计算主要考虑的因素包括：单桩承载力特征值 R_a、单桩承载力发挥系数 λ、桩间土承载力特征值 f_{sk}、桩间土承载力发挥系数 β。

为方便描述，各规范名称及其简称如表 7-1 所示。

规范简称表　　　　　　　　　　　　　　　　　　　　表 7-1

规范名称	规范简称
《建筑地基处理技术规范》JGJ 79—2012	行标《地基处理规范》
《复合地基技术规范》GB/T 50783—2012	《复合地基规范》
《建筑地基基础设计规范》DBJ 15—31—2016	省标《地基基础规范》
《建筑地基处理技术规范》DBJ 15—38—2019	省标《地基处理规范》
《刚性—亚刚性桩三维高强复合地基技术规程》DBJ/T 15—79—2011	省标《CM 桩规范》
《刚—柔性桩复合地基技术规程》JGJ/T 210—2010	行标《CM 桩规范》

（2）复合地基承载力特征值应通过复合地基静荷载试验或采用增强体静荷载试验结果和其周边土的承载力特征值结合经验确定。初步设计时，有粘结强度增强体复合地基承载力特征值 f_{spk} 也可按下式估算：

$$f_{spk} = \lambda m \frac{R_a}{A_p} + \beta (1-m) f_{sk} \qquad (7-3)$$

式中　λ——单桩承载力发挥系数，可按地区经验取值。如无经验资料时，可取 0.9～1.0，当场地岩溶强烈发育时取低值，场地岩溶弱发育时取高值；

R_a——单桩竖向承载力特征值（kN）；

A_p——桩的截面积（m^2）；

m——面积置换率，$m = \dfrac{d^2}{d_e^2}$；d 为桩身平均直径（m），d_e 为一根桩分担的处理地基面积的等效圆直径（m）；等边三角形布桩 $d_e = 1.05s$，正方形布桩 $d_e = 1.13s$，矩形布桩 $d_e = 1.13\sqrt{s_1 s_2}$，s、s_1、s_2 分别为桩间距、纵向桩间距和横向桩间距；

f_{sk}——处理后桩间各土层承载力特征值的厚度加权平均值（kPa）；如无试验数据，可取各土层天然地基承载力特征值的厚度加权平均值（kPa）；

β——处理后桩间土承载力发挥系数，可按地区经验取值。如无经验资料时，可采用：① 对柔性桩（水泥土搅拌桩、高压旋喷桩）复合地基，当桩侧土全为淤泥、淤泥质土时，可取 0.2～0.4，对其他土层可取 0.6～0.9；② 对刚性桩复合地基，可取 0.8～0.9；③ 对刚—柔性桩复合地基，可取 0.65～0.9；④ 对于上述系数，土洞发育时或岩溶强烈发育时取低值，弱发育时取高值。

增强体单桩竖向承载力特征值 R_a 可按下式估算：

$$R_a = u_p \sum_{i=1}^{n} q_{si} l_{pi} + \alpha_p q_p A_p \qquad (7-4)$$

式中　u_p——桩的周长（m）；

q_{si}——桩周第 i 层土的侧阻力特征值（kPa），按地区经验确定。当无经验资料时，增强体范围内土洞处理后的侧摩阻力可取原土侧摩阻力的 0.8 倍；

l_{pi}——桩长范围内第 i 层土的厚度（m）；

α_p——桩端阻力发挥系数，应按地区经验确定。当无经验资料时，对于水泥土搅拌桩、高压旋喷桩，桩端端阻力发挥系数可取 0.7～1.0，岩溶强烈发育时取低值，弱发育时取高值；其他粘结材料桩的桩端端阻力发挥系数可取 1.0；

q_p——桩端端阻力特征值（kPa），可按地区经验确定；对于水泥土搅拌桩、旋喷桩应取未经修正的桩端地基土承载力特征值。

（3）有粘结强度复合地基增强体桩身强度计算：

1）对于混凝土灌注桩和预制桩，当不考虑桩身构造配筋的作用时，按式（7-5）验算桩身截面强度：

$$Q \leq \psi_c f_c A_p \qquad (7-5)$$

式中　Q——荷载效应基本组合下的桩顶轴向压力设计值（kN）；

ψ_c——工作条件系数，泥浆护壁灌注桩取 0.7～0.8，干作业桩 0.9，预制桩取 0.8～0.9。

2）对于水泥土搅拌桩或旋喷桩，按式（7-6）验算桩身截面强度：

$$Q \leqslant \eta f_{cu} A_p \tag{7-6}$$

式中　η——桩身水泥土强度折减系数，如表 7-2 所示；

　　　f_{cu}——与搅拌桩桩身水泥土配比相同的室内加固土试块（砂土和粉土采用边长 150mm 的立方体）在标准养护条件下 90d 龄期的立方体抗压强度平均值（kPa）。

桩身水泥土强度折减系数　　　　　　　　　　　　　　　　表 7-2

土名	湿法 η 值	备注
淤泥、淤泥质土、黏土	$0.20 \sim 0.30$	I_p 等于 17 时可取最大值，等于 22 时可取最小值，中间用插值法确定
粉质黏土及粉质黏土的填土	$0.25 \sim 0.30$	I_p 等于 10 时可取最大值，等于 17 时可取最小值，中间用插值法确定
粉土	$0.30 \sim 0.35$	—
砂土	$0.30 \sim 0.40$	—

注：I_p 表示塑性指数。

（4）当采用长—短桩复合地基时，对具有粘结强度的两种桩组合形成的复合地基承载力特征值 f_{spk} 的计算公式：

$$f_{spk} = \frac{\lambda_1 m_1 R_{a1}}{A_{p1}} + \frac{\lambda_2 m_2 R_{a2}}{A_{p2}} + \beta(1 - m_1 - m_2)f_{sk} \tag{7-7}$$

式中　A_{p1}、A_{p2}——分别为长桩和短桩的单桩截面积（m²）；

　　　R_{a1}、R_{a2}——分别为长桩和短桩单桩承载力特征值（kN）；

　　　m_1、m_2——分别为长桩和短桩的面积置换率；

　　　f_{sk}——处理后桩间各土层承载力特征值的厚度加权平均值（kPa）；如无试验数据，可取各土层天然地基承载力特征值的厚度加权平均值（kPa）；

　　　λ_1、λ_2——分别为长桩和短桩单桩承载力修正系数；应由单桩复合地基试验按等变形准则或多桩复合地基静载试验确定，也可按地区经验确定；

　　　β——桩间土地基承载力修正系数；如无经验资料时，可取 $0.9 \sim 1.0$，岩溶强烈发育时取低值，弱发育时取高值。

（5）复合地基处理范围以下存在软弱下卧层时，下卧层承载力验算公式：

$$p_z + p_{cz} \leqslant f_{az} \tag{7-8}$$

式中　p_z——荷载效应标准组合时，软弱下卧层顶面处的附加压力值（kPa）；

　　　p_{cz}——软弱下卧层顶面处地基土的自重压力值（kPa）；

　　　f_{az}——软弱下卧层顶面处经深度修正后的地基承载力特征值（kPa）。

7.1.1　单桩承载力特征值 R_a

复合地基单桩承载力特征值 R_a 一般包括：由桩周土和桩端土的抗力可能提供的竖向抗压承载力特征值，按式（7-9）计算；由桩体材料强度可能提供的单桩竖向抗压承载力特征值，按式（7-10）计算。设计上，单桩承载力特征值一般采用地基土抗力提供的 R_a 作为单桩承载力特征值，再根据 R_a 反算要求桩身水泥土的抗压强度 f_{cu}。

$$R_a = u \sum q_{sia} l_i + \alpha_p q_{pa} A_p \tag{7-9}$$

$$R_a = \eta f_{cu} A_p \tag{7-10}$$

式中　u——桩的周长（m）；

　　　q_{sia}——桩周第 i 层土的侧阻力特征值（kPa），无试验参数时可按规范取值；

　　　l_i——桩长范围内第 i 层土的厚度（m）；

　　　q_{pa}——桩端端阻力特征值（kPa），无试验参数时可按规范取值；

　　　α_p——桩端端阻力发挥系数；

　　　η——桩身强度折减系数；

　　　f_{cu}——与搅拌桩桩身水泥土配比相同的室内加固土试块在标准养护条件下 90d 龄期的立方体抗压强度平均值（kPa）。

由此可知，复合地基单桩承载力特征值主要包括六个影响因素，其中，桩长范围内第 i 层土的厚度 l_i 由地质条件决定；桩周第 i 层土的侧阻力特征值 q_{sia} 和桩身强度折减系数 η 的折减效应主要受岩溶地区土洞的影响，但一般来说，复合地基桩身范围内的土洞往往已经被填充，其对桩侧阻力的影响可忽略，与一般地区取值一致；桩端端阻力特征值 q_{pa} 主要受桩底溶洞的影响，其折减效应合并到桩端端阻力发挥系数中一并考虑；水泥土的抗压强度 f_{cu} 受施工和地质条件影响，合并到桩身强度折减系数考虑。这里主要讨论桩端端阻力发挥系数 α_p。

桩端端阻力发挥系数这一概念源自水泥搅拌桩，主要考虑到桩端为较硬土层时，水泥搅拌桩往往搅拌不彻底，其成桩质量不可靠，水泥土桩没能真正、完全支承在硬土层上，使得桩端土承载力不能充分发挥。

有关规范关于水泥土搅拌桩桩端端阻力发挥系数取值的规定如表 7-3 所示。

水泥土搅拌桩桩端端阻力发挥系数　表 7-3

文献出处	条文	参数取值	备注
《建筑地基处理技术规范》JGJ 79—2012	7.3.2	0.4 ~ 0.6	—
《复合地基技术规范》GB/T 50783—2012	6.2.4	0.4 ~ 0.6	承载力高时取低值
广东省标准《建筑地基处理技术规范》DBJT 15—38—2019	8.2.3	0.6 ~ 0.8	—
广东省标准《刚性—亚刚性桩三维高强度复合地基技术规程》	4.3.5	0.6 ~ 1.0	铺设褥垫层后可取 1.0
林奕禧等	—	不宜小于 1	—

从表 7-3 可见，广东省标准《建筑地基处理技术规范》DBJT 15—38—2019 对水泥土搅拌桩桩端端阻力发挥系数的取值高于行标《建筑地基处理技术规范》JGJ 79—2012。另外，考虑到目前搅拌桩机的动力已有较大的改进，标贯计数 12 击以下的黏性土均可顺利搅动。一般情况下，搅拌桩桩端施工质量有保证，所以桩端端阻力发挥系数可以提高到 0.8 ~ 1.0。但在岩溶区，一方面由于岩面起伏较大，桩端容易落入倾斜的岩面上，并且，桩底可能会存在溶洞，影响了桩端阻力的发挥；另一方面上覆土层厚薄、软硬不一，对桩端施工质量产生影响，因此，考虑到岩溶地质条件的折减系数，岩溶地区的水泥土搅拌桩、高压旋喷桩的桩端端阻力发挥系数可适当降低，取 0.7 ~ 1.0。尤其当岩溶强烈发育时，其折减效应更为明显，取低值；弱发育时取高值。其他粘结材料桩的桩端端阻力发挥系数可取 1.0。

7.1.2 单桩承载力发挥系数 λ

单桩承载力发挥系数是指复合地基破坏时桩体抗压承载力的发挥程度，是复合地基承载力计算新引入的概念。2002 版及其以前的《建筑地基处理技术规范》（JGJ 79）没有对复合地基单桩承力的发挥提出限制，认为当复合地基破坏时桩体抗压承载力的发挥是比较充分的，即单桩承载力发挥系数 λ 取 1.0。但经过大量现场试验，认为桩的承载力一般都存在一定的折减，即复合地基在破坏时，其单桩承载力不一定完全发挥。现行各规范通过单桩承载力发挥系数 λ 对复合地基承载力进行了折减，如表 7-4 所示。

单桩承载力发挥系数 λ

表 7-4

文献出处	复合地基类型	λ	备注
《建筑地基技术处理规范》 JGJ 79—2012	水泥土搅拌桩	1.0	7.3.3 条
	旋喷桩	试验确定	7.4.3 条
	夯实水泥土桩	1.0	7.6.2 条
	水泥粉煤灰碎石桩	0.8 ～ 0.9	7.7.2 条
	多桩型	试验确定	7.9.6 条
《复合地基技术规范》 GB/T 50783—2012	深层搅拌桩	0.85 ～ 1.0	
	高压旋喷桩	1.0	
	刚性桩[1]	1.0	

注：1. 刚性桩复合地基包括钢筋混凝土桩、素混凝土桩、预应力管桩、大直径薄壁筒桩、水泥粉煤灰碎石桩（CFG）、二灰混凝土桩和钢管桩等复合地基；

2. 为桩体竖向抗压承载力的修正系数 β_p，$\beta_p = k_p \lambda_p$。其中，k_p 为复合地基中桩体实际竖向抗压承载力的修正系数，即桩体实际抗压承载力与自由单桩抗压承载力的差异，多数情况下稍大于 1.0，一般情况下可取 1.0；λ_p 为桩体竖向抗压承载力发挥系数，反映复合地基破坏时桩体竖向抗压承载力发挥程度。

CFG 桩复合地基承载力计算时，单桩承载力发挥系数取 0.9。通过对比 CFG 桩复合地基静荷载试验，其试验的复合地基承载力特征值 / 计算值为 1.06 ～ 1.45。可见现场试验的地基承载力大于理论计算值，说明实际的单桩承载力发挥系数大于 0.9。

另外，广东省标准《刚性—亚刚性桩三维高强复合地基技术规程》DBJT 51—79—2011 规定了多桩型的 CM 桩复合地基（C 桩、M 桩和桩间土共同工作）的承载力特征值按下式计算：

$$f_{spk} = \frac{\eta_c m_c R_{ac}}{A_{pc}} + \frac{\eta_m m_m R_{am}}{A_{pm}} + \eta_s (1 - m_c - m_m) f_{ak} \tag{7-11}$$

式中　η_c——C 桩参与工作系数，可取 0.7 ～ 0.8（柔性基础）、0.9 ～ 1.0（刚性基础，薄垫层取高值）；

　　　η_m——M 桩参与工作系数，可取 0.95 ～ 1.0；

　　　η_s——土参与工作系数，可取 1.0 ～ 1.2（淤泥及淤泥质土取 1.0，黏土、粉质黏土可取 1.1 ～ 1.2）。

由上述分析可看出，复合地基单桩承载力发挥系数取值在 0.9 ~ 1.0，除 12《地基处理技术规范》高压旋喷桩、多桩型复合地基宜由试验确定，水泥粉煤灰碎石桩复合地基取 0.8 ~ 0.9 外，其余情况下，均取 1.0；《复合地基规范》除深层搅拌桩复合地基取 0.85 ~ 1.0，其余情况下，均取 1.0；广东省标准《刚性－亚刚性桩三维高强复合地基技术规程》DBJ/T 51—79—2011 取 0.9 ~ 1.0。

复合地基中单桩承载力发挥系数反映的是复合地基破坏时桩体竖向抗压承载力发挥程度，它的取值受下列因素影响：

（1）当基础刚性较大时，复合地基中桩体先发生破坏，桩体承载力发挥较充分，《复合地基规范》第 5.2.1 条的条文说明中认为桩体竖向抗压承载力发挥程度系数，混凝土基础时可取 1.0。对于建筑工程而言，多数采用混凝土基础，所以其值可取 1.0。

（2）褥垫层越厚，桩间土承担的应力越大，桩土应力比越低。当褥垫层厚度很大时，桩土应力比接近于 1，此时桩分担的荷载很小。所以，在较厚褥垫层的情况下，复合地基破坏时桩体承载力难以充分发挥，λ 宜取低值 0.9。

（3）桩间土较软弱时，桩体刚度远大于桩间土刚度，桩间土分担的荷载很小，桩土应力比较高，复合地基破坏时桩体承载力得以充分发挥，λ 宜取高值，可取 1.0。

（4）当地质报告提供的地质参数使得单桩承载力和天然地基承载力存在较大的富余值时，桩体承载力发挥系数和桩间土承载力发挥系数均可达到 1.0。

综上所述，增强体单桩承载力发挥系数在采用钢筋混凝土基础时可取 1.0，但考虑到覆盖型岩溶地区潜在溶（土）洞在复合地基破坏时影响单桩承载力的发挥，故建议取 0.9 ~ 1.0，当场地岩溶发育程度为强烈发育时取低值，当场地岩溶发育程度为弱发育时取高值。

7.1.3 处理后桩间土承载力特征值 f_{sk}

一般来说，对地基基础稳定性有较大影响的岩溶区上覆土层厚度通常不是太厚，多在几米到二十几米，层数较多，厚度极不均匀，且各岩土层性质差异较大、软硬不一，土层地基承载力亦相差较大，同一土层沿深度的差异性也较明显。多数情况下，接近岩面的土层软弱，地基承载力极低。

实际工程设计中，设计人员往往取场地中最软土层的地基承载力特征值作为复合地基中处理后的桩间土承载力特征值，这是不合理的。因为若取较软的土层地基承载力，则 f_{sk} 取值较低，忽略了承载力较大的土层的承载作用，承载力计算结果偏保守；而若取较硬的土层进行计算，f_{sk} 取值较高，复合地基承载力偏高，不安全。考虑到复合地基桩间土承载力不仅仅由最软弱的土层来决定，还会受到更多的其他土层因素的影响，f_{sk} 取桩长范围内土层的承载力特征值的加权平均值作为地层承载力特征值，经验算，计算结果与实际较为符合。因此建议岩溶地区桩间土承载力 f_{sk} 取桩体长度范围内桩间土各土层承载力特征值的加权平均值，可按式（7-12）计取。

$$F_{sk} = \frac{\sum_{i=1}^{n} f_{ski} H_i}{\sum_{i=1}^{n} H_i} \tag{7-12}$$

式中 F_{sk}——处理后桩间各土层承载力特征值的加权平均值（kPa）；

$\quad\quad F_{ski}$——处理后第 i 层土承载力特征值，可按地区经验确定；

$\quad\quad H_i$——处理后第 i 层土的厚度（m）。

另外需要指出的是，土洞内的充填物对其承载力影响较大。通过理论分析和计算得出岩溶地基中土洞内存在充填物，且充满整个土洞时，地基的承载力大大提高，充填物的存在，基本上可以消除土洞本身带来的对地基承载力的不利影响。在现有的岩溶地区建筑中，预先进行溶（土）洞处理后的桩间土承载力特征值可按无溶洞的情况处理。但考虑到充填的密实度和地下水位的影响，桩间土承载力特征值可考虑适当折减。但是，以往的复合地基桩间土的承载力计算忽略了各土层埋置深度的有利影响，其实际承载力较计算值偏高，溶（土）洞的折减效应与埋置深度的有利影响相互抵消。经处理后的桩间土承载力可以不进行折减。

7.1.4 桩间土承载力发挥系数 β

在复合地基承载力计算中，与单桩承载力发挥系数 λ 相配合使用的是桩间土承载力发挥系数 β，它反映的是复合地基破坏时桩间土地基承载力的发挥程度。

桩间土承载力发挥系数 β 表 7-5

文献	桩体类型	参数取值	备注
《建筑地基处理规范》 JGJ 79—2002	水泥土搅拌桩	$0.1 \sim 0.4$	当 $f_{ak} > \overline{f}_{sk}$ 时
		$0.5 \sim 0.9$	当 $f_{ak} \leqslant \overline{f}_{sk}$ 时
	水泥粉煤灰碎石桩	$0.75 \sim 0.95$ [1]	
《建筑地基处理规范》JGJ 79—2012	水泥粉煤灰碎石桩	$0.9 \sim 1.0$	
	水泥土搅拌桩	$0.1 \sim 0.4$	处理土层
		$0.4 \sim 0.8$	其他土层
	多桩复合地基	$0.9 \sim 1.0$ [1]	
《复合地基规范》	水泥土搅拌桩	$0.1 \sim 0.4$	当 $f_{ak} > \overline{f}_{sk}$ 时
		$0.5 \sim 0.95$	当 $f_{ak} \leqslant \overline{f}_{sk}$ 时
	刚性桩	$0.65 \sim 0.9$ [1]	$\beta_s = k_s \lambda_s^2$
行标《CM 桩规范》	刚—柔性桩	$0.5 \sim 0.9$ [1]	褥垫层较厚时取高值
	柔性桩	$0.7 \sim 0.95$	
	刚性桩	1.0	
文	混合桩型	1.0	淤泥
		$1.1 \sim 1.2$	淤泥外的其他土层
文	刚性桩	$0.7 \sim 0.9$	
	CFG 桩	> 0.75	岩溶区复合地基
文		0.8	岩溶区 CFG 桩

[1] 应结合具体工程按地区经验进行取值，此表为无地区经验时的取值；

注：1. K_s 为复合地基中桩间土地基实际承载力的修正系数，多数情况下大于 1.0；λ_s 为桩间土地基承载力发挥系数，反映复合地基破坏时桩间土地基承载力发挥度，混凝土基础下取值宜小于 1.0；

    2. f_{ak} 为桩端土未经修正的承载力特征值；$\overline{f}_{sk}$ 为桩周土的承载力特征值的平均值。

从表 7-5 中可见，对桩间土承载力发挥系数的取值基本一致，仅在 $f_{ak} \leqslant \overline{f}_{sk}$ 时，β 值由 0.5 ～ 0.9 变为 0.5 ～ 0.95。但《建筑地基处理规范》JGJ 79—2012 第 7.3.3 条规定，对水泥土搅拌桩复合地基，对淤泥、淤泥质土和流塑状软土等处理土层，β 可取 0.1 ～ 0.4，对其他土层可取 0.4 ～ 0.8。却没有如《建筑地基处理规范》JGJ 79—2002 规范那样，明确根据桩端土与桩侧土强度的差别来选用桩间土承载力发挥系数，只是在条文说明中，要求桩端持力层土强度高时取低值。

上述文献提出根据桩端土与桩周土的差异来选取水泥土搅拌桩复合地基桩间土承载力发挥系数 β。主要理由如下：

1）水泥土搅拌桩通常用于软弱土的处理，桩侧土多为软弱土，如相关规范规定，深层搅拌法适用于处理淤泥、淤泥质土、粉土和含水量较高且地基承载力标准值不大于 120kPa 的黏性土等地基。

2）水泥土搅拌桩的桩间软土具有变形模量低，易变形特征。当桩端土较硬时，桩沉降量较小，桩间土相对于桩的变位不大，则桩间软土的承载力就难以发挥作用。反之，当桩端土较软时，桩沉降量较大，桩间土相对于桩的变位较大，则桩间软土的承载力就可以充分发挥作用。

一般情况下，在淤泥较厚场地不适宜使用水泥土搅拌桩复合地基作为建筑物地基。在实际工程中，水泥土搅拌桩复合地基作为建筑物地基时，基底压力影响范围内桩侧土全部为淤泥的极为少见，通常是存在一定厚度的淤泥软土。所以，桩端土的软硬不是影响桩间土承载力发挥的主要因素。

考虑到岩溶地区岩面起伏较大，上覆土层厚薄不一，桩体复合地基实际形成长 - 短桩复合地基。根据叶观宝等的研究表明，通过对天然地基，桩端为砂土的 6.0m 长 CFG（素混凝土桩）复合地基，边桩端为灰岩、中间桩端为软塑黏土的 9.0m 长 CFG（素混凝土桩）复合地基，桩端为灰岩、边桩长 9.0m、中间桩长 11m 的长—短桩 CFG 复合地基四种工况的有限元分析表明，复合地基承载力按由大至小排序为：长—短桩复合地基＞长桩复合地基＞短桩复合地基。由此看出，长—短桩复合地基有利于调动桩间土承载力的发挥，其发挥程度大于水泥土搅拌桩复合地基。故建议岩溶地区水泥土搅拌桩复合地基的桩间土承载力发挥系数按以下原则取值：当桩侧土全为淤泥、淤泥质土时，β 可取 0.2 ～ 0.4，对其他土层可取 0.6 ～ 0.95。

综上所述，岩溶地区复合地基桩间土承载力发挥系数可按以下原则取值：

1）对于水泥土搅拌桩（高压旋喷桩）复合地基，当桩侧土全为淤泥、淤泥质土时，β 取 0.2 ～ 0.4，对其他土层可取 0.6 ～ 0.95，土洞发育时取低值。

2）对于刚性桩复合地基，桩间土承载力发挥系数 β 可取 0.8 ～ 0.9。岩溶强发育时取低值，微发育时取高值。

3）对于刚—柔性桩复合地基，桩间土承载力发挥系数 β 可取 0.6 ～ 0.9，岩溶强发育时取低值，微发育时取高值。

4）对于长—短桩复合地基，桩间土承载力发挥系数 β 可取 0.9 ～ 1.0，岩溶强发育时取低值，微发育时取高值。

7.2 变形计算

复合地基的变形量（s）由垫层压缩变形量、加固区复合土层压缩变形量（s_1）和加固区下卧土层压缩变形量（s_2）组成。当垫层压缩变形量小，且在施工期已基本完成时，其变形可忽略不计。复合地基变形量（s）可按下式计算：

$$s = s_1 + s_2 \tag{7-13}$$

式中 s_1——复合地基加固区复合土层压缩变形量（mm）；

s_2——加固区下卧土层压缩变形量（mm）。

柔性桩复合地基加固区复合土层压缩变形量（s_1）可按下式计算：

$$s_1 = \psi_{s1} \sum_{i=1}^{n} \frac{\Delta p_i}{E_{spi}} l_i \tag{7-14}$$

$$E_{spi} = mE_{pi} + (1 - m) E_{si} \tag{7-15}$$

式中 ψ_{s1}——复合地基加固区复合土层压缩变形量计算经验系数，根据复合地基类型、地区实测资料及经验确定；

Δp_i——第 i 层土的平均附加应力增量（kPa）；

E_{spi}——第 i 层复合土体的压缩模量（kPa）；

E_{pi}——第 i 层桩体压缩模量（kPa）；

E_{si}——处理后的第 i 层桩间土压缩模量（kPa），宜按当地经验取值，如无经验，可取天然地基压缩模量；

l_i——第 i 层土的厚度（m）。

刚性桩复合地基加固区复合土层变形量（s_1）可按下式计算：

$$s_1 = \psi_s' s' = \psi_s \sum_{i=1}^{n} \frac{p_0}{E_{si}} (z_i \bar{\alpha}_i - z_{i-1} \bar{\alpha}_{i-1}) \tag{7-16}$$

式中 ψ_s'——复合地基加固区复合土层压缩变形量计算经验系数，根据复合地基类型、地区实测资料及经验确定；

s'——按分层总和法计算出的地基变形量（mm）；

p_0——相应于作用的准永久组合时基础底面处的附加压力（kPa）；

E_{si}——第 i 层土复合地基压缩模量（MPa）；

z_i、z_{i-1}——基础底面至第 i 层、第 $i-1$ 层土底面的距离（m）；

$\bar{\alpha}$、$\bar{\alpha}_{i-1}$——基础底面计算点至第 i 层、第 $i-1$ 层土底面范围内的平均附加应力系数。

刚性桩复合地基中各复合土层压缩模量等于该天然地基压缩模量的 ξ 倍，ξ 值可按下式确定：

$$\xi = \frac{f_{spk}}{f_{ak}} \tag{7-17}$$

式中 f_{spk}——复合地基承载力特征值（kPa）；

f_{ak}——基础底面下各天然地基土承载力特征值的加权平均值（kPa）。

复合地基加固区下卧土层压缩变形量（s_2）可按下式计算：

$$s_2 = \psi_{s2}' \sum_{i=1}^{n} \frac{\Delta p_{i2}}{E_{spi}} l_i \tag{7-18}$$

式中 ψ'_{s2}——复合地基加固区下卧土层压缩变形量计算经验系数，根据复合地基类型、地区实测资料及经验确定；

Δp_{i2}——第 i 层土的平均附加应力增量（kPa），刚性桩复合地基宜采用等效实体法计算，柔性桩复合地基宜采用压力扩散法计算；

E_{spi}——基础底面下第 i 层土的压缩模量（kPa）。

复合地基的沉降计算经验系数 ψ_s 可根据地区沉降观测资料统计值确定，无经验取值时，可采用表 7-6 的数值。

沉降计算经验系数 ψ_s
表 7-6

$\overline{E}_s$（MPa）	4.0	7.0	15.0	20.0	35.0
ψ_s	1.0	0.7	0.4	0.25	0.2

注：1. ψ'_{s1} 和 ψ'_{s2} 可参考上文执行；

2. $\overline{E}_s$ 为变形计算深度范围内压缩模量的当量值，应按下式计算。

$$\overline{E}_s = \frac{\sum_{i=1}^{n} A_i + \sum_{j=1}^{m} A_j}{\sum_{i=1}^{n} \dfrac{A_i}{E_{spi}} + \sum_{j=1}^{m} \dfrac{A_j}{E_{sj}}} \tag{7-19}$$

$$A_i = z_i \overline{\alpha}_i - z_{i-1} \overline{\alpha}_{i-1} \tag{7-20}$$

$$A_j = z_j \overline{\alpha}_j - z_{j-1} \overline{\alpha}_{j-1} \tag{7-21}$$

式中 A_i、A_j——加固土层第 i 层、第 j 层土附加应力系数沿土层厚度的积分值；

z_i、z_j——基础底面至第 i 层、第 j 层土底面的距离（m）；

$\overline{\alpha}_i$、$\overline{\alpha}_j$——基础底面计算点至第 i 层、第 j 层土底面范围内的平均附加应力系数。

7.3 复合地基设计原则

1）复合地基设计前，应在有代表性的场地上进行现场试验或试验性施工，以确定设计参数和处理效果。复合地基强调由地基土和增强体共同承担荷载，对地基土欠固结、可液化或存在土洞或塌陷等特殊土，必须选用适当的增强体和施工工艺，消除欠固结性、液化性、塌陷性等，才能形成复合地基。岩溶地区复合地基的设计、施工参数有很强的地区性，因此强调在没有地区经验时应在有代表性的场地上进行现场试验或试验性施工，并进行必要的测试，以确定设计参数和处理效果。

2）复合地基竖向增强体范围内需要处理的溶（土）洞，宜结合复合地基施工一并处理。复合地基设计应同时考虑土洞、溶洞等岩溶处理。复合地基多数为桩体复合地基，可以利用桩体施工时，对溶（土）洞进行处理。如长螺旋钻孔压灌桩是利用混凝土泵将混凝土从钻头底压出，边压灌混凝土边提升钻头成桩的，其施工时，利用压出的混凝土可同时对已有土洞、开口溶洞及溶槽进行填堵处理，不必另行专门处理，节约工期与造价。

3）增强体是保证复合地基工作、提高地基承载力、减少变形的必要条件，其施工质量必须得到保证。因此对散体材料复合地基增强体应进行密实度检验；对有粘结强度复合地基增强体应进行强度及桩身完整性检验。

4）复合地基的桩间土和桩共同承担荷载，施工工艺对桩间土承载力有影响时还应进行桩间土承载力检验。

5）复合地基承载力的验收检验应采用复合地基静荷载试验，对有粘结强度的复合地基增强体尚应进行单桩静荷载试验，施工工艺对桩间土承载力有影响时还应进行桩间土承载力检验。复合地基承载力的确定方法，应采用复合地基静载荷试验的方法。桩体强度较高的增强体，可以将荷载传递到桩端土层。当桩较长时，由于静荷载试验的荷载板宽度较小，不能全面反映复合地基的承载特性。因此单纯采用单桩复合地基静载荷试验的结果来确定复合地基承载力特征值，可能会因载荷板面积或褥垫层厚度对复合地基静载荷试验的结果产生影响。所以，对复合地基的增强体进行单桩静载荷试验，保证增强体桩身质量和承载力，是保证复合地基满足建筑物地基承载力要求的必要条件。考虑到技术可靠、经济合理，褥垫层宜取 150～400mm，当桩径大、桩距宽、土层压缩性高时，褥垫层厚度取大值，反之取小值；当桩端持力层为岩溶岩面时，宜适当增加褥垫层厚度。

6）岩溶地区复合地基应设褥垫层。褥垫层设置的范围、厚度及材料，应根据复合地基形式、桩土相对刚度和工程地质条件等因素综合确定，褥垫层的夯填度不应大于 0.9。广东岩溶地区的岩面上覆盖土层不是太厚，通常约 10～25m，且岩面起伏较大，对于一些变形控制较严格的高层建筑，在进行复合地基设计时，都会将桩端支承于岩面，多数桩为摩擦端承桩。在实际工程中，由于岩溶地质特征（上硬下软），桩基施工时多数桩端入岩。所以，必须设置褥垫层，使桩体能够在荷载的作用下发生向上的刺入变形，以保证增强体和桩间土共同承担荷载。褥垫层材料宜采用中粗砂（含泥量不得大于 5%）、级配砂石或碎石，最大粒径不宜大于 30mm。褥垫层施工应分层压实，分层厚度不大于 200mm，厚度偏差不应大于 ±20mm；褥垫层的铺设宜采用静力压实法，夯填度不得大于 0.9。褥垫层与基础间宜铺设 C15 素混凝土垫层，垫层厚度宜取 100mm。同时，应采取必要措施避免地表水与褥垫层有水力联系。

7）岩溶地区不宜采用散体材料增强体复合地基。砂桩、砂石桩和碎石桩等散体材料桩形成的复合地基，桩身质量可靠性不强、单桩承载力低，耐冲刷能力差。岩溶地区地下水流动性很强，在地下水长期冲刷下，会严重损坏散体材料桩桩身质量，并导致单桩承载力下降，故在岩溶区不提倡使用散体材料增强体的复合地基。

8）岩溶地区复合地基的增强体应穿过软弱土层或可液化土层进入承载力相对较高、压缩性较低的土层。从减少地基的变形量方面考虑，桩长应穿透软土层到达强度较高之土层，在深厚淤泥及淤泥质土层中应避免采用"悬浮"桩型。

9）在复合地基使用过程中，通过桩与土变形协调使桩与土共同承担荷载是复合地基的本质和形成条件。端承桩几乎没有沉降变形，只能通过垫层协调桩、土相对变形，由于各种原因，如地下水位下降引起地面沉降，当基础与桩间土脱开后，桩间土将不再承担荷载，故宜对端承桩的应用有所限制，建议采用摩擦型桩。但在实际工程中，岩溶场地的上覆土层多数不是太厚，复合地基中的桩往往支承于岩面，形成事实上的摩擦端承桩。所以，对于桩端支承于岩面的情况，宜通过降低单桩承载力（增加桩数），同时增加褥垫层的厚度，以使桩向上有较大的刺入变形来实现桩和土共同承担荷载。因此，岩溶地区刚性桩复合地基中的刚性桩宜采用摩擦型桩；当桩端持力层为岩面时，宜适当增加褥垫层厚度和降低单桩承载力。

10）长—短桩复合地基中，长桩宜支承在较好的土层上，短桩宜穿过浅层软弱土层。当长桩持力层为岩面时，应综合考虑上覆土层厚度、土洞处理、溶洞发育情况等影响。长—短桩复合地基中，长桩的单桩承载较高，长桩的持力层选择是复合地基沉降控制的关键因素，大量工程实践表明，选择较好土层作为持力层可明显减少沉降。但桩端位于岩溶岩面时，由于岩溶区的岩石较硬，桩端几乎无下沉，复合地基的变形以对褥垫层刺入为主，不利于发挥桩间土及短桩的作用，甚至造成破坏。因此，不但应当加大褥垫层厚度，还应复核长桩下溶洞顶板的承载能力及稳定性，必要时应进行岩溶处理。

11）岩溶发育区基岩面上存在饱和砂类土层时，不应将其作为复合地基的持力层。岩溶发育地区，基岩面上存在饱和砂类土层时，其砂土易通过溶洞、溶槽等流失，应视为地面易塌陷区。所以，当未对岩溶进行处理，使其上覆盖土层稳定时，不应作为复合地基的持力层。

12）经处理后的地基，当在受力层范围内仍存在软弱下卧层时，应进行软弱下卧层地基承载力验算。

13）按地基变形设计或应作变形验算且需进行地基处理的建筑物或构筑物，应对处理后的地基进行变形验算。

14）处理后地基的整体稳定性分析可采用圆弧滑动法，其稳定安全系数不应小于1.3。散体加固材料的抗剪强度指标，可按加固体材料的密实度通过试验确定。

15）岩溶地区复合地基竖向增强体应深入设计要求安全度对应的危险滑动面下至少2.5m或到达基岩面。

第8章 岩溶地区桩基础

本章以岩溶区的工程地质条件为基础，结合多年的工程实践以及科研成果，提出了一系列岩溶区桩基设计的方法与实践经验，主要包括：承载力计算、持力层选用、施工措施等内容。基桩设计的一般要求及其变形计算等内容可参照相关书籍。

8.1 岩溶地区单桩承载力计算

8.1.1 非嵌岩桩单桩承载力计算

通常情况下，岩溶区上覆盖土层都有土洞存在。岩溶发育且土洞较多时，已探明的土洞，在桩基施工时可以处理，但未探明的土洞及在使用期间会形成土洞的潜在土洞，都会降低桩基的承载力，故应根据岩溶发育程度对岩溶区单桩桩侧阻力进行折减。

非嵌岩桩桩端持力层一般为坚硬土层、全风化、强风化岩层。考虑桩端持力层下就是岩溶基岩面，而岩溶区的岩面起伏较大，桩端不可能全断面落在可靠岩石上，根据多个桩基处理项目所做的 CT，有的桩端 50% 区域落在岩石上，更有甚者，桩端仅与岩石局部连接。故有必要在计算桩端阻力时考虑这一事实。

当需根据土的物理指标与承载力之间的经验关系确定岩溶地区单桩竖向承载力特征值时，可按下式进行估算：

$$R_a = \alpha_1 u \sum q_{sia} l_i + \alpha_2 q_{pa} A_p \tag{8-1}$$

式中　q_{sia}——桩侧第 i 层土的侧阻力特征值（kPa）；

　　　q_{pa}——桩端持力层端阻力特征值（kPa）；

　　　u——桩身周长（m）；

　　　l_i——桩侧各岩土层的厚度（m）；

　　　A_p——桩端截面面积（m²），对于扩底桩，取扩底截面面积；

　　　α_1——考虑岩溶、潜在土洞的桩侧土阻力折减系数，当岩溶弱发育时，可取 0.95～1.0；当岩溶中等发育时可取 0.85～0.95；当岩溶强烈发育时可取 0.75～0.85；

　　　α_2——考虑岩溶发育程度的桩端阻力折减系数，当岩溶弱发育时，可取 0.9～1.0；当岩溶中等发育时可取 0.8～0.9；当岩溶强烈发育时可取 0.7～0.8。

8.1.2 嵌岩桩单桩承载力计算

岩溶发育区，当计算岩石对桩的侧阻力和桩端阻力时，考虑到岩面起伏大，溶洞、溶沟、溶槽分布的非均匀性和形状复杂性，桩侧与岩石之间很难完全接触，更有甚者桩端或桩侧几乎完全悬空，这已被实际工程的 CT 测试结果所证实。因此，单桩承载力计算时应考虑岩溶发育程度对桩侧岩层厚度、侧阻力和端阻力的折减效应。

对于桩端进入中、微风化岩层的嵌岩桩，单桩竖向承载力特征值可按下列公式进行估算：

$$R_a = R_{sa} + R_{ra} + R_{pa} \tag{8-2-1}$$

$$R_{sa} = \alpha_1 u \sum q_{sia} l_i \tag{8-2-2}$$

$$R_{ra} = k_2 u_p \sum c_2 f_{rs} h_{ri} \tag{8-2-3}$$

$$R_{pa} = k_1 c_1 f_{rp} A_p \tag{8-2-4}$$

式中　R_{sa}——桩侧土总摩阻力特征值（kN）；

　　　　R_{ra}——桩侧岩总摩阻力特征值（kN）；

　　　　R_{pa}——持力岩层桩端总端阻力特征值（kN）；

　　　　u_p——桩嵌岩段截面周长（m）；

　　　　h_{ri}——嵌岩深度（m），当岩面倾斜时以低点起计；

　　c_1、c_2——系数，根据岩石完整程度等因素而定，按表 8-1 采用；

　　f_{rs}, f_{rp}——分别为桩侧岩层和桩端岩层的岩样天然湿度单轴抗压强度（kPa）；

　　　　k_1——考虑岩溶发育的桩端岩石端阻力修正系数，当岩溶弱发育时，可取 0.85 ～ 1.0；当岩溶中等发育时可取 0.75 ～ 0.85；当岩溶强烈发育时可取 0.65 ～ 0.75；

　　　　k_2——考虑岩溶发育的桩侧岩石层（不包括强风化层和全风化层）侧阻力修正系数，当岩溶弱发育时，可取 0.9 ～ 1.0；当岩溶中等发育时可取 0.8 ～ 0.9；当岩溶强烈发育时可取 0.7 ～ 0.8，桩侧各岩层厚度宜大于 2m；

　　　　l_i——桩嵌入各岩层部分的厚度（m）。

系数 c_1、c_2 值　　　　　　　　　　　　表 8-1

岩石层情况	c_1	c_2
完整、较完整	0.6	0.06
较破碎	0.5	0.05
破碎、极破碎	0.4	0.04

注：1. 当嵌岩深度小于或等于 0.5m 时，c_1 乘以 0.75 的折减系数，$c_2 = 0$；

　　2. 桩端扩大头时，扩大头斜面部分，$c_2 = 0$；

　　3. 对于冲（钻）孔桩，表中数值乘以 0.7 ～ 0.9，长桩宜取低值；

　　4. 对于中风化层作为持力层的情况，c_1、c_2 应分别乘以 0.75 的折减系数；

　　5. 软化系数 ≤ 0.6 的软质岩，施工时无可靠措施缩短桩端基岩暴露时间者，表中数值乘以 0.8。

8.1.3　抗拔桩承载力计算

当桩基承受拔力时，可按以下方法进行抗拔力验算：

$$R_{ta} = \alpha_a u_p \sum \lambda_i q_{sia} l_i + G_0 \tag{8-3}$$

式中　G_0——桩自重（kN），地下水位以下取有效重度计算；

　　　　q_{sia}——桩侧岩土摩阻力特征值（kN）；

　　　　u_p——桩周长（m），$u_p = \pi d$，对于扩底桩（扩底直径为 D），可按表 8-2 取值；

λ_i——抗拔桩侧摩阻力折减系数，可按表 8-3 取值；

α_a——考虑岩溶、潜在土洞及岩面起伏的修正系数，当岩溶弱发育时，可取 0.9 ～ 1.0；当岩溶中等发育时可取 0.8 ～ 0.9；当岩溶强烈发育时可取 0.7 ～ 0.8。

l_i——桩侧嵌入各岩土层的厚度（m）。

扩底抗拔桩破坏面周长取值　　　　　　　　表 8-2

桩长／桩径	≤ 5	> 5
u_p	πD	πd

注：D 表示扩底直径，d 表示桩身直径。

抗拔桩侧摩阻力折减系数宜通过现场试验确定，表 8-3 中的数据对于一些场地可能会偏高，比如深圳前海地区部分工程，最低仅为 0.2 ～ 0.3（灌注桩）。桩身混凝土强度应满足桩的承载力设计要求。对于轴心受压的混凝土灌注桩和预制桩，可按相关规范验算桩身强度。

抗拔桩侧摩阻力折减系数　　　　　　　　表 8-3

岩土类型	λ_i
砂土	0.4 ～ 0.6
黏性土、粉土	0.6 ～ 0.7
软质中、微风化岩	0.7 ～ 0.8
硬质中、微风化岩	0.8 ～ 0.9

注：1. 钻（冲、旋挖）孔桩取表中较小值；
　　2. 桩长与桩径之比小于 20 时，取表中较小值。

8.2　岩溶地区桩端持力层厚度确定

由于岩溶空洞，尤其是串珠状溶洞的存在，岩溶地区桩端持力层确定是工程难题。《建筑地基基础设计规范》GB 50007—2011 第 8.5.6 条第 6 款规定，嵌岩灌注桩桩端以下 3 倍桩径且不小于 5m 范围内应无软弱夹层、断裂破碎带和洞穴分布、且在桩底应力扩散范围内无岩体临空面。《建筑桩基技术规范》JGJ 94—2008 第 3.3.3 条第 5 款规定，当存在软弱下卧层时，桩端以下硬持力层厚度不宜小于 3D。但是，在岩溶地区由于串珠状溶洞或软弱夹层的存在，难以找到符合要求的持力层。

本节根据桩基的承载机理，从溶洞顶板在桩基荷载作用下的力学特性进行分析，讨论溶洞顶板的安全性及桩端持力层厚度与桩侧阻力的相互关系。

8.2.1　计算模型

根据相关资料和工程试验，灰岩地区的岩石抗压、抗拉和抗剪强度存在如下大致关系：

岩石抗拉强度与单轴抗压强度的关系：$f_t = \left(\dfrac{1}{10} - \dfrac{1}{20} \right) f_r$

岩石抗剪强度与单轴抗压强度的关系：$\tau = \dfrac{1}{12} f_r$

桩端阻力与单轴抗压强度的大致关系：$R_{pa} = \dfrac{1}{3} f_r$

将溶洞顶板简化为平板，桩端下持力层存在溶洞的顶板冲切计算简图，如图 8-1 所示。

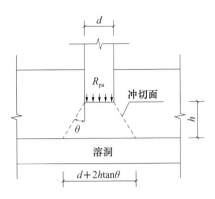

图 8-1 桩端下持力层存在溶洞的顶板冲切计算简图

8.2.2 抗冲切验算

关于冲切承载力计算公式，按《混凝土结构设计规范》GBJ 10—89 第 4.4.1 条规定，为 $F_l \leqslant 0.6 f_t u_m h_0$

按《混凝土结构设计规范》GB 50010—2010（2015年版）第 4.4.1 条规定，为 $F_l \leqslant 0.7 \beta_h \eta f_t u_m h_0$，其中，$\beta_h = 0.9 \sim 1.0$，可取 0.9。

综合取抗冲切承载力计算公式为：

$$F_l \leqslant 0.63 f_t u_m h_0 \qquad (8\text{-}4)$$

需要说明的是，有的文献将上述承载力修正系数取 0.75，此数值偏大（较不安全）。

现以式（8-4）进行冲切承载力讨论：

斜锥体上抗拉力：

$$Q_1 = 0.63 f_t \pi (d + h\tan\theta) h \qquad (8\text{-}5)$$

端承桩的端阻力完全发挥时，桩端压力：

$$R_p = \dfrac{\pi d^2}{4} R_{pa} \qquad (8\text{-}6)$$

抗冲切的安全系数：

$$K = \dfrac{Q_1}{R_p} = 2.5 m (1 + n\tan\theta) n \qquad (8\text{-}7)$$

式中 $m = \dfrac{f_t}{R_{pa}}$，$n = \dfrac{h}{d}$，取 $f_t = \dfrac{1}{20} f_r$，$m = 0.15$，$\tan\theta = 1$，则：$K = 0.375 (1 + n) n$

则冲切承载力下溶洞顶板 h/d 与 K 的关系如表 8-4 所示。

冲切承载力下溶洞顶板 **h/d** 与 **K** 的关系表　　　　　　　表 8-4

$n = h/d$	K（100%）	K（90%）	K（80%）	K（70%）	K（60%）	K（50%）	K（30%）
1.0	0.75	0.83	0.937	1.07	1.24	1.5	2.5
1.5	1.4	1.56	1.75	2.0	2.33	2.8	4.67
2.0	2.25	2.49	2.81	3.2	3.75	4.5	7.51
2.5	3.28	3.63	4.1	4.68	5.47	6.6	10.9
3.0	4.5	4.98	6.32	6.42	7.5	9	15.0
3.5	5.9	6.53	7.36	8.42	9.84	—	—
4.0	7.5	8.3	9.36	10.7	12.5	—	—

注：K（a%）表示桩端阻力发挥 a%，其余由桩侧阻力承担。

由表 8-4 可以看出，当溶洞顶板的破坏由冲切控制时，其 3 倍桩径对应的安全系数为 4.5。

8.2.3 抗剪验算

桩端下持力层存在溶洞时，其顶板抗剪计算简图如图 8-2 所示。抗剪承载力 $Q_t = \tau u_m h$，取 $\tau = \frac{1}{12} f_r$，则

$$K = \frac{Q_t}{R_p} = n。$$

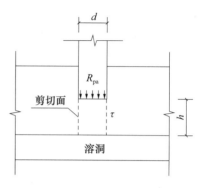

图 8-2　抗剪计算示意图

抗剪承载力下溶洞顶板 h/d 与 K 的关系如表 8-5 所示。

抗剪承载力下溶洞顶板 h/d 与 K 的关系表　　　表 8-5

$n = h/d$	K（100%）	K（90%）	K（80%）	K（70%）	K（60%）	K（50%）	K（40%）	K（30%）
1.0	1.0	1.11	1.25	1.43	1.67	2.0	2.5	3.33
1.5	1.5	1.67	1.87	2.14	2.5	3.0	3.75	5.0
2.0	2.0	2.22	2.5	2.85	3.33	4.0	5.0	6.66
2.5	2.5	2.78	3.13	3.57	4.16	5.0	6.25	8.33
3.0	3.0	3.33	3.75	4.28	5.0	6.0	7.5	—
3.5	3.5	3.88	4.37	5.00	5.83	7.0	—	—
4.0	4.0	4.44	5.0	5.71	6.66	—	—	—

注：K（a%）表示桩端阻力发挥 a%，其余由桩侧阻力承担。

由表 8-5 可以看出，当溶洞顶板的破坏由抗剪控制时，其 3 倍桩径对应的安全系数为 3.0。

8.2.4 抗弯验算

溶洞顶板抗弯计算大致可按以下 6 种模型进行：

1）两端简支梁：

$$M_{max} = \frac{1}{10} q l^2$$

2）两端固支梁：

$$M_{max} = -\frac{1}{24} q l^2$$

3）四边简支矩形板：

$$M_{max} = \frac{1}{27} q l^2$$

4）四边固支矩形板：

$$M_{max} = -\frac{1}{19} q l^2$$

5）四周简支圆形板：

$$M_{max} = \frac{(3+\mu)}{16}qd^2$$

取 $\mu = 0.2$，则 $M_{max} = \frac{1}{5}qd^2$。

6）四周固支圆形板：

$$M_{max} = -\frac{(1+\mu)}{16}qd^2$$

取 $\mu = 0.2$，则 $M_{max} = \frac{1}{14}qd^2$。

由于岩体的脆性性质，实际溶洞顶板四周完全简支是不存在，多数接近固支。溶洞顶板平面形状也不是矩形或圆形。综合上述情况，取溶洞顶板的弯矩为：

$$M_{max} = \frac{1}{20}qd^2 \tag{8-8}$$

溶洞顶板的最大应力：$\sigma = \frac{6ql^2}{20bh^2}$，设 $m = \frac{f_t}{R_{pa}}$，$n = \frac{h}{d}$。取 $f_t = \frac{1}{20}f_r$，$m = 0.15$；$b = 1.0$，$l = d$；则 $K = \frac{f_t}{\sigma} = \frac{1}{2}n^2$。

受弯下溶洞顶板 h/d 与 K 的关系如表 8-6 所示。

受弯下溶洞顶板 h/d 与 K 的关系表 表 8-6

$n = h/d$	K（100%）	K（90%）	K（80%）	K（70%）	K（60%）	K（50%）	K（30%）
1.0	0.5	0.55	0.625	0.715	0.84	1.0	1.66
1.5	1.125	1.248	1.40	1.60	1.88	2.25	3.77
2.0	2.0	2.22	2.50	2.86	3.34	4.0	6.66
2.5	3.125	3.468	3.90	4.46	5.22	6.25	10.4
3.0	4.5	4.99	5.625	6.43	7.52	9.0	14.9

注：K（a%）表示桩端阻力发挥 a%，其余由桩侧阻力承担。

由表 8-6 可以看出，当溶洞顶板的破坏由抗弯控制时，其 3 倍桩径对应的安全系数为 4.5。

8.2.5 结论

由以上分析可得出以下结论：

1）在溶洞顶板为 3D 厚的情况下，其抗冲切、抗剪及抗弯安全系数分别为 4.5、3.0、4.5，说明《建筑地基基础设计规范》GB 50007—2011 第 8.5.6 条第 6 款是基于溶洞顶板抗剪强度要求提出的，即抗剪起控制作用，而不是通常认为的抗冲切起控制作用。

2）上述讨论的是完整的、无裂隙及破碎的溶洞顶板岩体，当存在岩性较差、岩体较破碎、岩溶裂隙发育强烈情况时，应按广东省标准《岩溶地区建筑地基基础技术规范》DBJ/T 15—136—2018 第 9.1.6 条第 1 款的要求，增加桩底持力层厚度。

3）桩底持力层 3D 厚度是针对端承桩提出的。

4）对于摩擦端承桩（桩端阻力占桩总承载力大部分），以桩端阻力占桩总承载力的80%为例，在溶洞顶板为$2.5D$厚的情况下，其抗冲切、抗剪及抗弯安全系数分别为3.63、3.13、3.9，均不低于3.0。

5）对于端承摩擦桩（桩侧阻力占桩总承载力大部分），以桩侧阻力承担一半的桩总承载力为例，在溶洞顶板为$2D$厚的情况下，其抗冲切、抗剪及抗弯安全系数分别为4.5、5.0、4.0，均不低于4.0。

6）当桩侧摩阻力超过桩总承载力的70%时，在溶洞顶板为$1.5D$厚的情况下，其抗冲切、抗剪及抗弯安全系数分别为4.67、5.0、3.77，均不低于3.5。

上述讨论说明《岩溶地区建筑地基基础技术规范》DBJ/T 15—136—2018 第9.1.6条规定具有理论基础及安全保证的。同时应注意以下几点：

1）上述讨论假定溶洞平面大小同桩径，当溶洞大于桩径时（如厅式大溶洞），应按实际的溶洞情况进行抗弯计算分析。

2）对于重要工程的桩基应通过现场载荷试验确定持力层的安全性。

3）有条件时，岩体的抗拉和抗剪强度应经试验确定。

4）当桩底下存在部分岩体（或溶洞平面尺寸小于桩直径）时，可提高持力层承载力及安全度，但该部分的贡献在计算时不宜考虑。

8.3 预应力混凝土管桩桩尖构造

岩溶地区施工的预应力管桩桩端与溶岩岩面可能仅是点或线接触，或者局部面接触，端承作用效果不理想，桩长悬殊，且个别桩桩端可能会落在极薄的溶洞岩石顶板上。沉桩采用静压法施工，通常废桩率偏高的原因是压桩快终止前，桩尖接触到岩面后，容易沿倾斜的岩面滑移，使桩身发生倾斜，甚至使桩身折断，当桩尖恰恰落在石笋顶时，则累接累断。故岩溶地区选用的钢桩尖应具备"保持桩身不偏心、弹塑性触岩、抗滑移"三个性能，一般情况下多选用H形钢桩尖，桩尖构造如图8-3和表8-7所示。也可选用井字形钢桩尖。

在岩溶地区，对于静压预应力管桩，除要求有较高的压桩操作技术，还会要求在第一节桩施压完毕后立即往桩内灌注C30细石混凝土，灌注高度1.5～2.0m，其作用有两点：①起防水作用；②当桩尖破损时，坍下的混凝土起人造桩头的作用。

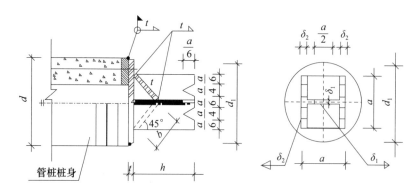

图8-3 H形钢桩尖构造

H 形钢桩尖构造尺寸 表 8-7

d	d_1	h	a	b	HW 型钢	δ_1	δ_2	t	静重（kg/ 个）
300	270	150（120）	200	130	200×200	12	12	8	14.5（12.9）
400	350	200（150）	250	163	250×250	14	14	8	26.1（22.1）
500	450	230（150）	300	198	300×300	15	15	10	44.0（35.8）
600	540	250（150）	350	232	350×350	19	19	12	69.6（54.5）

注：h 列括号内的桩尖高度较短，适合于岩溶地区的静压桩。

当岩溶强烈发育场地，桩身配筋宜符合下列规定：① 纵向钢筋宜沿桩身通长配筋；② 纵向钢筋的连接不宜采用搭接连接。

第9章 岩溶地区基坑

9.1 概述

随着城市化进程的发展，城市用地到了寸土必争的地步，因此原先不适合大型工程的岩溶地区也被频频开发。岩溶地区特殊的工程地质条件，影响着岩溶地区基坑设计、施工和监测等。本章以岩溶地区特殊的工程地质条件为依据，讨论岩溶地区基坑设计需要注意的问题，以及岩溶地区基坑施工的风险点，着重介绍信息化施工在岩溶地区基坑工程中的应用。

进行基坑支护设计时，应综合考虑基坑周边环境、岩溶发育程度、基坑深度等因素，按表 9-1 的要求确定安全等级和重要性系数。对同一基坑的不同部位，可采用不同的安全等级。

支护结构的安全等级及其重要性系数 表 9-1

安全等级	破坏后果	等级范围描述	重要性系数 γ_0
一级	对主体结构施工安全或基坑周边环境的影响很严重	基坑开挖深度大于 14m；支护结构作为主体结构的一部分；基坑开挖影响范围内有重要建（构）筑物、对变形敏感的建（构）筑物或需保护的重要管线；岩溶强烈发育的场地	1.1
二级	对主体结构施工安全或基坑周边环境的影响严重	除一级和三级以外的基坑工程	1.0
三级	对主体结构施工安全或基坑周边环境的影响不严重	当开挖深度小于 6m，且周围环境无特别要求	0.9

注：基坑只要符合一级基坑四项范围条件中的一项，即定为一级。

基坑的变形控制值宜按环境等级确定。为保护基坑周边环境安全，应根据基坑周边环境要求提出基坑环境等级及其支护结构水平位移控制值，可按表 9-2 的确定。在支护结构安全有保证的情况下，当无环境要求时，可不提出变形控制要求。

基坑环境等级及其支护结构水平位移控制值 表 9-2

环境等级	适用范围	支护结构水平位移控制值
特殊要求	基坑开挖影响范围内存在特殊地下管线等设施和地铁站、变电站、古建筑等有特殊要求的建（构）筑物	满足特殊的位移控制要求。基坑支护设计、施工、监测方案需得到周边特殊建（构）筑物、设施管理部门的同意
一级	基坑开挖影响范围内存在浅基础房屋、桩长小于基坑开挖深度的摩擦桩基础建筑、轨道交通设施、隧道、防渗墙、雨（污）水管、供水总管、煤气总管、管线共同沟等重要建（构）筑物、设施	位移控制值取 30mm 且不大于 0.002H

续表

环境等级	适用范围	支护结构水平位移控制值
二级	一级与三级以外的基坑	水平位移控制值取 45 ~ 50mm 且不大于 0.004H
三级	周边 3 倍基坑开挖深度范围内无任何的建筑、管线等需保护的建（构）筑物	水平位移控制值取 60 ~ 100mm 且不大于 0.006H

注：1. H 为基坑开挖深度；
    2. 基坑开挖影响范围一般取 1.5H；当土层存在砂层、软土层、岩溶强烈发育时，开挖影响范围应适当加大至 3.0H；
    3. 表中水平位移控制值与基坑开挖深度的关系同时满足，取最小值；
    4. 对特殊要求和一级基坑，应严格控制变形。对二、三级基坑位移控制，如基坑周边环境许可，则水平位移控制值主要是由支护结构的稳定来控制。
    5. 特殊地下管线为具有特殊要求的地下管道，如输油管道、大型燃气管道、军用管道等。

9.2 岩溶地区基坑支护结构设计

9.2.1 基坑支护形式选择

常规基坑支护的形式大多数都可以在岩溶地区的基坑中使用，可结合岩溶地质条件和周边环境条件进行选择，一般来说：

1）场地岩溶弱发育、地下水位埋藏较深、周边环境空旷、基坑开挖深度较浅时，可采用放坡支护。

2）场地岩溶强烈发育，存在浅层溶（土）洞且上覆土层为饱和砂类土时，溶（土）洞未经处理的场地不宜采用水泥土重力式挡土墙支护。这是因为根据广州市花都区多个采用重力式水泥土墙的基坑事故，场地岩溶强烈发育，存在浅层溶（土）洞且基岩上覆土层为饱和砂类土时，未经处理岩溶土洞的场地，在施工过程中容易发生突然下陷、陡降等事故，或者在使用过程中受浅层岩溶（土）洞影响或饱和砂土流失，容易形成下陷、倾覆或者后仰等形态失效的事故。

3）存在下列情况之一的岩溶强烈发育场地，应慎用土钉墙或复合土钉墙支护：
① 岩溶水有承压性或者连通性；
② 土洞高度大于 2m；
③ 开挖深度大于 7m 且周边环境要求较高。

4）岩溶地区排桩支护设计应注意以下问题：
① 当开挖深度大于 5m 时，不宜采用悬臂桩支护；
② 存在较厚砂层时，容易产生涌水涌砂，桩间土宜采取可靠的保护措施。

5）岩溶强烈发育场地，存在较厚的饱和砂层、开挖深度较深、周边环境对变形要求严格的基坑宜采用地下连续墙支护结构。

6）岩溶强烈发育场地，地下水丰富，开挖深度较深、周边环境对变形要求严格的基坑宜采用内支撑的支护结构。内支撑立柱桩应进入稳定岩土层。

7）支护桩（墙）的嵌固深度应按入岩土层深度和长度实行双控制。当坑底以上基岩完整坚硬难以施工，或继续施工会对基坑底下的溶洞顶板及岩溶水通道造成破坏时，可采用吊脚桩、吊脚地下连续墙或者柱支式地下连续墙的支护形式。当采用吊脚形式时，应采用内支撑或锚索锁脚，必要时对下方岩体进行竖向超前微型桩支护及水平锚杆加固处理。

8）岩溶地区基坑工程锚索（杆）设计时应符合下列要求：

① 应查明锚索（杆）穿越范围、锚固位置的水文及岩溶地质条件，以免掉钻、卡钻、地面突陷、突涌岩溶水等不利情况发生；

② 锚索（杆）锚固段宜避开无填充或半填充溶（土）洞，并采取有效措施满足抗拔承载力要求；

③ 锚索（杆）开孔孔口不宜设置在地下水位以下的饱和砂类土层中；

④ 岩溶中等及强烈发育场地，岩溶水存在承压性和连通性时，不宜采用岩石锚索（杆）。

9.2.2 设计原则

岩溶地区基坑工程设计除了一般设计内容外，还应包括下列内容：分析和评估溶（土）洞和地下水对周边环境及基坑支护结构的影响；影响基坑安全的溶洞、土洞处理方案等内容，应重点关注：

1）在岩溶发育场地，对于溶沟（槽）、石芽、漏斗等外露或浅埋岩体，根据场地勘察结果，岩面起伏较大且为顺层下滑向基坑内时，宜在垂直基坑边线方向补充勘查孔或结合前期工程桩和支护桩的施工情况判断顺层坡度，当岩体中存在滑向基坑内的不利软弱结构面时，按顺层坡度的不利结构面进行基坑支护抗滑移验算。

2）基坑开挖影响范围内存在浅层溶（土）洞成群分布、溶沟（槽）和溶蚀裂隙强烈发育、承压性和连通性的岩溶水、覆盖型的无填充或者半填充的溶（土）洞等情况时，为防止工程事故和人员伤亡，宜先对溶（土）洞进行处理，然后进行基坑施工。

3）岩溶水一般随季节变化，受地表水影响。对于上覆土层、可溶岩体的溶蚀裂隙和溶（土）洞的岩溶水，在做好常规截水、降水措施后，流砂、涌水及涌泥的可能性较小。临近河道等补给水充分的岩溶带中的岩溶水或构造盆地，向斜、单斜构造中可溶岩层中岩溶水，一般呈层状、脉状分布，水位水头随季节性不明显，往往具有较大的承压性，当基坑往下开挖时，容易突然产生流砂、涌水及涌泥，存在较大安全隐患。涌水、涌砂等往往有突发性，难于预测，影响范围难于估计，施工前必须要有应急预案。同时为避免人为造成连通性的承压水突涌，岩溶发育区较深较大基坑，地质钻探孔宜及时采用封闭措施。

4）基坑的施工勘察钻孔布置。对于排桩，宜采用三桩一孔；对于地下连续墙，宜采用一槽两孔；对于立柱桩，宜采用一桩一孔。

5）锚索施工前应进行基本试验。岩溶发育区锚索施工前进行基本试验，主要是为了校验锚索设计参数，保证锚索抗拔力满足设计要求。若基本试验中，锚索抗拔力与设计要求差别较大，应调整设计参数或改进锚索施工工艺。

6）岩土工程中，有时实际情况会与设计条件有较大出入，应通过监测、动态调整结构构件、设计工况，实现信息化施工。基坑开挖施工应采取信息化施工方法，及时反馈地质条件、地下水变化、管线及周边建构筑物等信息与资料，并对出现的异常情况进行处理，待恢复正常后方可继续施工。

7）岩溶区地下连续墙槽段长度应适当缩小。常规地层地下连续墙分段长度多为6m，岩溶地区建议不超过5m，这是因为岩溶地区岩面起伏较大时，成槽施工时容易偏槽，且两端入岩深度相差较大，易造成悬空段；通过适当减少单幅墙的施工长度，可减少施工难度，减少连续墙两端入岩深度差距和悬空。

9.2.3 桩锚支护动态设计与信息化施工

9.2.3.1 排桩

排桩施工时，间距过小且混凝土未达到终凝时施做相邻排桩，会影响成桩质量，所以要求采用"跳桩"法施工。岩溶地区岩面起伏大、埋藏浅，支护桩多数会嵌入岩层中，遇到溶洞、溶沟（槽）等，但洞隙的位置、规模、埋深等在前期工程勘察中是难以查清的。实际工程经验是，可以通过"跳桩"法前序施工先导桩揭露的地质情况和溶洞分布情况，预判后序待施工的支护桩入岩深度，并对桩嵌固深度实行动态设计，根据"跳桩"法前序施工的先导支护桩揭露情况，动态调整后序往返施工支护排桩，相邻施工两桩间距不应小于5倍桩径，或相邻桩完成混凝土浇捣施工时间不应小于36h。

以广州市白云区某项目的实施情况为例进行阐述，通过已施做的前序先导支护桩推测后序支护桩的地质情况，其做法为，该项目支护钻（冲）孔桩隔三做一"跳做"，考虑桩间净距，实际桩中心距约5d（d为支护桩桩径），支护桩编号如图9-1所示，可采用如下步骤进行动态设计及信息化施工：

1）确定岩面位置。勘察报告提供的地质剖面图一般已绘制出各地质剖面的基岩面推测线。根据地质剖面图得出支护桩嵌固岩层深度设计值1d（A1）。

2）根据支护桩嵌固岩层深度设计值1d（A1）施做先导支护桩A1，并记录下第一根先导支护桩实际施工岩面深度h（A1）和揭露的溶洞分布情况。

3）把支护桩A1实际施工岩面深度h（A1）和揭露的溶洞分布情况作为补充钻探资料，修正地质剖面图，得到支护桩A2的嵌固岩层深度设计值1d（A2），跳做支护桩A2，并记录支护桩A2的实际施工岩面h（A2）和揭露的溶洞分布情况。依次类推，施做支护桩A3、A4等。

4）把支护桩A1、A2的岩面埋深和揭露的溶洞分布情况作为补充钻探资料，修正地质剖面图，得出支护桩B1、C1、D1的嵌固岩层深度设计值1d（B1）、1d（C1）、1d（D1），施做支护桩B1、C1、D1，并记录相应支护桩的实际岩面埋深和揭露的溶洞分布情况。依次类推，跳做支护桩B2、C2、D2、B3、C3、D3等（图9-1），直至完成所有支护桩施工。并且，把所有支护桩揭露的岩面埋深和溶洞分布情况作为补充钻探资料，拟合修正地质剖面图，修改后续的旋喷桩和基础设计施工，实现动态设计。

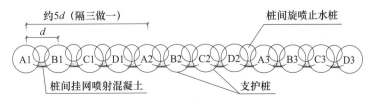

图9-1 支护桩施工布置平面示意图

d—支护桩桩径

在设计桩长（长度及入岩土双指标控制）范围内遇到溶（土）洞时，可根据前序施工的支护桩遇溶（土）洞洞高实际情况，动态调整支护桩设计桩长及施工处理措施。一般当溶（土）洞不大（小于2m）或者全填充时在满足设计桩长的前提下直接穿过溶（土）洞1m；当溶（土）洞较大（大于2m）时或半填充及无填充时，可采用填砂石或者灌注水泥砂浆等措施，处理后再施工支护桩。

9.2.3.2 锚索

应结合施工情况进行锚索（杆）的动态设计。

岩溶发育场地宜慎重使用锚索（杆）。当需采用锚索（杆）作为支护措施时，应采取可靠可控的技术措施以满足承载力要求。

锚索（杆）开孔孔口设置在地下水位以下的饱和砂类土层中时，在无可靠施工措施和器械辅助时，含水砂层开孔施工容易涌水涌砂引发基坑事故。

岩溶中等及强烈发育场地，岩溶水存在承压性和连通性时，锚杆施工质量难以保证；采用锚杆时，锚杆抗拔承载力的验收按《建筑基坑支护技术规程》JGJ 120—2012 第4.8.8条确定，不满足时应及时加固补强。

为确保锚索嵌固段进入稳定可靠的地层中，提高设计的可靠性，通过已施做的锚索钻孔、注浆情况可综合判定岩面及溶（土）洞的位置及分布，修正地质剖面中岩面线和溶洞分布情况，调整锚索角度、改进注浆压力等参数，对锚索嵌固段实现动态设计。

根据施工时的钻进情况进一步摸查溶洞位置、大小等情况，动态调整旁边锚索（杆）施工的水平及竖向角度、水平位置，以减少施工难度和减少注浆量，提高锚索承载力，具体处理方法如表9-3、图9-2所示。

锚索施工时根据实际注浆量与理论注浆量的比值即注浆率的经验数判别溶洞大概规模及位置，并通过直接钻进注浆、调整角度位置等方法进行处理，具体如表9-4所示。

如遇到半填充或者无填充溶（土）洞且无法避开时，应加长原设计锚索穿过溶（土）洞。遇到溶（土）洞的锚索，一般前序锚索施工时没有相关施工参数积累，锚索质量会较差；后续施工时，根据前序已施工锚索揭露的地层和施工情况，动态调整设计加固补强。

调整锚索的处理方法 表 9-3

序号	处理方法
1	遇到较小溶洞，可调整锚索角度避开：优先减少锚索的角度，一般为15°～25°，向上避开溶洞锚入土层，如图9-2所示；或增大角度至40°～45°向下避开溶洞锚入岩层
2	遇到大溶洞无法避开时，对大溶洞进行灌填处理后再施工锚索
3	参考临近已施工锚索，调整后续锚索水平位置或竖向角度以避开溶洞

注：溶洞位置处的锚索宜采用验收轴力进行张拉，稳压3min后再锁定锚索，以检验每根锚索的承载力。

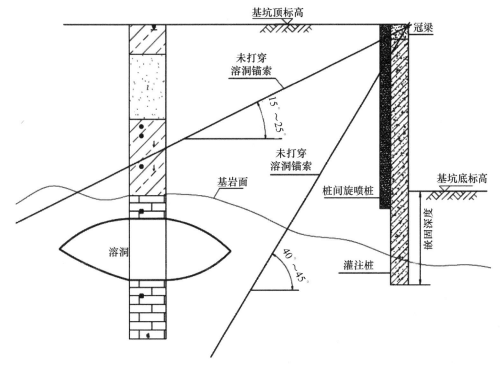

图 9-2　锚索角度调整典型剖面图

锚索布置调整表　　　　　　　　　　　　　　　表 9-4

注浆率	处理方法
≤ 5	较小溶洞，按常规锚索施工钻进注浆
> 5	较大溶洞，同表 9-3 处理方法

注：1. 溶洞位置的锚索应进行张拉检验，采用 1.2 倍锚索轴力设计值稳压 3min 后再锁定锚索；
　　2. 注浆率＝实际注浆量／理论注浆量，理论注浆量 $Q = \pi d^2 l_a / 4$，其中，d 代表锚固体直径（m），l_a 代表锚固段长度（m）。

9.3　基坑地下水控制

　　岩溶地区基坑支护工程的最大困难是地下水控制。岩溶地区的灰岩不同广东常见的砂岩、花岗岩，不但没有过渡性风化岩层（无全风化层、强风化层，局部会存在中风化层），一般土层直接接触微风化层，且近岩面往往还会出现软弱土层和砂层，岩面附近的开口溶洞往往伴生土洞，岩溶水的连通性、承压性难于查清。

　　岩溶水水量多，具有连通性及承压性等特征，必须进行降水时，应评估对周边环境的影响；上覆土层中有不透水的黏土层时，尽量利用，不要轻易破坏；上覆土层中砂层直接与岩面接触时，应采取可靠的界面截水措施，可采用旋喷桩进行处理，地质钻孔应及时封闭。

　　岩溶地区基坑工程截水方式选型：

1）岩溶地区基坑可采用混凝土地下连续墙、水泥土连续墙、水泥土搅拌桩、高压旋喷桩等形成截水帷幕进行封闭截水。当周边环境容许且岩溶水不丰富时，也可采取降水措施。

2）场地存在深厚强透水地层时，宜采用连续封闭的水泥土连续墙或混凝土地下连续墙截水；场地存在动水层时，应采用连续封闭的混凝土地下连续墙截水。

3）截水帷幕宜穿过透水砂层底且进入下卧不透水层不少于1.5m。当透水砂层直接位于强风化（或更坚硬）岩面时，采取可靠的界面截水措施。

4）基坑开挖前，宜进行抽水试验检验截水效果。

9.4 基坑工程施工

岩溶地区基坑工程施工的一般程序依基坑支护结构而定，所不同的是，岩溶地区特殊的工程地质条件，要求基坑工程施工时考虑溶（土）洞的处理，岩溶水处理以及在应急方案中考虑溶（土）洞堵塞的材料和方案。

9.4.1 基坑开挖施工要求

1）基坑开挖前应做好基坑突涌水应急准备，施工现场备好注浆设备、临时封堵材料等应急设备及材料；

2）应进行抽水试验，检查基坑内、外水力联系和基底岩溶水的涌水量；

3）基坑周边严禁超载，施工材料、设施或车辆荷载不应超过设计要求；

4）支护结构构件强度达到开挖阶段的设计强度、锚索（杆）施加预应力时，方可开挖基坑；

5）开挖断面深度范围存在砂层等透水层时，开挖前宜采用局部开槽的方法先挖探槽，检查渗漏水情况；

6）应分区段、分层进行开挖，每个开挖区段长度不宜大于20m，分层开挖厚度不宜大于1.5m；

7）当基坑平面形状为长条形，宜沿长边方向设置若干横向分隔墙，分仓开挖，以减少岩溶反涌风险发生时的破坏范围；

8）做好基坑内抽排水工作，开挖过程中防止开挖面长时间浸水，开挖到基底后应在基底采取有效的截排水措施；

9）开挖过程中密切监控基坑渗漏水情况。

9.4.2 溶（土）洞的处理

岩溶地区的基坑支护工程施工前应进一步查明溶（土）洞和地下水情况。应在施工前，对以下影响围护结构（排桩或地下连续墙）施工安全的溶（土）洞进行处理：

1）围护结构成孔过程中或混凝土浇筑过程中扰动围护结构周边土洞，造成孔壁坍塌、地面塌陷而危及施工设备和作业人员的安全，需要保证在孔壁以外和孔底以下一定厚度范围内没有土洞。根据广东地区多个项目的施工经验提出，不嵌岩围护结构的轴向中心线两侧3m范围内以及围护结构深度以下5m内范围的土洞需要进行处理；

2）嵌岩围护结构，轴向中心线两侧 3m 范围、围护结构深度范围的无充填或半填充溶洞，或围护结构底部 3d（d 为支护桩桩径）或 3.5m 以内存在顶板厚度小于 2m 的无充填或半填充溶洞。

9.4.3 岩溶水的处理

1）影响基坑开挖安全的岩溶水处理应符合下列要求：

① 基底与岩面之间存在连续的隔水层，其最小厚度不小于 1m 且基底土层厚度的压应力大于溶洞水的承压力时，对基底可不作处理；

② 在土方开挖前，可选用搅拌桩、旋喷桩等对基底土补强处理，布置形式可采用满布式、格栅式、土墩柱式。采用格栅式、土墩柱式时，宜在格栅或土墩柱之间的透水层底部进行注浆截水，截水层厚度宜不小于 1m；当不满足基底土抵抗溶洞水反涌的要求时，则应对其下的溶洞进行填充处理。

2）当围护结构采用地下连续墙，且不需要嵌入岩层，而基底与岩面间由于缺失不透水层而有可能导致墙底地下水绕流时，应采取可靠的界面截水措施。

岩溶地区基岩面通常起伏较大，连续墙底面则为平面形式，其与岩面的结合难以做到紧密，当上覆土层为砂类土时（广东省岩溶地区较为常见），若不能保证整幅墙体嵌入岩体，就难以确保界面截水的效果，而整幅墙体嵌入岩层势必增加施工难度、溶洞处理费用或岩溶风险等。因此，当遇到这种情况时，应采取可靠的界面截水措施。在广州地区，采用墙底预埋摆喷孔的做法有较为成功的案例，可参照图 9-3 处理。

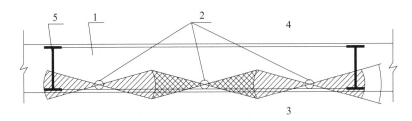

图 9-3 墙底摆喷示意简图
1—连续墙槽段；2—摆喷管；3—基坑外侧；4—基坑内侧；5—连续墙接头

9.4.4 岩溶基坑施工应急处理

1）连续墙、排桩成孔过程中出现漏浆、塌陷等时，在保证安全的前提下应及时回填黏土＋片石混合物，进行填充处理。

2）基坑开挖时如出现下列情况时，应暂停开挖，待处理后再继续开挖，必要时，应对危险部位采取基坑回填、地面卸土、临时支撑等应急措施：

① 开挖过程中渗漏水突然增大；

② 渗漏水点出现流砂、流土，渗漏水变浑浊，甚至出现涌水、涌砂；

③ 基坑周边出现地面塌陷、建（构）筑物变形增大等；

④ 基坑支护结构开裂、支撑变形过大、锚索松动等。

第10章 岩溶地区建筑地基基础施工

岩溶地区地基基础施工风险较大，容易形成塌陷，危及周边建（构）筑物；溶（土）洞容易造成桩孔倾斜、孔壁崩落、泥浆流失，更有甚者造成桩机倾倒、伤及人员的事故。因此，施工前应采用钻探或其他勘察方法进一查明拟施工场地或拟处理范围的溶（土）洞的分布、大小及洞内充填物等情况，清查范围不小于拟处理范围外 3m；施工过程中发现异常情况时，应补充施工勘查。限于篇幅所限，本章主要介绍桩基和复合地基施工内容。

10.1 桩基施工

岩溶地区建筑桩基理论上可采用现阶段发展起来的各种桩基形式。但是岩溶地区特殊的工程地质条件，促成了岩溶地区特有的桩基施工工艺，形成了一套完整的施工经验体系。岩溶的存在降低了桩基的承载能力，需要辅助的监测数据，对桩基进行后压浆处理，以及完善桩基施工工艺，确保桩基承载能力。

10.1.1 岩溶地区桩基施工工艺选择

1）泥浆护壁钻孔灌注桩宜用于地下水位以下的填土、黏性土、粉土、砂土、碎石土及风化岩层；

2）旋挖钻斗钻成孔灌注桩宜用于黏性土、粉土、砂土、填土、碎石土及风化岩层；

3）冲孔灌注桩除宜用于上述地质情况外，还能穿透旧基础、建筑垃圾填土或大孤石等障碍物。在岩溶发育地区应慎重使用，采用时，应适当加密勘察钻孔；

4）长螺旋钻孔压灌桩后插钢筋笼宜用于填土、黏性土、粉土、砂土、非密实的碎石类土、强风化岩；

5）干作业钻、挖孔灌注桩宜用于地下水位以上的填土、黏性土、粉土、中等密实以上的砂土、风化岩层；

6）在地下水位较高，有承压水的砂土层、滞水层，厚度较大的流塑状淤泥、淤泥质土层不得选用人工挖孔灌注桩；

7）沉管灌注桩宜用于黏性土、粉土和砂土；夯扩桩宜用于桩端持力层为埋深不超过20m 的中、低压缩性黏性土、粉土、砂土和碎石类土。

10.1.2 桩基施工准备

岩溶地区桩基施工与常规的桩基施工的流程基本一致，都需要桩基施工的前置条件，如场地勘察报告、桩基设计图纸及会审纪要、施工组织设计方案及监理实施方案、场地的四通一平等。此外，岩溶地区还应注意以下事项：

1）施工前应采用钻探或其他勘察方法进一步查明拟施工场地或拟处理范围的溶（土）

洞的分布、大小及洞内充填物等情况，清查范围不小于拟处理范围外 3m；施工过程中发现异常情况时，应补充施工勘察；

2）测量控制点和水准点应设置在不受施工或岩溶塌陷影响的位置；

3）溶（土）洞处理工程应进行全程监测，施工过程中应随时检查材料报（检）验资料、施工记录和计量记录、分项检验记录等内容；

4）应查明重型设备行走路径及施工位置影响范围内的土洞分布。为确保施工安全，施工前宜对已探明的土洞进行预处理。

有些施工设备吨位大，如静压预应力管桩机，对地面的压力较大。当这类设备行走或施工遇到未处理的浅层土洞时，会导致土洞塌陷，甚至发生施工设备掉入溶（土）洞的情况。

10.1.3　钻孔灌注桩施工

岩溶地区灌注桩的施工工艺应该注意以下几点：

（1）适用范围

地下水、砂层厚度、软土以及溶洞大小是影响灌注桩施工工艺的主要因素。不同的灌注桩施工工艺在岩溶地区的适用范围：

1）全桩身范围无地下水时可采用旋挖干作业成孔；

2）持力层在地下水位以下，基岩面以上砂层总厚度不大于 1m，可采用泥浆护壁冲击（旋挖）成孔，同时需储备足够泥浆应对击穿溶洞导致的泥浆流失；

3）持力层在地下水位以下，基岩面以上砂层总厚度大于 1m 时，岩面埋深小于 10m 时，宜采用钢套筒护壁冲击（旋挖）成孔，同时需储备足够泥浆应对击穿溶洞导致的泥浆流失；

4）持力层在地下水位以下，基岩面以上砂层总厚度大于 1m 时，且岩面埋深大于 10m 时，应采用全套管钻成孔；

5）岩溶发育强烈、溶洞高度较大的场地宜采用全套管钻成孔；

6）桩基位置的溶（土）洞已采用填充工艺进行了预先处理或桩基周边采用了旋喷帷幕进行封闭处理，宜选用泥浆护壁冲击（旋挖）成孔。

（2）施工流程

施工流程：测量放样→埋设护筒→挖泥浆池→钻孔机就位→成孔→泥浆护壁及清孔→钢筋笼加工及吊放→浇筑混凝土→压浆。

10.1.4　施工平台与护筒

（1）施工平台

1）场地为浅水时，宜采用筑岛法施工。筑岛的技术要求应符合《公路桥涵施工技术规范》JTG/T 3650—2020 的有关规定。筑岛面积应按钻孔方法、机具大小等要求决定；高度应高于最高施工水位 0.5 ～ 1.0m。

2）场地为深水时，可采用钢管桩施工平台、双壁钢围堰平台等固定式平台，也可采用浮式施工平台。平台须牢靠稳定，能承受工作时所有静、动荷载。双壁钢围堰平台，应符合《公路桥涵施工技术规范》JTG/T 3650—2020 的规定，且保证钢管桩施工平台施工质量要求：

① 钢管桩倾斜率在 1% 以内；

② 位置偏差在 300mm 以内；

③ 平台必须平整，各联接处要牢固，并定期测量钢管桩周围河床面标高，冲刷是否超过允许程度；

④ 严禁船只碰撞，夜间开启平台首尾示警灯，设置救生圈以保证人身安全。

（2）护筒设置

1）护筒内径要求的大小与钻机的钻锥钻孔时在孔内摆动程度有关，有钻杆导向的钻机钻锥摆动较小，否则摆动较大。根据各地施工经验，总结出护筒内径宜比桩径大 200～400mm。

2）护筒中心竖直线应与桩中心线重合，除设计另有规定外，平面允许误差为 50mm，竖直线倾斜不大于 1%，干处可实测定位，水域可依靠导向架定位。

3）旱地、筑岛处护筒可采用挖坑埋设法，护筒底部和四周所填黏质土必须分层夯实。

4）水域护筒设置，应严格注意平面位置、竖向倾斜和两节护筒的连接质量均需符合上述要求。沉入时可采用压重、振动、锤击并辅以筒内除土的方法。

5）护筒高度宜高出地面 0.3m 或高出水面 1.0～2.0m。当钻孔内有承压水时，应高于稳定后的承压水位 2.0m 以上。若承压水位不稳定或稳定后承压水位高出地下水位很多，应先做试桩，鉴定在此类地区采用钻孔灌注桩基的可行性。当处于潮水影响地区时，应高于最高施工水位 1.5～2.0m，并应采用稳定护筒内水头的措施。

6）护筒埋置深度应根据设计要求或桩位的水文地质情况确定，一般情况埋置深度宜为 2～4m，特殊情况应加深以保证钻孔和灌注混凝土的顺利进行；有冲刷影响的河床，应沉入局部冲刷线以下不小于 1.0～1.5m。

7）护筒连接处要求筒内无突出物，应耐拉、耐压，不漏水。

10.1.5 泥浆的调制和使用技术要求

灌注桩的泥浆是成孔的关键，泥浆能保护孔壁，可作为循环的润滑剂，具有清除孔内残渣的功能。不同场地的泥浆，需要通过现场基本试验来确定合适的泥浆配比及泥浆性能参数。

1）钻孔泥浆一般由水、黏土（或膨润土）和添加剂按适当配合比配制而成，其性能指标可参照表 10-1 选用。

<table>
<tr><td colspan="2" rowspan="2"></td><td colspan="8">泥浆性能指标选择 表 10-1</td></tr>
</table>

钻孔方法	地层情况	泥浆性能指标							
		相对密度	黏度 （Pa·s）	含砂率 （%）	胶体率 （%）	失水率 （mL/30min）	泥皮厚 （mL/30min）	静切力 （Pa）	酸碱度 （pH 值）
正循环	一般地层	1.05～1.20	16～22	8～4	≥96	≤25	≤2	1.0～2.5	8～10
	易塌地层	1.20～1.45	19～28	8～4	≥96	≤15	≤2	3～5	8～10
反循环	一般地层	1.02～1.06	16～20	≤4	≥95	≤20	≤3	1～2.5	8～10
	易塌地层	1.06～1.10	18～28	≤4	≥95	≤20	≤3	1～2.5	8～10
	卵石土	1.10～1.15	20～35	≤4	≥95	≤20	≤3	1～2.5	8～10
旋挖	一般地层	1.10～1.20	18～22	≤4	≥95	≤20	≤3	1～2.5	8～11
冲击	易塌地层	1.20～1.40	22～30	≤4	≥95	≤20	≤3	3～5	8～11

注：1. 地下水位高或其流速大时，指标取高限，反之取低限；
2. 地质状态较好时，孔径或孔深较小的取低限，反之取高限。

2）直径大于 2.5m 的大直径钻孔灌注桩对泥浆的要求较高，泥浆的选择应根据钻孔的工程地质情况、孔位、钻机性能、泥浆材料条件等确定。在地质复杂、覆盖层较厚、护筒下沉不到岩层的情况下，钻孔宜采用高性能优质泥浆，泥浆的配合比应通过实验确定，配置时膨润土或丙烯酰胺（PHP）水解后宜静置 24h。

10.1.6　钻孔施工

（1）一般要求

1）钻机就位前，应对钻孔各项准备工作进行检查。

2）钻孔时，应按设计资料绘制的地质剖面图，选用适当的钻机和泥浆。

3）钻机安装后的底座和顶端应平稳，在钻进中不应产生位移或沉陷，否则应及时处理。

4）钻孔作业应分班连续进行，填写钻孔施工记录，交接班时应交代钻进情况及下一班应注意事项。应经常对钻孔泥浆进行检测和试验，不合要求时，应随时改正。应经常注意地层变化，在地层变化处均应捞取渣样，判明后记入记录表中并与地质剖面图核对。

（2）全套管成孔工艺的注意事项

1）桩基位置应制作钢护筒或混凝土导墙。

2）土层中钢护筒应超前于钻进深度。

3）当使用冲击钻机钻孔时，钢护筒内径应比钻头直径大 40cm；钢护筒厚度保证 $1/130d \sim 1/150d$，且不小于 18mm；钢护筒顶面宜高出施工水位或地下水位 2m，还应满足孔内泥浆面的高度要求，在旱地或筑岛时还应高出施工地面 0.5m；当表层土层较软弱时且溶洞发育强烈，钢护筒应全面入岩，且不允许落在倾斜岩面上；若下层土层较坚硬密实，且无溶洞发育，钢护筒应进入该密实土层至少 0.5m。

4）钢护筒跟进方法应采用分段驳接振入法，即边成孔边用振动锤振入驳接加长钢护筒，或在确定进入岩面时，直接从孔顶驳入套管；同时，节段间的焊接应密实，不漏水。

5）钢护筒每钻进 5m，应进行垂直度、机械稳定性检测等，套管顶面中心与设计桩位偏差不得大于 5cm，倾斜度不得大于 1%。

6）当表层溶洞周围 10m 或者 5 倍桩径范围内有相邻的构筑物时，应根据构筑物的重要性对溶洞进行预处理，以防止桩基施工过程中，溶洞坍塌引起地面的开裂并对构筑物造成不良影响。

7）无论采用何种方法钻孔，开孔的孔位必须准确。开钻时均应慢速钻进，待导向部位或钻头全部进入地层后，方可加速钻进。

8）采用正、反循环钻孔（含潜水钻）时均应采用减压钻进，即钻机的主吊钩始终要承受部分钻具的重力，而孔底承受的钻压不超过钻具重力之和（扣除浮力）的 80%。

9）在钻孔排渣、提钻头除土或因故停钻时，应保持孔内具有规定的水位和要求的泥浆相对密度和黏度。处理孔内事故或因故停钻时，必须将钻头提出孔外。

10）全断面一次成孔或再分级扩孔钻进，分级扩孔时变截面桩开始用大直径钻头，钻到变截面处换小直径钻头钻进，达到设计高程后，再换钻头扩孔到设计直径，依次作业 2 ~ 3 次直到完成符合设计要求的变截面桩。钻孔时为保持孔壁稳定，覆盖层进尺不能过快，宜采用减压吊钻钻进。

（3）注意事项

桩基位置的溶（土）洞未处理时，采用泥浆护壁冲击成孔工艺的注意事项，应符合以下要求：

1）桩成孔深度至击穿溶洞顶板位置前，宜调低泥浆比重至1.15～1.2，并减小冲程，通过短冲程快速冲击方式逐渐将洞顶击穿，防止因冲程过大导致卡钻。

2）预先准备足够的优质泥浆，当击穿溶（土）洞出现少量护壁泥浆流失时，及时补充泥浆。

3）预先在施工桩孔周边准备黏土＋块（碎）石混合料及回填机械，当击穿溶（土）洞出现较大护壁泥浆流失时，及时回填黏土＋块（碎）石混合料并补充泥浆直至泥浆液面恢复。

4）当桩孔坍塌，在采取上述措施仍难以控制或砂层厚度大于1m时，宜采用长钢护筒护壁施工，长钢护筒高出地面不小于200mm，深至岩面或穿过砂、石层不小于1m。

5）对于泥浆护壁冲击成孔工艺，当钻头接近溶洞顶板时，应采用短冲程快打的方式缓慢冲破溶洞顶板。其目的是防止由于冲程过大，导致钻头在冲破溶洞顶板时掉钻和卡钻，也可减少大范围地面塌陷的发生。采用短冲程快打的方式施工，现场施工人员应做到"一听，二看，三监测"：一要听钻头冲击的声音判断其下面是否有溶洞；二要看孔内泥浆面的变化，当泥浆面迅速下降时，做好补石、抛石等应急措施；三要实时监测泥浆的性能指标并做好记录，并根据不同的情况对泥浆性能进行及时调整。

10.1.7 泥浆护壁及清孔

（1）泥浆护壁

在钻进过程中应随时补充泥浆，调整泥浆比重。泥浆具有以下作用：泥浆夹带被钻头削碎的土颗粒不断从孔底溢出孔口，可达到连续钻进连续排土；加固保护孔壁，防止地下水渗入而造成坍孔。在黏土和亚黏土中成孔时，可用水泵喷射清水，使清水和孔中钻头切削下来的土颗粒混成泥浆，成为自造泥浆护壁，排渣泥浆的比重应控制在1.3～1.4g/cm³；在易坍孔的砂土和较厚的夹砂层中成孔中时，应设置循环泥浆池和泥浆泵，用比重1.2～1.5g/cm³的泥浆护壁；在穿过砂夹卵石层时，泥浆比重应控制在1.3g/cm³。泥浆用塑性指数IP≥17的黏土调制，并应经常测定泥浆比重。

（2）清孔要求

1）钻孔深度达到设计标高后，应对孔深、孔径进行检查，符合表10-2要求后方可清孔。

2）清孔方法应根据设计要求、钻孔方法、机具设备条件和地层情况决定。

3）在吊入钢筋骨架后，灌注水下混凝土之前，应再次检查孔内泥浆性能指标和孔底沉淀厚度，如超过规定，应进行第二次清孔，符合要求后方可立即灌注水下混凝土。

（3）清孔时注意事项

1）清孔的方法有换浆、抽浆、掏渣、空压机喷射、砂浆置换等，可根据具体情况选择使用。掏渣法清孔只能淘取粗粒钻渣，不能降低泥浆相对密度，故只能作为初步清孔。使用高压水管插入孔底喷射清水时，射入水所需压力应稍大于清孔前泥浆的密度与钻孔深度的乘积。喷射清孔法采用射水或射风的时间约3～5min，所需射水（射风）的压力应比孔底水（泥浆）压力大 0.05MPa，射水压力过大易引起坍孔，过小则水或风射不出来，或虽能射出来，但不能起到翻腾沉淀物的效果。砂浆置换清孔法也可适用于换浆法清孔后，孔底沉淀物太厚不能满足设计要求的情况。

2）不论采用何种清孔方法，在清孔排渣时，必须注意保持孔内水头，防止坍孔。

3）无论采用何种方法清孔，清孔后应从孔底提出泥浆试样，进行性能指标试验，试验结果应符合广东省标准《岩溶地区建筑地基基础技术规范》DBJ/T 15—136—2018 的规定。灌注水下混凝土前，孔底沉淀土厚度应符合广东省标准《岩溶地区建筑地基基础技术规范》DBJ/T 15—136—2018 的规定。

4）不得用加深钻孔深度的方式代替清孔。

钻（挖）孔成孔质量标准　　　　　　　　　　　表 10-2

项目	允许偏差
孔的中心位置（mm）	群桩：100；单排桩：50
孔径（mm）	不小于设计桩径
倾斜度	钻孔：小于 1%；挖孔：小于 0.5%
孔深	摩擦桩：不小于设计规定 支承桩：比设计深度超深不小于 50mm
沉淀厚度（mm）	摩擦桩：符合设计要求，当设计无要求时，对于直径≤ 1.5m 的桩，≤ 300mm；对桩径＞ 1.5m 或桩长＞ 40m 或土质较差的桩，≤ 500mm 支承桩：不大于设计规定
清孔后泥浆指标	相对密度：1.03 ～ 1.10；黏度：17 ～ 20Pa·s 含砂率：＜ 2%；胶体率：＞ 98%

注：清孔后的泥浆指标，是从桩孔的顶、中、底部分别取样检验的平均值。本项指标的测定，限指大直径桩或有
　　特定要求的钻孔桩。

使用全护筒灌注水下混凝土时，当混凝土面进入护筒后，护筒底部始终应在混凝土面以下，随导管的提升，逐步上拔护筒，护筒内的混凝土灌注高度，不仅要考虑导管及护筒将提升的高度，还要考虑因上拔护筒引起的混凝土面的降低，以保证导管的坍置深度和护筒底面低于混凝土面。要边灌注、边排水，保持护筒内水位稳定，不至过高，造成反穿孔。

10.1.8　溶（土）洞处理

当溶（土）洞威胁施工安全时，应进行溶（土）洞处理。

（1）浅层溶洞处理

1）钢护筒跟进法是处理浅层溶洞，特别是土洞的主要方法。

2）对基桩处于单层或层数不多的浅层溶洞区，且浅层溶洞的洞高小于 3m，当钻孔至距溶洞顶 1m 左右时，应减小冲程，通过短冲程快速冲击方式逐渐将洞顶击穿，防止因冲程过大导致卡钻。

3）在钻至地表以下、地下水位以上范围内的浅层溶洞顶前，预先准备充足的小片石（片石直径 10 ～ 20cm）、黏土（黏土做成球状或饼状，直径 15 ～ 20cm）和水泥。根据溶洞的大小，回填片石和黏土的混合物，进行反复冲砸补漏，片石和黏土混合物的比例为4：1。

4）溶（土）洞以外 10m 范围以内有重要构筑物时，溶（土）洞体积较大，且具有一定的连通性，为保证周围构筑物的安全性，应对土洞进行预处理。

5）对浅埋的岩溶（土）洞，可将其挖开或爆破揭顶，如洞内有塌陷松软土体，应将其挖除，再以块石、片石、砂等填入，然后覆盖黏性土并夯实，再行施工。

6）埋深在 10m 以内洞体较小、空洞或半填充溶（土）洞可采用旋挖桩施工工艺成孔。

7）当使用冲击钻机钻孔时，钢护筒内径应比钻头直径大 40cm；护筒厚度保证 $1/130d \sim 1/150d$，且不少于 10mm；护筒顶面宜高出施工水位或地下水位 2m，还应满足孔内泥浆面的高度要求，在旱地或筑岛时还应高出施工地面 0.5m。

8）钢护筒入土深度宜控制在 $10 \sim 15m$ 内，以保护软弱覆盖层。当表层土层较软弱且溶洞发育强烈时，钢护筒应全面入岩，且不允许落在倾斜岩面上；若下层土层较坚硬密实，且无溶洞发育，钢护筒应进入该密实土层至少 0.5m。

9）钢护筒跟进方法应采用分段驳接振入法，即边成孔边用振动锤振入驳接加长钢护筒，或在确定进入岩面时，直接从孔顶驳入护筒。同时节段间的焊接应密实，不漏水。

10）护筒顶面中心与设计桩位偏差不得大于 5cm，倾斜度不得大于 1%。

（2）深部溶洞处理

1）埋深大于 10m 且洞高小于 5m 的溶洞。

溶洞为单个情况下，可以采用片石加黏土的反复冲孔，或灌注一定的低强度等级混凝土，然后进行冲孔；

串珠状溶洞情况下，可提前在桩基中心周边 $0.5 \sim 1.0m$ 的范围内采用溶洞压浆技术或旋喷帷幕施工工艺。

2）埋深大于 10m 且洞高大于 5m 的溶洞。

在有充填物情况下，抛填片石与黏土。当充填物为石质时，回填物以填土为主；当充填物为土时，回填物以片石为主。如果漏浆情况严重，抛填片石、黏土、水泥至孔底，并灌注 C20 水下混凝土加固孔壁；

在单个溶洞无填充物情况下，可回填片石和黏土，以片石为主，或填充混凝土、压浆；

串珠状溶洞或空洞洞高超过 8m 的情况下，可提前在桩基中心周边 $0.5 \sim 1.0m$ 的范围内采用溶洞压浆技术或旋喷帷幕施工工艺。

10.1.9 溶（土）洞预处理方法

溶（土）洞预处理的主要施工技术有：静压注浆技术、溶洞压浆技术、旋喷围帷技术等。

（1）静压注浆技术

1）河漫滩地层存在较厚的细砂层，表层松散不稳定且渗透性强。对于此类地质条件，宜在施工前对桩周覆盖层进行静压注浆处理以确保施工的顺利进行。

2）每个桩基周边应均匀布置 8 个钻探及注浆孔，注浆范围为岩面至护筒脚以上 5m 左右。静压注浆宜采用套管法注浆，即采用 $\phi127mm$ 套管打至护筒脚以上 5m 左右，注浆压力为 $0.5 \sim 1.0MPa$，水灰比为 1:1。

（2）溶洞压浆技术

1）压浆套管应安装至溶洞底板以上 $0.1 \sim 0.5m$。

2）当溶洞高度小于 5m 时，宜压注砂浆，砂浆配合比宜为：R42.5 水泥：粉煤灰：砂：水：减水剂＝ 300：130：1580：270：8.5。灌注施工自下而上分段进行，分段以套管节长为单位，段长以 2.0 ～ 3.0m 为宜，向上起出一段套管则灌注一段，直至设计顶面深度为止。当基岩岩溶、溶洞灌浆孔泵送压力达 13 ～ 15 MPa 时可终止压浆。

3）当溶洞高度大于 5m 时，宜压小碎石混凝土，小碎石混凝土配合比宜为：R42.5 水泥：粉煤灰：水：砂：碎石：减水剂＝ 180：200：220：840：990：6.86。压浆使用地泵进行泵送，采用自下而上，分段进行灌注。泵送压力约为 13 ～ 15MPa。当孔口返浆时即可停止压浆。

4）当溶洞体积较小，且洞内存在一定的充填物（卵石、碎石、黏土等），宜注压水泥浆。

（3）旋喷围帷技术

当基岩存在填充的大溶洞时，溶洞裂隙发育强烈透水性强，冲孔前溶洞内可进行旋喷形成止水帷幕便于后续施工。旋喷浆液中可加入水玻璃，比例为 5%，按桩基中心周边 50cm ～ 1m 作用影响范围进行旋喷。

10.1.10　溶洞后处理技术

1）溶洞后处理技术应以成孔后和成桩后的各项监测数据为依托，目的是为了保证桩基的工程质量和桩基极限承载力的提高。

2）终孔后应对已成孔的中心位置、孔深、孔径、垂直度、孔底沉碴厚度进行检验；在钻孔过程中如果出现处理漏浆时间过长或塌孔现象时，应对泥皮厚度进行检验。当各项指标达到要求时方可浇注混凝土成桩。当泥皮厚度超过要求值时可采用成桩后对桩周进行注浆处理的方法来增强桩周摩阻力。

3）当桩端持力层岩层裂隙发育强烈，且桩端持力层顶板厚度比要求设计厚度薄时，应对持力层进行桩端后注浆处理。

4）桩端后注浆处理应在下钢筋笼时预埋注浆管，注浆管应穿过沉碴进入岩面。注浆量应由桩端、桩侧土层类别、渗透性能、桩径、桩长、承载力增幅要求、沉渣施工工艺、上部结构荷载特点和设计要求等诸因素确定。

5）桩端后注浆处理的注浆压力应根据岩层裂隙发育情况而定，一般控制在 5 ～ 10MPa 之间。在桩端后注浆中，应以注浆量为主控因素，以注浆压力为辅控因素。现场应做好注浆量—注浆压力的记录情况。

10.1.11　溶洞多发事故应急处理措施

1）为了保证施工的安全性和经济效益的最优化。原则上对于桩端下 $3d$ 范围内洞高大于 10m 的溶洞，应主动避让，修改局部设计方案，确保工程质量和施工安全。

2）对于表层的土洞，以钢护筒跟进为主要的处理措施，通过钻孔成孔或人工挖孔桩成孔。在钻孔成孔过程中，当钻头到达溶洞顶板以上 1m 左右时，应减小冲程，通过短冲程快速冲击的方法逐渐将洞顶击穿。当顶板击穿时，先迅速提钻，避免卡钻和掉钻；再观察孔内的泥浆面的变化，一旦出现漏浆的情况应迅速补水，并投入片石和黏土的混合物，其比例为 7：3，待泥浆面稳定后再进行施工。

3）岩溶钻孔桩成桩过程中，当钻头进入基岩位置时，基岩表层一般发育不规则，特别是溶槽、半边溶蚀的发育强烈。当出现偏孔和卡钻现象时，应慢速提拉钻头，并投入一定量的小片石或卵石，并以小冲程方式冲平基岩表面，待孔底平整密实后再进行后续施工，直到终孔。

4）当基岩裂隙发育强烈，地下水渗流明显时，容易出现缓慢跑浆、反清水等现象。施工人员应密切关注泥浆面的变化，当出现跑浆情况时应投入适量的小片石封堵裂隙以稳定泥浆面；并随时检测泥浆的物理性能指标和化学性质，防止出现泥浆离析的现象。

5）对于基岩以下的溶洞，当桩端要穿越溶洞时，施工前应对溶洞进行压浆处理。当钻头到达溶洞顶板上以 1m 左右时，应适当减小冲程，通过短冲程快速的冲击方法逐渐将洞顶击穿。当顶板击穿时，先迅速提钻，避免卡钻和掉钻；一旦出现漏浆的情况应迅速补水，并回填片石和黏土的混合物，其比例为 7∶3；如果漏浆严重，在回填片石和黏土的基础上，再压浆、灌注低强度等级混凝土，待泥浆面稳定后再进行施工。

6）溶洞顶板被击穿后，当发现孔内水头迅速下降，护筒也伴随下沉。操作员应立即提起钻头，如果发现地面出现裂缝并有下沉迹象时，应立即组织在场施工人员撤离到安全地方，待地面下沉稳定后再行处理。

10.2　复合地基施工

在复合桩基的设计和施工中均要重视形成复合桩基的条件。当不能保证桩和桩间土能够同时直接承担荷载时，复合桩基被视为是偏不安全的，轻则降低工程安全储备，重则造成安全事故。

1）岩溶地区特殊的工程地质条件，要求复合地基施工时应注意以下情况：

① 复合地基施工前应结合工程情况进行现场试验、试验性施工或根据工程经验确定施工参数及工艺；

② 复合地基桩体施工先后次序的安排应根据所采用的施工工艺、加固机理、挤土效应等确定；

③ 应先施工挤土桩，后施工非挤土桩；当桩型均为挤土桩时，长桩宜先于短桩施工；

④ 垫层施工不得在浸水条件下进行，并注意对桩体及桩间土的保护，不得造成桩体开裂、桩间土扰动等。

2）岩溶地区水泥土类桩体施工应符合以下规定：

① 搅拌桩穿越溶（土）洞软弱充填物时，应采用四喷四搅，同时提高水泥掺入比；

② 旋喷桩穿越溶（土）洞、接近岩面 1m 范围内时，宜采用复喷、驻喷措施，以扩大加固范围和提高固结体强度；

③ 岩溶地区施工时，应考虑岩溶水对桩体的影响，水泥土类桩体宜使用外加速凝剂。

3）岩溶地区素混凝土桩施工应符合以下规定：

① 在软弱土层施工时，宜采用退打且隔桩跳打施工，以防止相邻桩内混凝土串孔；

② 施工遇到未处理的小溶（土）洞时，应停止拔管，连续灌注，直到灌满方可提升钻头；

③ 场地基岩面起伏较大时，钻机钻至基岩处，应降低钻进速度，避免出现钻孔偏斜或卡钻事故。

4）预应力混凝土管桩施工时，应采取必要的保护措施，防止土洞塌陷危及压桩机械设备和人员的安全。由于岩溶地区的岩面起伏通常较大，压桩时，应采取措施避免管桩施工碰撞岩面造成断桩。

5）长螺旋钻孔压灌桩施工时，由于压灌混凝土和插入钢筋笼时均有可能把土洞击穿，应控制压灌混凝土时的埋管深度，在插入钢筋笼过程中应注意及时补充混凝土，确保桩顶混凝土的高度。

第11章　岩溶地基基础监测

岩溶塌陷是岩溶地区因岩溶作用而发生的一种地面变形和破坏性的灾害。岩溶塌陷的形成，一般要具备三个条件：空间条件、物质条件和致塌作用力。针对以上形成岩溶塌陷的三个条件，目前常用的监测手段有：空间条件的监测技术方法、物质条件的监测技术方法和致塌作用力的监测技术方法。

本章主要介绍目前岩溶塌陷监测常用的三类监测方法的工作原理，并有针对性地阐述岩溶塌陷的监测技术要点。

11.1　岩溶塌陷监测技术方法及工作原理

11.1.1　空间条件的监测技术方法

对岩溶塌陷空间条件的监测，目前多采用的方法有：地质雷达、光纤技术、时域反射技术（TDR）、物探方法等。

（1）地质雷达

地质雷达又叫探地雷达，我国在20世纪90年代引进了这一技术，广泛应用于公路、铁路沿线及地质灾害易发地区的监测工作。其原理是通过发射端向地面发射高频电磁波，电磁波通过不同地面介质的反射波的形状是不同的；在接收端接收这些不同形状的反射波，反映到雷达图上，就可以分析地下的情况（图11-1）。当有土层扰动或溶（土）洞时，解析的雷达图上可以发现其与周围介质的图像有明显的差异。地质雷达可以监测土层扰动或溶洞的发育变化过程。在地质雷达的实际应用过程中，天线中心频率起关键作用。天线中心频率决定地质雷达的分辨率和所能探测的最大深度，频率越高，分辨率越大，而探测最大深度越小；反之，频率越低，分辨率越小，而探测最大深度越大。

经过多年的实践，地质雷达在岩溶塌陷监测中的应用已十分广泛。其优点主要有：

1）技术成熟，应用范围广；

2）能定期监测溶洞的变化；

3）对线性工程监测效果最好，如公路、铁路等；

4）操作布设相对简单。

而不足之处主要有：

1）受场地周边电磁波干扰大，影响探测效果；

2）不能直接读取数据，需要专业人士分析数据，而且会出现多解性的情况；

3）探测深度有限。

（2）光纤技术

光纤技术主要指基于布里渊散射的分布式光纤传感技术，主要有3种：时域反射计

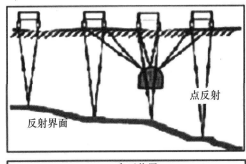

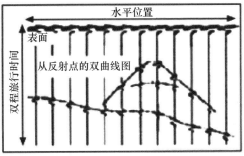

图 11-1　地质雷达工作原理

（Brillouin Optical Time Domain Reflectometer，BOTDR）的光纤传感技术、时域分析（Brilouin Optical Time Domain Analysis，BOTDA）的光纤传感技术、光频域分析（Billouin Optical Frequency Domain Analysis，BOFDA）的光纤传感技术。其中，BOTDR 在岩溶塌陷监测中应用的效果比较好。

BOTDR 原理：利用布里渊散射的频移变化量与光纤所受轴向应变量之间的线性关系，即当光纤被剪切或是拉伸时，通过分析接收到的布里渊散射光，可以计算出形变发生的具体位置、形变量以及发生时间。在岩溶塌陷监测中，该方法可以实时监测溶洞或上洞、溶蚀裂隙等的扰动、发育情况。同时，也能监测覆盖层的变形等。

（3）时域反射技术

时域反射技术（TDR）是一种远程电子测量技术。其原理是利用电磁在同轴电缆传播过程中，受到剪切力或是拉张力的作用，导致局部阻抗变化，使得接收到的反射波和散射波发生变化，从而推断发生形变的具体位置。当同轴电缆被剪断时，接收器的图谱会瞬间改变，可以实时推断溶（土）洞的发育情况。TDR 原理示意图如图 11-2 所示。

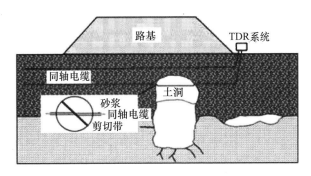

图 11-2　TDR 原理示意图

（4）物探方法

综合物探方法主要为传统的物探方法，其中包括高密度电法、浅层地震法、瑞利波勘探技术、声波透视法、无线电波透视技术、激光扫描技术、核磁共振技术、合成孔径干涉雷达技术（InSAR）等。最为常用的为高密度电法和浅层地震法。综合物探方法的选择一般依赖于勘察的目的和实际的经费情况。

11.1.2 物质条件的监测技术方法

对岩溶地区形成塌陷的物质条件的监测技术方法，目前主要有钻探取芯（岩芯样品等）法、综合物探方法、光纤技术、时域反射法、地面沉降及房屋开裂监测、土压力监测等。

传统方法为钻探法，即通过钻探和采集岩芯样品等工作，可探测覆盖层的实际厚度、岩性等，是一种直接方法，其结果相对准确，且技术发展较成熟。其中在岩溶塌陷分析研究中，见洞率是一个重要的指示指标。

另外，对土压力进行监测是研究岩溶塌陷的有效途径之一。由于土体的空腔压力与岩溶塌陷存在着较好的关联性，通过确定覆盖层的土压力变化情况与岩溶塌陷的关系，对覆盖层土压力临界值进行研究，进而深化研究岩溶塌陷的形成机理。

11.1.3 致塌作用力的监测技术方法

致塌作用力的监测主要是对岩溶区水动力条件的监测，包括地下水监测、地表水及大气降水监测，监测内容包括：地下水位、水气压力、地下水水质、地下水流速、流向等监测。

（1）地下水位监测

水位监测的主要技术方法有：

1）测钟：最简单的水位监测仪，适用于水位埋深浅的观测孔；

2）地下水位计：包括电地下水位计，红外地下水位计，声学地下水位计。

（2）水气压力监测

溶（土）洞土体的破坏与空腔压力的变化密切相关，而岩溶空腔压力与岩溶含水层水气压力的变化具有很好的对应关系。地下水气压力的监测主要采用压力传感器进行监测。目前压力传感器的种类很多，已经能达到定时定点全自动监测。

（3）地下水水质监测

地下水水质监测主要是通过采集钻孔或监测井中的水样，然后在实验室进行水质分析。

（4）地下水流速、流向监测

对于监测井的地下水流速和流向可以通过地下水流速仪来监测。地表水位和水质基本都是通过建立水质监测站（点）来监测，水位和水质监测与地下水监测类似。对于大气降水的监测则主要是通过建立气象站（点）来进行。

11.1.4 岩溶塌陷监测技术要求

岩溶塌陷研究中，要监测地面建筑物的变形，井泉或水库的水量、水位变化，地下洞穴发展动态，及时发现塌陷前兆现象，对预防塌陷、减轻塌陷灾害损失非常重要。在地面塌陷频繁发生地区或潜在地面塌陷区内，可采取以下监测和预报措施：

1）在具备地面塌陷的三个基本条件（即塌陷动力、塌陷物质、储运条件）的地区以及岩溶低洼地形地区，在抽排地下水的井孔附近，应对地面变形（开裂沉降）进行监测。

2）进行宏观水文监测，当出现地表积水或突然干枯，放水灌溉及雨季前期降雨都可视为可能发生塌陷的前兆。

3）注意收集或及时发现具有塌陷前兆的异常现象，如出现建筑物开裂或作响，植物倾斜变态，井泉或水库突然干枯或冒水、逸气，地下水位突升突降，地下有土层塌落声及动物惊恐等异常现象，皆应警惕塌陷即将来临。

4）监视井泉内、坑道与水库渗漏点的地下水位降深是否超过设计允许值，地下水位升降速度是否有骤然变化，渗漏水中泥沙含量是否高。另外，可以在井孔内安装伸缩性水准仪、中子探针计数器、钻孔深部应变仪及其他常规测量仪器等，以监测地下异常变形。

5）塌陷时地表会发生变形，地球物理场亦会发生一定的变化，利用这种特性，在洞穴上部埋设装有聚氯乙烯铜线的混凝土管，在临塌陷或大塌陷前，地表覆盖层发生变形时，混凝土管就会折断从而发出警报；也可以监测重力的变化，将重力变化的信号转换为具有音响的报警装置进行报警。

岩溶塌陷施工监测点的布设位置和数量应根据施工工艺、监测等级、地质条件和监测方法综合确定；布设时应设置监测断面，并能反映监测对象的变化规律及不同监测对象之间的内在变化规律。地表沉降监测断面及监测点应沿平行岩溶塌陷施工区边线布设，且地表沉降监测点应不少于 2 排，排距宜为 3～8m，第一排监测点据施工作业面边缘不宜大于 2m，点间距宜为 10～20m；此外应根据工程规模和周边环境条件，选择有代表性的部位布设垂直于边线的横向监测断面，每个横向监测断面监测点的数量和布设位置应满足对工程影响区的控制，每侧监测点的数量不宜少于 5 个。

岩溶塌陷影响范围内的地下管线及周边环境监测点的布设应符合以下规定：

1）地下管线水平位移监测点的布设位置和数量应根据地下管线的特点和工程需要确定；

2）地下管线位于主要影响区时，宜采用位移杆法对管线变形进行监测，次要影响区可在地表或土（岩）层中布设间接监测点进行监测；

3）地下管线复杂时，应对重要的、抗变形能力差的、容易破坏的管线进行重点监测；

4）施工区下穿地下管线且风险很高时，应布设管线结构直接监测点及管侧土体监测点，判断管线与管侧土体的协调变形情况。

岩溶塌陷影响范围建（构）筑物垂直及水平位移监测点布置应符合下列规定：

1）监测点应布置在基础类型、埋深和荷载有明显不同处，以及沉降缝、伸缩缝、新老建（构）筑物连接处的两侧。

2）建（构）筑物的角点、中点应布置监测点，沿周边布置时间距宜为 6～20m，且每边不少于 2 个；圆形、多边形的建（构）筑物宜沿横纵轴线对称布置。

3）倾斜监测点宜布置在建（构）筑物角点或伸缩缝两侧承重柱（墙）处，上、下成对设置且位于同一垂直线上，必要时中部加密。

11.2 岩溶地基变形监测

岩溶地区地质条件尤为复杂，若对其处理不当，地基变形量过大，将会影响建筑物的正常使用，甚至危及建筑物的安全。因此对地基变形的监测工作显得十分必要。本节介绍岩溶地区地基变形的一般要求，并对其监测技术要求做详细介绍。

岩溶地区地质条件十分复杂，建筑物需在施工期间及使用期间进行变形监测。一般需要对以下几类建筑物进行监测：

1）地基基础设计等级为乙级及以上的建筑物；

2）采用复合地基与天然地基的建筑物；

3）需加层或扩建的建筑物；

4）受邻近基坑开挖施工影响或受场地、地下水等环境因素变化影响的建筑物；

5）需要积累该区域建筑经验或要求进行设计反分析的工程。

对于处理后的建筑物的地基应根据设计要求进行沉降监测，另外在施工过程中需密切关注周边地下水的变化，基坑开挖时应按要求做好地下水变化监测。

11.3 岩溶基坑监测

岩溶地区地质复杂，基坑施工中需对整个基坑进行监测，监测内容主要包括：围护墙（边坡）顶部水平位移、围护墙（边坡）顶部竖向位移、深层水平位移、立柱竖向位移、地下水位、周边地表竖向位移等，本节结合现行规范及工程经验重点介绍岩溶地区基坑监测的规定及技术要求。

岩溶地区进行建筑物地下室基坑施工，整个施工过程中除了需要监测支护结构的变形之外，还需要重点关注地下水的变化，岩溶地区的地下水变化尤为敏感。施工过程中应采取措施预防降水引起的支护结构不稳定，此外应做好质量检验和水位监测，以及坑壁与坑底稳定性监测。施工期间的监测资料应作为检验建筑物地基基础工程质量和竣工验收的主要依据。

基坑工程的监测内容主要包括对支护结构稳定性的监测和对周边环境变化的监测。通过对于一级基坑的监测内容包括：围护墙（边坡）顶部水平位移、围护墙（边坡）顶部竖向位移、深层水平位移、立柱竖向位移、地下水位、周边地表竖向位移等内容。

根据《建筑基坑工程监测技术规范》GB 50497—2009，基坑工程仪器监测项目列表如表 11-1 所示：

基坑监测项目 表 11-1

监测项	基坑类别		
	一级	二级	三级
围护墙（边坡）顶部水平位移	应测	应测	应测
围护墙（边坡）顶部竖向位移	应测	应测	应测
深层水平位移	应测	应测	宜测
立柱竖向位移	应测	宜测	宜测

监测项		基坑类别		
		一级	二级	三级
围护墙内力		宜测	可测	可测
支撑内力		应测	宜测	可测
立柱内力		可测	可测	可测
锚杆内力		应测	宜测	可测
土钉内力		宜测	可测	可测
坑底隆起（回弹）		宜测	可测	可测
围护墙侧向土压力		宜测	可测	可测
孔隙水压力		宜测	可测	可测
地下水位		应测	应测	应测
土体分层竖向位移		宜测	可测	可测
周边地表竖向位移		应测	应测	宜测
周边建筑	竖向位移	应测	应测	应测
	倾斜	应测	宜测	可测
	水平位移	应测	宜测	可测
周边建筑、地表裂缝		应测	应测	应测
周边管线变形		应测	应测	应测

　　整个岩溶地区基坑监测过程中，监测工作应当辅助设计，形成一个动态设计与信息化施工的过程。对于围护结构施工前及溶（土）洞处理完成的前提下，基坑开挖过程中应采用分区抽水、水位观测等措施进一步检验。当开挖断面深度范围存在砂层等透水层时，开挖前宜采用局部开槽法，先挖探槽，检查渗漏水情况，开挖过程中密切监控基坑渗漏水情况。

　　岩溶地区整个基坑开挖过程中应设置水位自动化监测系统，施工过程应加强水位监测，除沿基坑周边设置水位监测孔外，还要求从基坑边缘向外侧扩展 4 倍开挖深度且不小于 70m 范围，设置至少 2 ～ 3 个水位观测断面，要求布点能满足测算降水漏斗的需要。在基坑开挖前应对围护结构做抽水试验检验截水效果，务必检测合格后再开挖。如果检测结果不合格，需要进一步采取堵漏措施，阻断坑内与坑外水力联系，例如袖阀管注浆、旋喷桩止水帷幕或其他有效措施，保证基坑外水位稳定及基坑开挖的结构安全。

　　当基坑需要降水施工时，若采用深井降水，基坑内水位监测点宜布置在建筑基坑中央、边线相邻两井的中间部位；当采用轻型井点、喷射井点降水时，水位监测点宜布置在建筑基坑中央、边线和周边拐角处，监测点数量应视具体情况确定。

　　当基坑外有被保护对象时，应当在基坑与被保护对象之间布置地下水位监测点，监测点间距宜为 20 ～ 50m，在相邻建筑物重要的管线或管线密集处应布置水位监测点，当设有止水帷幕时，监测点宜布置在止水帷幕的外侧约 2m 处。此外，地下水回灌控制水位的观测井应设置在回灌井点与被保护对象之间。

　　承压水的观测孔埋设深度应保证能反映承压水位的变化，承压降水井可以兼作水位观测井。

第12章 工程案例

12.1 工程案例一——岩溶地区地基基础选型案例

12.1.1 工程概况

广州市某住宅项目，地下2层，地上33层，建筑高度97.4m，剪力墙结构，作用在基础底的压强为540MPa。场地典型的地质剖面如图12-1所示，本栋建筑物共布置6个钻孔，补ZK5和ZK29揭露强风化粉质泥砂岩，补ZK6和补ZK7揭露中风化灰岩，ZK18和ZK28揭露微风化灰岩，基础底距基岩面的厚度为9.65～17.5m。场地钻孔见洞率约46.7%，属岩溶强烈发育地段。以多层溶洞为主，局部为单层溶洞，溶洞多无填充，部分有黏性土充填，洞高最大4.4m，为串珠状溶洞，最小为0.16m。

场地岩土层的主要物理力学参数如表12-1所示，强风化泥质粉砂岩端阻力特征值 $q_{pa}=750kPa$，中风化灰岩 $f_{rk}=15MPa$，微风化灰岩 $f_{rk}=30MPa$。

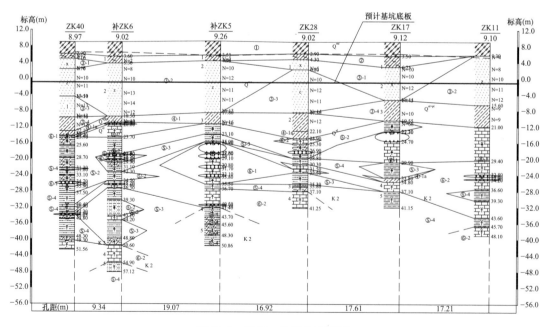

图12-1 案例一典型地质剖面

各岩土层的主要物理力学参数 表 12-1

岩土层名称	层厚（m）	地基承载力特征值（kPa）	CFG桩桩周土摩阻力特征值（kPa）	CFG桩桩端土承载特征值（kPa）		预制桩桩周土摩阻力特征值（kPa）	预制桩桩端土摩阻力特征值（kPa）	
				≤15m	>15m		≤16m	>16m
人工填土	2.3～6.5	60	10			10		
淤泥质土	0.8～4.75	60	8			9		
淤泥质细沙	2.2～16.65	80	8			11		
中砂	2.1～13.7	120	15			11		
粗、砾砂	2.4～19.1	160	25			30		
粉质黏土	1.4～5.4	150	15			30		
淤泥质土	0.8～9.6	65	9			9		
粉质黏土	1.5～8.8	180	15			33		
粉质黏土	0.9～8.2	220	35			40		
全风化泥质粉砂岩	0.6～8.3	300	40	500	750	55	2800	3800
强风化泥质粉砂岩	0.5～28.0	500	70	750	1000	100	3200	4200

12.1.2 地基基础选型及地基承载力的确定

根据地质条件和上部结构荷载作用的情况，本工程可采用深层搅拌桩（旋喷桩）、长螺旋钻孔压灌素混凝土桩、高强预应力管桩、深层搅拌桩＋长螺旋钻孔压灌素混凝土桩、深层搅拌桩＋高强预应力管桩等桩体类复合地基方案。

12.1.2.1 深层搅拌桩复合地基

深层搅拌桩的单桩承载力较低，如 $\phi500$ 的单桩竖向抗压承载力通常为 $80～120kN$。广州地区深层搅拌桩的无侧限抗压强度一般在 $0.1～0.3MPa$，当桩身在淤泥类土时，其强度一般不会超过 $0.5MPa$。所以，单纯的深层搅拌桩复合地基难以满足 33 层建筑物地基承载力和变形的要求，不宜采用。

12.1.2.2 长螺旋钻孔压灌桩复合地基

（1）单桩竖向抗压承载力特征值的估算

长螺旋钻孔压灌桩通常情况下难以穿过强风化岩层，其桩端持力层分别为强风化泥质粉砂岩，中风化灰岩和微风化灰岩。取桩端端阻力发挥系数 $\alpha_p=1.0$，按单桩承载力特征值计算公式计算的各钻孔的单桩承载力特征值如表 12-2 所示。

长螺旋钻孔桩单桩竖向抗压承载力特征值 表 12-2

孔号	补 ZK5	补 ZK6	补 ZK7	ZK18	ZK28	ZK29	平均
R_a（kN）	606	716	736	1547	1614	880	1016

对表 12-2 统计分析，标准差 $\sigma_f=468.87kN$，变异系数为 $\delta=0.461$，修正系数 $\gamma_s=0.619$，

则 $R_a = 0.619 \times 1016 = 629kN$。由此确定的单桩承载力特征值大致相当于大于 $\mu - \sigma$ 承载力的保证率为 84.13%，低于结构材料大于 $\mu - 1.645\sigma$ 强度的保证率为 95% 的要求。

场地岩溶强烈发育，$\phi 500$ 长螺旋钻孔压灌桩单桩竖向抗压承载力特征值的经验值为 $700 \sim 900kN$。综合考虑取 $\phi 500$ 长螺旋钻孔压灌桩单桩竖向抗压承载力特征值为 700kN。

（2）处理后桩间土承载力特征值 f_{sk} 计算

处理后桩间土承载力的确定，不但要考虑复合地基中桩的影响深度范围内地基土的差异性，还应考虑整个场地地基土差异的影响。

各钻孔处桩体深度范围内，由公式计算的桩间土承载力特征值如表 12-3 所示。

桩间土承载力特征值

表 12-3

孔号	补 ZK5	补 ZK6	补 ZK7	ZK18	ZK28	ZK29	平均
f_{sk}（kPa）	135.96	129	97.7	173	169.4	171.9	146.15

上述各钻孔处桩间土承载力特征值标准差 $\sigma_f = 30.56kPa$，变异系数为 $\delta = 0.209$，算出修正系数 $\gamma_s = 0.827$，则 $f_{sk} = 120.92kPa$，取 $f_{sk} = 120.0kPa$。

（3）长螺旋钻孔压灌桩复合地基承载力特征值

采用 1.5m×1.5m 间距布桩，面积置换率为 $m = 0.0489$，取单桩承载力发挥系数 $\lambda = 0.9$；桩间土承载力发挥系数 $\beta = 0.8$，由公式算得复合地基承载力特征值为 $f_{spk} = 366.72kPa$。

可以看出，单一的长螺旋钻孔压灌桩复合地基承载力也难以满足地基上压应力为 540kPa 的要求。

12.1.2.3 长螺旋钻孔压灌桩+深层搅拌桩复合地基

为提高复合地基承载力，在已有的长螺旋钻孔压灌桩之间增设挤土效应较小的深层搅拌桩，从而形成长螺旋钻孔压灌桩+深层搅拌桩复合地基。

（1）深层搅拌桩的单桩承载力特征值

采用 $\phi 500mm$，桩间距为 1.5m×1.5m 的深层搅拌桩，桩宜穿过场地中的砂层嵌入粉质黏土不少于 1.5m，桩长约为 $9 \sim 12m$。取深层搅拌桩的端阻力发挥系数 $\alpha_p = 0.8$，由式（7-10）算得深层搅拌桩单桩竖向抗压承载力特征值 $R_a = 357kN$。

实际上，深层搅拌桩的单桩承载力多数是由桩身强度控制的。场地桩身范围内无淤泥类土，深层搅拌桩桩身无侧限抗压强度按 1.2MPa 计，取 $\eta = 0.4$，则按中式（7-11）算得 $R_a = 94.27kN$。结合经验取 $R_a = 90kN$。

（2）长螺旋钻孔压灌桩+深层搅拌桩复合地基承载力特征值

这是典型的刚-柔性桩复合地基，其复合地基承载力特征值可用公式进行计算。采用 1.5m×1.5m 间距布桩时，$m_1 = m_2 = 0.087$，取 $\eta_1 = 0.9$，$\eta_2 = 0.8$，$\eta_3 = 0.8$，$R_{a1} = 700kN$，$R_{a2} = 90kN$，$f_{sk} = 120.0kPa$，$A_{p1} = A_{p2} = 0.1964m^2$，算得 $f_{spk} = 390.256kPa$。

考虑基础埋深的影响，修正后的复合地基承载力特征值：$f_a = f_{spk} + \gamma_m (D - 0.5) = 456.25kPa < 540kPa$。

不能满足地基承载力要求的主要原因是长螺旋钻孔压灌桩的单桩承载力偏低。

12.1.2.4 PHC 桩复合地基

PHC 桩具有桩身质量可靠、承载力高、工期短以及检测简单等优点，缺点是当岩面起伏较大或桩端下存在淤泥类软土，其下直接为中、微风化岩层等不良地质条件时易发生断桩。

慎重起见，确定建筑物基础方案时，事先进行了三个 PHC 桩的静压试验，均未发生断桩情况。到目前为止，本工程已施工了 3164 根 $\phi500$ 静压式 PHC 桩，出现了 10 根断桩，断桩率仅为 0.316%。由此说明，在岩溶较发育地区，当设计恰当、施工措施有效的情况下，采用静压式 PHC 桩基础方案是合理可行的。

（1）PHC 桩单桩竖向抗压承载力特征值

本工程采用 $\phi500$ 静压式 PHC 桩。PHC 桩属于挤土桩，一般情况下，其桩侧摩阻力特征值和桩端阻力特征值会大于钻（挖）孔灌注桩等非挤土类桩。

取桩端端阻力发挥系数 $\alpha_p = 1.0$，取强风化泥质粉砂岩端阻力特征值 $q_{pa} = 3800$kPa。单桩承载力特征值如表 12-4 所示。

表 12-4

单桩竖向抗压承载力特征值（kN）

孔号	补 ZK5	补 ZK6	补 ZK7	ZK18	ZK28	ZK29	平均
R_a	1297	1150	1090	1540	1550	1740	1395

最小的单桩竖向承载力特征值为 1090kN，考虑到岩溶发育程度，$\phi500$ 静压式 PHC 桩的单桩竖向抗压承载力特征值取 950kN。

（2）PHC 桩复合地基承载力特征值

同样，采用 1.5m×1.5m 间距布桩时，取单桩承载力发挥系数 $\lambda = 0.9$；桩间土承载力发挥系数 $\beta = 0.8$，算得 $f_{spk} = 466.398$kPa。

考虑基础埋深的影响，修正后的复合地基承载力特征值 $f_a = 542.4$kPa>540kPa。

12.1.2.5 PHC 桩＋深层搅拌桩复合地基

由上面计算可知，PHC 桩复合地基在考虑基础埋置深度后可满足地基承载力要求，但几乎没有富余，当复合地基范围内存在未处理的土洞或有新的土洞产生时，就有可能发生地基破坏。为此，在 PHC 桩之间增设深层搅拌桩，一是通过提高置换率来提高复合地基的承载力；二是增设的深层搅拌桩可以处理未发现的土洞和阻碍新土洞的产生。

采用 1.5m×1.5m 间距布桩时，$m_1 = m_2 = 0.087$，则 $f_{spk} = 489.93$kPa。考虑基础埋深的影响，修正后的复合地基承载力特征值 $f_a = 569.93$kPa>540kPa。

可看，PHC 桩＋深层搅拌桩复合地基在考虑基础埋深的影响后，满足建筑物的地基承载力要求，其地基承载力特征值可取 550kPa。

后来由于现场条件的限制，将深层搅拌桩改为高压旋喷桩，其单桩承力同深层搅拌桩，形成 PHC 桩＋高压旋喷桩复合地基。

12.1.3 复合地基承载力试验研究

为验证上述考虑岩溶发育程度的复合地基承载力计算方法的合理性及可靠性，进行了 3 组大压板 PHC 桩（C 桩）＋高压旋喷桩（M 桩）复合地基载荷试验，包括复合地基承载力、C 桩和 M 桩单桩承载力以及桩间土承载力等载荷试验内容，加载装置如图 12-2 所示。

图 12-2   静载试验图

12. 1. 3. 1   试验方案

（1）试验点及压力盒布置

试验点编号及桩参数如表 12-5 所示，分别在 C 桩、M 桩桩顶和桩间土上部布置 11 个土压力盒，以测试桩间土各自分担的承载力，如图 12-3 所示。

试验点编号及桩参数 表 12-5

试验编号	桩号	桩长（m）	桩号	桩长（m）
试验点 1	6M54	12.0	6M74	12.0
	6C267	12.2	6C258	11.2
试验点 2	5M84	12.0	5M96	12.0
	5C129	10.8	5C154	10.8
试验点 3	5M104	9.5	5M123	12.0
	5C308	13.2	5C319	12.8

注：1. 每组试验为 2 个 C 桩＋2 个 M 桩，其中有 M 字母的为 M 桩，有 C 字母的为 C 桩，桩径均为 500mm；
　　2. 复合地基承载力特征值为 580 kPa。

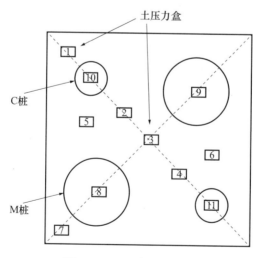

图 12-3   土压力盒布置图

注：数字代表传感器，圆圈代表桩，大圈代表 M 桩，小圈代表 C 桩。

（2）加载和沉降观测

1）加载。

试验采用逐级等量连续加载。最大试验荷载值为 1160kPa，分级荷载为最大试验荷载的 1/10，将前面两级荷载合并为一级，共进行了 9 次加载。每级加载后分别在第 5、20、35、50、65min 测读承压板的沉降量，以后每隔 30min 读一次，当承压板沉降速率达到相对稳定标准时，再施加下一级荷载。

承压板沉降相对稳定的标准为：当试验荷载小于等于特征值对应的荷载时每一小时内的承压板沉降量不超过 0.1mm，或者试验荷载大于特征值对应的荷载时每一小时内的承压板沉降量不超过 0.25mm，认为该级荷载下沉降相对稳定，可进入下一级加载。

2）沉降观测。

沉降观测：在承压板两侧对称位置垂直装设 4 个数显百分表，按规定时间对承压板沉降进行测读，取其平均值作为压板沉降量。

土压力盒观测：土压力盒读数的时间间隔同沉降观测，每级荷载下的桩、土应力值取该级土压力盒读数的平均值。

试验中在 2 根 C 桩桩顶、2 根 M 桩桩顶各布置一个压力盒，应力取其平均值，桩间土布置 7 个土压力盒，取其实测应力平均值。

12.1.3.2　试验结果

千斤顶加载到 5220kN（复合地基承载力极限值 1160kPa）时，测得的 C 桩、M 桩及桩间土应力及换算特征值如表 12-6 所示。由图 12-4 和表 12-6 可知：

1）随着荷载增加，C 桩桩顶应力增大的幅度要远高于 M 桩和桩间土，C 桩桩土应力比最低值约为 15，最高达 48，而 M 桩桩土应力在 1.5 ～ 8，说明应力集中于 C 桩，这是由于 C 桩刚度较大，变形较小。

2）试验点 1、2、3 的 C 桩、M 桩和桩间土分担的荷载比例分别为 75.5%、11.65%、13.1%；82.6%、9.5%、7.9%；73.6%、11.4%、15%。M 桩和桩间土承担荷载接近，处于相同水平，二者之和不超过 30%，这是由于桩间土较硬，而高压旋喷桩的置换率较低的原因。C 桩承担 70% 以上的荷载，说明在刚性桩复合地基中刚性桩承担了大部分荷载，刚性桩的应力集中表明：地基破坏时复合地基受力特征与桩筏基础相似或发生刺入破坏。

3）三个试验点测得桩间土承载力特征值分别为 112kPa、108kPa、121Pa，与前文提出的桩间土地基承力特征值计算方法算出的 120kPa 接近，桩间土发挥了相应的承载作用，但同时也说明 C 桩和 M 桩对桩间土的"夹持"作用不明显。

桩和桩间土应力及承载力特征值　　　　　　　　　　　表 12-6

压板试验编号	C 桩最大平均应力（kPa）	C 桩单桩承载力特征值（kN）	M 桩最大平均应力（kPa）	M 桩单桩承载力特征值（kN）	桩间土承载力特征值（kPa）
试验点 1	5039	982	781	152	112
试验点 2	5530	1078	638	124	108
试验点 3	4938	960	765	149	121
平均值	—	1006	—	142	114
计算值	—	950	—	90	120

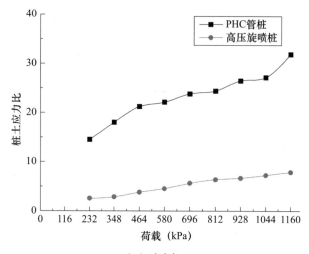

（*a*）试验点 1

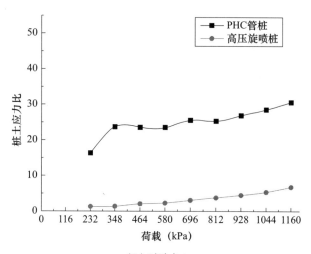

（*b*）试验点 2

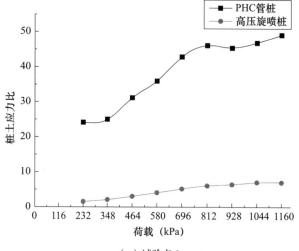

（*c*）试验点 3

图 12-4 桩土应力比曲线

由表 12-7 和图 12-5 可知，本次试验最大沉降量为 17.44mm，平均值为 13.90mm，小于 0.01b（b 为 2.12m，取 b＝2m，则 0.01b＝20mm），且三个试验点的 $p\text{-}s$ 曲线均为线性关系，复合地基承载力特征值可取 580kPa，该值大于计算值（550kPa）约 6%，说明上述岩溶地区复合地基承载力计算方法是安全可靠的。

复合地基静载试验结果　　　　　　　　　　　　　　　　　表 12-7

压板试验编号	压板面积（m²）	最大试验荷载（kN）	复合地基承载力特征值（kPa）	最大沉降量（mm）	承载力特征值对应的沉降量（mm）
试验点 1	4.50	5220	580	17.44	8.19
试验点 2	4.50	5220	580	9.36	4.07
试验点 3	4.50	5220	580	14.89	5.57

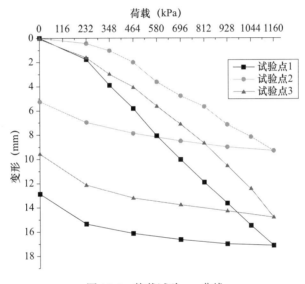

图 12-5　静载试验 $p\text{-}s$ 曲线

12.1.4　小结

1）前文提出的考虑岩溶发育程度的岩溶地区复合地基承载力计算方法，其计算结果与试验一致。

2）起伏明显的基岩面导致岩溶地区复合地基中的桩体长度相差较大，实际上形成长—短桩复合地基，使得桩间土及单桩的承载力在复合地基破坏时发挥得更加充分，地基承载力更高，沉降较少。

3）岩溶地区桩间土承载力 f_{sk} 的计算，宜先计算出各钻孔桩长范围内各土层承载力特征值的加权平均值，然后根据复合地基范围内各钻孔处桩间土承载力特征值的离散性和变异性进行统计处理，最后确定处理后的桩间土承载力 f_{sk}。

4）采用钢筋混凝土基础时，岩溶地区粘结材料桩复合地基单桩承载力发挥系数 λ 可取 0.9～1.0，当场地岩溶发育程度为强发育时取低值，当场地岩溶发育程度为微发育时取高值。

5）岩溶地区复合地基桩间土承载力发挥系数 β：对于水泥土搅拌桩（高压旋喷桩）复合地基，当桩侧土全为淤泥、淤泥质土时，可取 0.2～0.4，对其他土层可取 0.6～0.95；对于刚性桩复合地基，可取 0.8～0.9；对于刚—柔性桩复合地基，可取 0.6～0.9；对于长—短桩复合地基，可取 0.9～1.0。土洞发育或岩溶强发育时，β 取低值，微发育时取高值。

6）岩溶区桩端端阻力发挥系数 α_p，对于水泥土搅拌桩、高压旋喷桩，可取 0.7～1.0，岩溶强发育时取低值，微发育时取高值；其他黏结材料的桩可取 1.0。

7）刚性桩复合地基工作时，C 桩与桩间土应力比为 15～48，M 桩为 1.5～8，C 桩桩顶应力集中显著。

8）荷载分担方面，C 桩承担 70% 以上的荷载，M 桩和桩间土承担荷载接近，处于相同水平，二者之和不超过 30%。说明在刚性桩复合地基破坏时接近桩筏基础的特征或发生刺入破坏。

12.2 工程案例二——广州市某住宅项目 CM 桩复合地基工程

12.2.1 工程概况

广州市某住宅项目位于广州市荔湾区大坦沙中部，地铁五号线入江隧道北侧，总建筑面积约为 97649m²。地块东临珠江，地上为 6 栋 34 层高层住宅塔楼及配套公建，塔楼主屋面高度为 100m，地下为 2 层地下车库，地下车库埋深约为 11m。塔楼采用剪力墙结构，塔楼以外裙房、地下室采用框架结构。

12.2.2 地质、水文情况

12.2.2.1 场地地形地貌及岩土层分布

项目拟建场地地貌属珠江三角洲冲积平原，地貌单一。根据勘察资料，大坦沙西郊村住宅区场地勘察深度范围内岩土可划分为人工填土层（Q^{ml}）、第四系全新统海陆交互相沉积的淤泥质土层（Q^{mc}）、冲积—洪积砂层、粉质黏土层、淤泥质土层（Q^{al+pl}）、残积层（Q^{el}）及基岩（K_2）等。

各土层的力学参数如表 12-8 所示。

<table>
<tr><td colspan="7" align="center">土层物理力学参数　　　　　　　　　　　　　　　　表 12-8</td></tr>
<tr><td>土层</td><td>层厚（m）</td><td>f_{ak}（kPa）</td><td>q_{sa}（kPa）</td><td>q_{pa}（kPa）</td><td>E_s（MPa）</td><td>γ（kN/m³）</td></tr>
<tr><td><1> 人工填土</td><td>8.6～9.3</td><td>60</td><td>10</td><td>—</td><td>—</td><td>18.0</td></tr>
<tr><td><2> 淤泥质土</td><td>0.8～4.7</td><td>60</td><td>8</td><td>—</td><td>3.0</td><td>17.0</td></tr>
<tr><td><3-1> 淤泥质细砂</td><td>2.2～16.6</td><td>80</td><td>11</td><td>—</td><td>—</td><td>20.0</td></tr>
<tr><td><4-1a> 淤泥质土</td><td>2.0～3.8</td><td>60</td><td>9</td><td>—</td><td>3.0</td><td>17.0</td></tr>
<tr><td><3-2> 中砂</td><td>2.1～13.7</td><td>120</td><td>11</td><td>—</td><td>—</td><td>18.3</td></tr>
<tr><td><3-3> 粗砂</td><td>2.4～19.6</td><td>160</td><td>30</td><td>—</td><td>—</td><td>18.5</td></tr>
<tr><td><3-4> 粉质黏土</td><td>1.4～5.4</td><td>150</td><td>30</td><td>—</td><td>—</td><td>20.0</td></tr>
<tr><td><3-5> 淤泥质土</td><td>0.8～9.6</td><td>65</td><td>9</td><td>—</td><td>2.6</td><td>17.0</td></tr>
</table>

续表

土层	层厚（m）	f_{ak}（kPa）	q_{sa}（kPa）	q_{pa}（kPa）	E_s（MPa）	γ（kN/m³）
<4-1> 粉质黏土	1.5～8.8	180	33	—	3.1	19.0
<4-1a> 粉质黏土	1.0～3.1	80	9	—	2.5	17.0
<4-2> 粉质黏土	0.9～8.2	220	40	—	6.0	20.0
<5-1> 全风化岩	0.6～8.3	300	—	—	—	—
<5-2> 强风化岩	0.5～28.0	500	—	—	—	—

12.2.2.2 水文条件

项目场地地下水按含水介质特征划分，第四系砂土层赋存孔隙水，层状基岩裂隙水主要分布于风化裂隙发育的岩石强风化带层和中风化带层以及断裂带两侧。由于岩性及裂隙发育程度的差异，其富水程度与渗透性也不尽相同，其渗透性受基岩裂隙发育程度影响，局部裂隙发育，裂隙连通性较好，渗透性较强，导致地下水的渗透性在空间分布上的差异较大，总体上富水性较差。

该项目毗邻珠江，地下水主要受大气降水及珠江水的渗透补给，并向珠江径流排泄。勘察期间，地下水位埋深 1.5～4.0m，高程为 5.1～7.5m，场地地下水水量丰富，连通性好，并与周边河流有很密切联系。

12.2.3 特殊不良地质条件

12.2.3.1 溶洞

项目场地局部有溶洞存在，见洞率为 64.16%，属强烈发育。岩溶以多层溶洞为主，少量为单层溶洞，溶洞多数无填充，部分半填充或全填充，充填物以黏性土为主，局部夹碎块石，钻孔钻进时有响声，有漏浆现象。洞高最大为 4.9m，为串珠状溶洞，最小为 0.1m，大部分溶洞规模不大，洞高多为 0.3～1.0m。结合本工程超前钻钻孔溶洞揭示情况，场地岩溶发育不均匀，从西往东溶洞发育程度逐渐降低。典型地质剖面如图 12-6 所示。

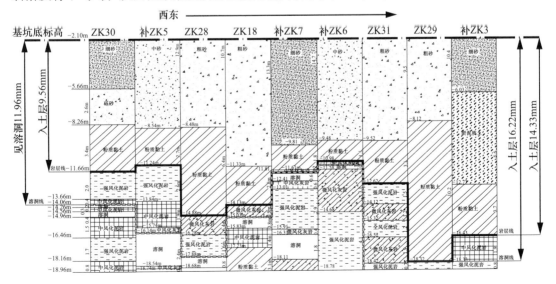

图 12-6 典型地质剖面图

12.2.3.2　岩溶水

碳酸盐岩类裂隙溶洞水主要赋存于石灰岩中，溶蚀裂隙和溶洞发育，水量中等至丰富。

12.2.4　地基基础比选及设计

该项目建筑共有 2 层地下车库，埋深约为 11m。结合上部结构形式、土层力学参数、岩溶岩面分布情况，经试算分析得出，天然地基承载力不满足要求，筏板基础不适用于本工程。塔楼区域有溶（土）洞存在，初步选用桩基础或复合地基基础。从成桩质量、持力层、造价及工期等方面综合考虑，同时结合岩溶地区地质对基础的不利影响，对常用的桩基础及 CM 桩复合地基进行对比分析。

根据场地情况，桩基础主要对比钻（冲）孔灌注桩和 PHC 管桩。钻（冲）孔灌注桩的优点主要表现在设计持力层可靠、清晰，但钻（冲）孔灌注桩在岩溶区的施工存在风险较高、质量难以保证、造价偏高、进度慢等困难，具体表现为：当钻（冲）透溶洞时易出现塌孔、漏浆等施工风险，而处理塌孔可能引起的事故需要的时间长，从而拖延工期；同时难以察觉钻（冲）孔土层内的土洞及小塌孔，难以判断容易出现的断桩等质量问题。对于采用非复合地基的 PHC 管桩基础，通过试算，此桩基础需要满堂布置，单桩承载力特征值较大，达到 1500kN；大承载力的 PHC 管桩对于承载地层要求较高，常需要穿过夹层或孤石，施工较为困难，并且，由于承载力过大，施工时遇到溶洞易产生滑桩、断桩等质量问题，不满足基础设计的要求。

CM 桩复合地基（刚—柔性桩复合地基）由 C 桩（刚性桩）、M 桩（亚刚性桩）、桩间地基土和褥垫层四部分共同组成。CM 桩复合地基是在对国内外复合地基的工作机理、褥垫层效应、传力特性、应力分析、变形及承载力深入研究基础上提出的一种新型复合地基，具有以下技术特点：

1）C 桩（刚性桩）与 M 桩（亚刚性桩）的平面交叉布置和空间长短布置使平面及空间形成刚度梯度，从而获得了高强度的复合地基。

2）CM 复合地基中形成的三维应力，不仅调动了深层土参与复合地基工作，也使桩间土的强度得到提高，从而使土的参与工作系数大于 1.0。

3）CM 复合地基竖向长短桩布置的优化使之形成三层地基，从而减小了复合地基的沉降。

4）CM 复合地基在广东地区高层建筑中已得到广泛应用，基础的沉降可控制在 6.1 ～ 11.3mm。另外根据测算，CM 桩复合地基的造价相对钻（冲）孔灌注桩较低，两种方案在本场地的适应性对比如表 12-9 所示。

钻（冲）孔灌注桩与 CM 桩复合地基适应性比较　　　　表 12-9

类型	成桩质量	持力层	造价	工期	判断
钻（冲）孔灌注桩	难以控制	各种岩层	高	慢	否定
CM 桩复合地基	高	强风化岩	中	中	选用

通过以上分析对比可知，岩溶强烈发育区塔楼基础选用 CM 桩复合地基，其中 C 桩（刚性桩）采用静压 PHC 管桩（原因如表 12-10 所示），M 桩（亚刚性桩）采用高压旋喷桩，这是因为 M 桩需在基坑开挖完成以后进行施工，由于水泥土搅拌桩钻机机械体积较

大、较高，会与内撑发生碰撞；同时考虑到该工程有较密的砂层存在，水泥土搅拌桩很难钻入此砂层。

C 桩两种工法适应性比较　表 12-10

类型	岩溶地区特殊性	判断
长螺旋泵送混凝土	（1）桩长容易控制； （2）复合地基承载力不满足设计要求； （3）难以保证桩身质量	不采用
静压 PHC 管桩	（1）桩长容易控制； （2）复合地基承载力满足设计要求； （3）能有效保证桩身质量	采用

综上所述，塔楼采用 CM 桩复合地基基础方案，CM 桩复合地基示意如图 12-7 所示。其中 C 桩（刚性桩）采用直径为 500mm、壁厚为 125mm 的 PHC 管桩，桩长约为 7～20m，桩间距为 1.5m；M 桩（亚刚性桩）采用高压旋喷桩，成桩直径不小于 500mm，桩长约为 9m，桩间距为 1.5m，与 C 桩（刚性桩）梅花间隔布置。

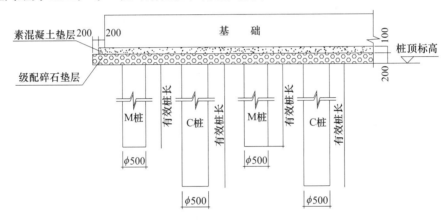

图 12-7　CM 桩复合地基示意

CM 桩复合地基基础施工平面布置如图 12-8 所示（以 5 号和 6 号塔楼为例）。

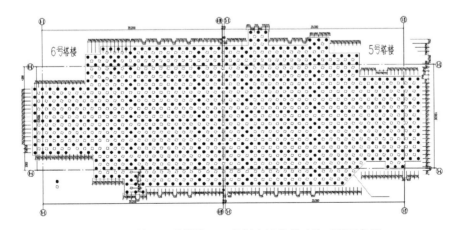

图 12-8　5 号和 6 号塔楼 CM 桩复合地基基础施工平面布置

12.2.5 CM 复合地基在岩溶地区的应用分析及施工要点

由于该项目地处岩溶地区，地质条件复杂，因此基础设计和施工的要求相对较高。以 CM 复合地基为例，下面论述该方法在工程中的可靠程度和具体施工。

（1）CM 复合地基载荷试验

项目总桩数为 C 桩（刚性桩）1582 根，M 桩（亚刚性桩）1319 根，施工时间为 70d 左右（图 12-9）。C 桩（刚性桩）共断桩 15 根，断桩率约为 1%，这可以证明岩溶地区选用静压 PHC 管桩施工 C 桩（刚性桩）的安全可靠性。

为了进一步验证 CM 复合地基的可靠性，进行了 CM 复合地基载荷试验。

图 12-9　CM 复合地基施工现场（一）

CM 桩复合地基承载力试验结果如表 12-11 所示。

CM 复合地基承载力试验结果汇总　　　　　　　　　　　　表 12-11

试验编号	压板面积（m²）	地基承载力特征值（kPa）	最大试验荷载（kN）	最大沉降量（mm）	地基特征值对应的沉降量（mm）
试验 1	4.50	580	5220	9.30	3.61
试验 2	4.50	580	5220	17.44	8.19
试验 3	4.50	580	5220	20.83	9.98
试验 4	4.50	530	4770	27.36	14.67
试验 5	4.50	530	4770	7.47	2.89
试验 6	4.50	510	4590	18.28	11.01

根据试验的结果，按《建筑地基基础设计规范》GB 50007—2011 和《复合地基技术规范》GB/T 50783—2012 的公式计算：

$$f_{spk} = \eta_c m_c R_{ac}/A_{pc} + \eta_m m_m R_{am}/A_{pm} + \eta_s (1 - m_c - m_m) f_{ak}$$
$$= 510 \text{kPa} > p_k = 480 \text{kPa}，满足承载力要求。$$

对于沉降计算，s 取上表中最大沉降量 27.36mm，计算得出 CM 桩复合地基最大沉降

允许值 $[s] = 35mm$，即 $s < [s]$，满足规范要求。

（2）注浆加固施工

该项目对 CM 桩复合地基范围内第一层溶洞顶板厚度小于 1m 的 12 个勘探孔的相关区域进行桩底注浆加固，注浆孔孔径 110mm，排布形成条带状，间距 2m×2m，共 104 个孔。注浆主要填充溶（土）洞顶层，以加强第一层溶洞顶板岩层的整体性。注浆优先采用 M7.5 水泥砂浆，根据现场土质情况适当调整水灰比；亦可采用纯水泥浆或 C15 素混凝土。

根据西郊村的现场条件，注浆的施工顺序如下：溶洞充填注浆施工应在 CM 桩复合地基施工之前进行；先处理场地周边溶洞，后处理中部溶洞；先处理洞高度大且无填充的溶洞，再处理洞高度小、有充填的溶洞；先灌注砂浆，后灌注水泥浆；对相邻较近的注浆孔，采取间隔成孔注浆施工。

注浆加固后，注浆质量的检测采用标贯和钻芯法检测，每栋塔楼检测数量不少于 3 个，检测结果均满足设计要求。具体检测结果如下：溶（土）洞区域标贯击数不少于 10；无填充、半填充溶洞全填充；抽芯检测采芯率达到 90%；检测注浆孔泥浆不漏失。

（3）结论

根据 CM 复合地基在广州市西郊村项目中的应用，可得出以下结论：

1）在岩面较平整的岩溶地区，静压 PHC 管桩具有桩身质量好、施工速度快、可进入全风化岩层的特点，并且施工过程无噪声、无污染，是一种经济安全的桩基形式。

2）CM 桩复合地基具有高强度、低沉降的优点，其空间刚度梯度组合形成的高强应力场，既调动浅层土又可以调动深层土参与工作，同时 C 桩（刚性桩）间静态施工的 M 桩（亚刚性桩）可以使复合地基强度得以提高；优化配置的 C 桩（刚性桩）与 M 桩（亚刚性桩）变形模量较高，从而减小了复合地基的沉降。

3）在岩溶地区采用 CM 桩复合地基，可将岩面应力大大减小，可不计算溶洞顶板的承载力，为桩基不穿透溶洞提供了一个较好的方案。

4）在岩溶地区要探明和处理所有溶（土）洞是不符合实际的，因而，可根据地质勘察资料并结合基础形式，选择只对工程安全有影响的溶洞相关区域进行加固处理，这为岩溶地区的溶洞处理提供了一个新的方向。

12.2.6　关于岩溶地区桩土应力比的研究

在广州市西郊村项目中，还有一点值得深究，即岩溶地区桩土应力比的问题。对于这个问题，我们做了以下试验并分析。

12.2.6.1　复合地基压板静载试验

广州市西郊村项目建设过程中共进行了三组压板静载试验，压板试验布置在 5 号塔楼筏板基础底，如图 12-10 所示，试验编号 YB1、YB2、YB3。每组包含 2 个 C 桩（刚性预应力管桩）、2 个 M 桩（亚刚性高压旋喷桩），其承压板布置如图 12-11 所示。

复合地基压板静载试验 p-s 曲线如图 12-12 所示。

从图 12-14 可看出，本试验所加载的最大试验荷载达到设计承载力特征值的 2 倍时，其 p-s 曲线均未出现明显的比例界限，复合地基均未出现破坏，因此复合地基承载力特征值取为最大加载荷载的 1/2，即 530kPa，复合地基的承载力均能满足设计要求。由此得出

C 桩（刚性桩）、M 桩（亚刚性桩）及桩间土的承载力特征值及对应的沉降量如表 12-12 所示。

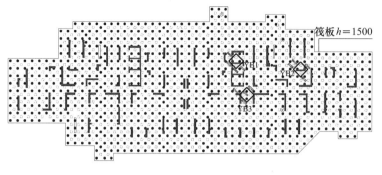

图 12-10　压板试验位置分布图

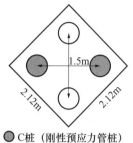

图 12-11　CM 桩布置及
承压板布置图

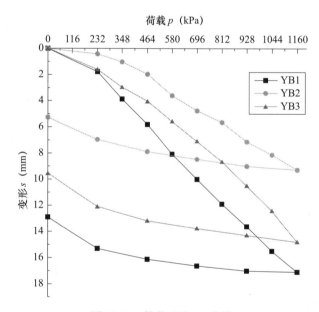

图 12-12　静载试验 p-s 曲线

复合地基静载试验结果

表 12-12

压板试验编号	压板面积（m²）	最大试验荷载（kN）	复合地基承载力特征值（kPa）	最大沉降量（mm）	承载力特征值对应的沉降量（mm）
YB1	4.50	5220	580	17.44	8.19
YB2	4.50	5220	580	9.36	4.07
YB3	4.50	5220	580	14.89	5.57

12.2.6.2　单桩承载力试验

广州市西郊村位于岩溶地区，为减少岩面起伏对 C 桩（刚性桩）压桩的影响，C 桩的单桩承载力设计值取值较低，为 950kN（承载力压强 4838kPa），M 桩（亚刚性桩）单桩承载力设计值取为 80kN。即 C 桩具有较大的安全储备，符合设计关于降低 C 桩单桩承载力的设计要求。单桩承载力试验结果如图 12-13 所示，其中选取桩径为 500mm，桩体为预应力管桩（PHC 管桩）。

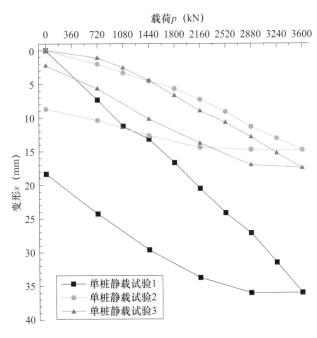

图 12-13 单桩承载力试验结果

12.2.6.3 岩溶地区和非岩溶地区桩土应力比对比

根据表 12-13 中岩溶地区与非岩溶地区数据对比可知，岩溶地区桩基的桩土应力比较大，考虑到广州市西郊村的地质特征为微 / 中风化岩（含溶洞）上覆砂层。因此，预应力管桩施工时将穿过砂层，与微 / 中风化岩（含溶洞）岩面接触，承载力骤然增大。施工完成后的预应力管桩，由于直接接触的岩面强度较大，其刚性更强。并且，由于岩溶地区桩间土承载力较小，因此在岩溶地区中，尤其是覆盖型岩溶地区，刚性桩承担的荷载往往较大。

复合地基桩土应力比变化对比 　　　　　　　　　　　　　　　表 12-13

桩体类型	岩溶地区			非岩溶地区 *	
	YB1	YB2	YB3	1 号试验点	2 号试验点
C 桩	14.53 ～ 31.9	16.4 ～ 30.6	24.1 ～ 49.0	10.77 ～ 25.62	10.81 ～ 47.16
M 桩	2.6 ～ 7.9	1.3 ～ 6.8	1.6 ～ 7.0	1.51 ～ 1.88	2.13 ～ 6.22

注：*数据来源：张旭群，杨光华等.《CM 桩复合地基桩土应力比及垫层效应现场试验研究》. 岩土力学，2015（6）.

另外，由于高压旋喷桩的固土作用，加强了 PHC 管桩的竖向承载力，所以，在筏板和垫层下，其承载力往往较大，甚至超过了承载力设计值。但由于岩溶地区岩面起伏大，以及土洞的存在等因素影响，PHC 管桩的设计承载力过大将会导致断桩率提高。因此，岩溶地区复合地基的 PHC 管桩的设计承载力不宜过大，而应作为安全储备。根据施工记录，本项目 1582 根 C 桩（刚性桩）在压桩过程中断桩 15 根，断桩率低于 1%。

在上部结构施工过程中，沉降观测结果如图 12-14 所示。

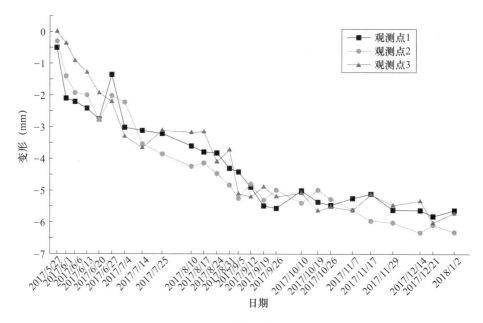

图 12-14 地基沉降观测曲线

根据图 12-14 地基沉降观测曲线可知，地基沉降最大值小于 7mm。广州市西郊村项目的岩溶地区承载力符合要求，并且变形控制较为理想。由此可见，该项目采用的通过降低 C 桩（刚性桩）承载力设计值的方法，更好地发挥了桩间土作用，较好地控制了地基沉降。CM 桩复合地基施工如图 12-15、图 12-16 所示。

12.2.7 结论

1）岩溶地区岩面起伏、上部软弱层或砂层、土层承载力和土洞的存在均对复合地基桩土应力比产生较大影响。

2）随着荷载增大，预应力管桩（C 桩）和高压旋喷桩（M 桩）的桩土应力比均增大。与高压旋喷桩（M 桩）相比，预应力管桩（C 桩）的桩土应力比较大。主要原因是高压旋喷桩桩身强度较低，在复合地基中主要起到固土作用，提高桩间土承载力和预应力管桩的侧向支承作用。

3）岩溶地区桩基的桩土应力比较大，主要是由于岩溶地区桩端持力层的突变和岩溶地区桩间土承载力较小有关。

4）岩溶地区复合地基的 PHC 管桩的设计承载力不宜过大，而应作为安全储备。

5）桩土应力比不是定值，应该随着荷载的增大，采用不同的桩土应力比设计。而通过降低 C 桩（刚性桩）承载力设计值，可降低桩土应力比，从而达到更好的发挥桩间土作用的目的。

图 12-15 CM 桩复合地基施工现场（一）

图 12-16 CM 桩复合地基施工现场（二）

12.3 工程案例三——广州花都某旅游城住宅 A 区项目基坑工程

12.3.1 工程概况

项目位于广州市花都区平步大道东以北，曙光路以西地块。该旅游城住宅 A 地块划分为 A1、A2、A3 三个单独地块，总占地面积约 $168240m^2$，总建筑面积约 $843840m^2$，项目主体为 27 幢高层住宅楼（包括 5 栋 11 层、2 栋 31 层、20 栋 33 层住宅楼），最大层高约 99.7m。项目配套公建规划有 2 栋 3 层幼儿园、1 层卫生站、1 层文化室、1 层社区居委会、1 层商业服务、1 层邮政建筑等。配套设施建筑面积约 $20078m^2$，商业部分建筑面积 $18170m^2$。住宅建筑主体为剪力墙和框架核心筒结构。本次拟建的 A1 场地（除幼儿园外）、A2 场地（除幼儿园外）及 A3 整个场地拟建 2 层地下室，每个地块基坑周长约为 1000m，开挖深度约 8m。

12.3.2 地质情况

12.3.2.1 地质构造

项目拟建区域位于广州市花都区，地处珠江三角洲的冲洪积平原区的几何中心北端，地貌条件为平地，地面标高约为 17.1 ～ 18.0m，地面平坦。本区域的地层有上古生界石炭系下统大塘阶石磴子组（C_{1ds}），石炭系下统大塘阶、石炭系中上统壶天群（$C_{2+3}ht$），三叠系地层（T_3x）、二叠系下统栖霞组（P_1q）炭质灰岩，二叠系下统龙潭组（P_2L）杂色石英砂岩、泥岩、泥质灰岩、泥质粉砂岩及第四系（Q）地层等。本区域下伏基岩为石灰岩、砂岩、泥质岩系列，场地主要为石炭系下统大塘阶石灰岩。

项目所在区域主要存在北东—北北东向、北西—北北西向及近东西向三组断裂：

（1）北东—北北东向断裂

近场区的北东—北北东向主要有龙塘—金利断裂带、石碣断裂、广州—从化断裂带等。

1）龙塘—金利断裂带：断裂推测沿北江延伸，为第四系覆盖。主要依据是断裂两侧的构造线方向不同，断裂东侧是第三系组成的构造盆地，构造走向近南北，地层厚超过1000m，且沉积中心靠近断裂带；以西构造线为近东西或北东向，地层出露主要为上古生界及中生界；断裂向西南延伸到金利西南的罗客大山一带后显露于地表，可见 50 ～ 100m宽的破碎角砾岩带，并有大量充填的石英脉。

2）石碣断裂：断裂走向北东 15° ～ 20°，倾向南东，倾角 60° ～ 70°。可分两段：断裂东北段北起企冈村一带，向南南西经石碣、兴贤、良坑、罗村等地，西南至王借冈一带，推测总长度约 15km。地貌上，断裂西北侧为高程 40 ～ 50m 的侵蚀台地，东南侧 5m 以下的为三角洲堆积平原。断裂大部分均隐伏于第四系之下，仅有北端显示较为清楚。

3）广州—从化断裂带：断裂走向北北东，北起从化良口，往南西经温泉、从化、神岗至广州三元里，广州往西南之隐伏段大致经龙江、龙山等地，抵西江左岸九江一带后为西江断裂所截，全长约 90km。

（2）北西—北北西向断裂

白坭—沙湾断裂带：该断裂北起花都区白坭，向南经南海区官窑、松岗、大沥、平洲、陈村至番禺沙湾，沿蕉门没入伶仃洋。断裂控制三水盆地的发育，是控制盆地东侧的边界断裂。

（3）近东西向断裂

近场区近东西向断裂主要有银盏—永汉断裂带、瘦狗岭—罗浮山断裂带、广三断裂。

1）银盏—永汉断裂带以南是由泥盆系、石炭系组成的北东向花都区复向斜，复向斜的北缘由于受到东西向断裂带的控制，整齐划一地阻隔在同一纬度线上。

2）瘦狗岭—罗浮山断裂带形成于中生代，燕山运动中期活动强烈，导致断裂北升南降，控制南侧红色盆地的生成和发展。

3）广三断裂东起广州南部，往西经三水盆地，并将三水盆地分成南北两半，然后向西延伸至高要东北的广利一带，总体走向北西西至近东西向，全长 120km。

12. 3. 2. 2 岩土层划分

根据钻孔揭露及详勘资料，场地岩土按成因类型可划分为：人工填土层（Q_4^{ml}），冲洪积层（Q_4^{al+pl}）、残积层（Q^{el}）和基岩风化带（C）。从钻孔揭露的资料分析，本场地下伏基岩为石炭系灰岩，其上风化层厚度变化较大。

现仅根据已揭露的资料，自上而下将岩土层特征分述如下：

1）人工填土层（Q_4^{ml}）

<1> 耕植土：该该场地的表层土全为耕植土，为地表农田、果园耕种时期形成，呈灰色，松散（可塑），主要由砂粒，黏性土等组成，含较多植物根茎。

2）河流冲洪积层（Q_4^{al+pl}）

河流冲积层由粉质黏土、淤泥质土、砂层等共 6 层组成，以砂层为主，除顶层的粉质黏土层外，其他各土层相互过渡的现象显著。

<2-1> 淤泥质土：灰色，软塑，土质不均，黏滑，含有机质；

<2-2> 粉质黏土层：灰色，灰白色，褐红色，可塑，土质不均，粗糙；

<2-3> 粉细砂层：灰白色，松散，饱和，含少量黏粒；

<2-4> 中粗砂层：灰白色，褐黄色，饱和，松散～中密，含少量黏粒；

<2-5> 泥炭质黏土：黑色，硬塑。

<2-6> 泥炭质黏土：黑色，硬塑。

3）残积层（Q^{el}）

场地内残积土层为角砾状灰岩风化残积而成。

<3-1> 粉质黏土：棕红色、灰黄色，可塑，土质不均，粗糙，含有未风化石灰岩角砾，岩芯含黏粒及砂粒的变化较大。

4）基岩层（C）

场地范围内揭露基岩层为石灰岩（C），按风化程度可分为全风化带、强风化带、中风化带、微风化带。

<4-1> 全风化角砾状灰岩：棕红色、灰黄色，芯呈坚硬土柱状，岩芯浸水易软化，用手捏易散，含较多未风化或部分风化的灰岩角砾，原岩结构部分尚可辨认；

<4-2> 强风化角砾状灰岩：灰黄色、黄色，芯多成碎块状，碎块多为石灰岩角砾，粒径 2～8cm，浸水易溃散，原岩结构清晰可辨，但浸水后无法进行辨认；

<4-3> 中风化石灰岩、角砾状灰岩：青灰色、灰色，呈碎块状，局部呈扁—短柱状，节理裂隙发育，岩石部分结构已破坏，裂隙面内多有溶蚀现象；

<7> 微风化石灰岩、角砾状灰岩：灰色、青灰色、紫红色，呈短—长柱状，局部碎块状，个别整体状，节理裂隙不发育，岩石结构基本未变，仅沿裂隙面多有方解石脉，块状构造，坚硬岩。

5）溶、土洞

在场地内勘察时揭露有溶、土洞。

<6-1> 土洞：洞内多为软塑状、可塑状粉质黏土、砂粒和碎石。

<6-2> 溶洞：洞内呈空—全填充状态，洞内填充物多为水、流泥、碎石、砂粒等。

各层岩土参数如表 12-14 所示。

各层岩土参数表（直剪／固结快剪）　表 12-14

地层序号	土岩名称	状态	天然重度	压缩模量	变形模量	黏聚力	内摩擦角
			γ（kN/m³）	Es（MPa）	E0（MPa）	C	φ
<1>	耕植土	松散	18.0	5.00	8.00	8.0/10	10.0/12
<2-1>	淤泥质土	软塑	17.0	2.50	4.00	5.0/8	8.0/10
<2-2>	粉质黏土	可塑	19.5	5.10	18.00	15.2/18	14.6/16
<2-3>	粉细砂	松散为主局部稍密	18.0	—	12.00	—	20.0/30
<2-4>	中粗砂	稍密为主局部松散、中密	18.5	—	20.00	—	31.0/33
<2-5>	砾砂	稍密为主局部松散、中密	19.0	—	30.00	—	35.0/37
<2-6>	圆砾	稍密～中密	20.0	—	35.00	—	38.0/40
<3-1>	粉质黏土	可塑为主局部硬塑	19.5	5.04	20.00	18.4/20	13.6/16
<4-1>	强风化灰岩	碎块状	20	9.30	110.00	8.0	24.0

12.3.3　水文条件

12.3.3.1　地表水

项目场地目前存在多条灌溉水渠，A1 及 A3 地段东侧有一条约 4m 宽水沟，流向由北向南流，A3 地段西侧有一条宽约 2m 的水沟自西流向东后穿越 A3 中部后，两水沟汇流。项目场地易形成大量地表水系，并由北向南排泄。

12.3.3.2　地下水

项目场地地下水类型主要是第四系孔隙水、基岩风化裂隙水、覆盖型碳酸盐岩类裂隙溶洞水（详细情况见下节）。

1）第四系孔隙水含水层主要赋存于冲洪积粉细砂层、中粗砂层、砾砂层及圆砾层。水量较丰富，富水性中等，属中等～强透水性土层。地下水来源主要为大气降水和地表水径流补给，排泄方式主要为自然蒸发和侧向径流。场地第四系孔隙水与场地内水沟及灌溉渠有密切的水力联系。

2）基岩裂隙水赋存于中、微风化岩的风化裂隙中，含水层无明确界限，埋深和厚度不稳定，其透水性主要取决于裂隙发育程度、岩石风化程度和含泥量。其透水性为弱透水，具有一定的承压性。在天然状态下，基岩风化裂隙水含水层主要来源是大气降水的渗入补给或其他风化岩层水的越流补给。

12.3.4　特殊不良地质条件

12.3.4.1　溶洞

项目场地处于岩溶发育区，根据工程勘察报告，场地岩溶见洞率为 15.0%，溶洞最高洞高约为 17.6m，平均洞高约为 7m，洞内呈空～全填充状态，洞内充填物多为水、流泥、

碎石、砂粒等，属于岩溶中等到强烈发育。住宅 A 地块岩溶地区岩面起伏关系如图 12-17
所示。

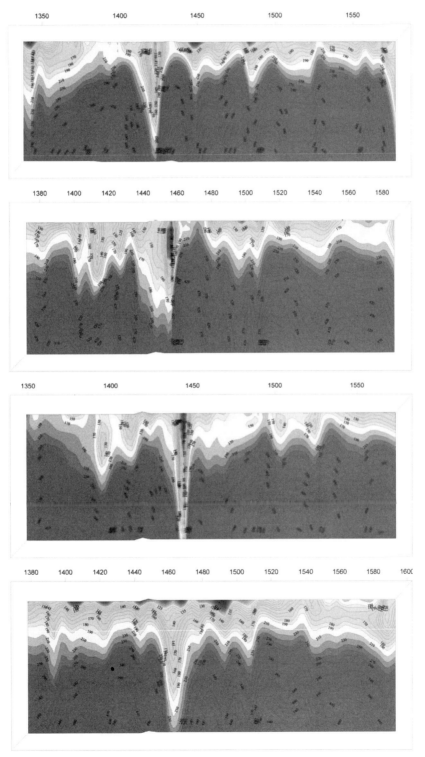

图 12-17　住宅 A 地块岩溶地区岩面起伏关系图

12.3.4.2 岩溶水

项目场地存在裂隙溶洞水。覆盖型碳酸盐岩类裂隙溶洞水分布于灰岩中。由于场地范围内局部地段溶蚀裂隙、溶洞较发育，尤其是溶洞呈串珠状发育时，上下连通性较好，为地下水与地表水之间流通、转换提供了有利途径，形成强透水带，地下水富集，水量较丰富。区内岩溶水的补给来源主要是大气降水和地表水的入渗，少量是相邻含水层如第四系含水层的侧向、垂直补给，运动方式以水平径流为主，沿当地岩溶侵蚀基准面排泄。

12.3.5 针对岩溶地区的设计与工程措施

项目场地周边环境较复杂，因此在基坑设计和开挖时（图12-18），必须要满足以下要求：

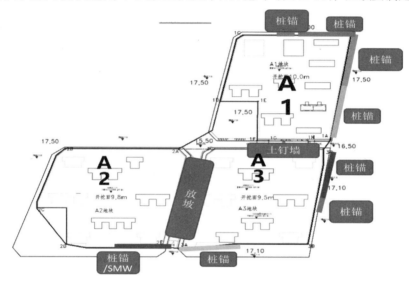

图 12-18 开挖示意图

1）满足边坡和支护结构稳定的要求：不应产生倾覆、滑移和整体或局部失稳；底部不应产生隆起、管涌；锚杆不应抗拔失效；支撑系统不应失稳。

2）支护结构构件受荷后不应发生强度破坏；

3）控制降水引起的地基沉降，不应对邻近建筑物或重要管线造成使用安全事故；

4）止水设计应控制因渗漏而引起的水土流失；

5）土方开挖应结合工程桩施工，做到分区、分层、分段开挖；

6）除出土口外，基坑周边地面2米范围内超载不得大于10kPa，具体超载范围可结合剖面图限制；

7）本基坑围护结构为临时结构，自基坑开挖算起使用年限为1年。

12.3.5.1 大直径搅拌桩＋桩底旋喷桩强化止水措施

由于施工场地属于岩溶发育区，岩面起伏大；且砂层与岩面直接接触，软硬分明，常规搅拌桩止水效果差；同时由于岩面起伏大，三轴搅拌桩难以确保每根桩均穿透砂层，因此存在局部漏水的风险；而连续墙或咬合桩等止水形式造价高、施工工期长（图12-19）。针对项目场地地质特征，本场地采用支护桩外侧施工连续搭接的大直径搅拌桩进行止水，并在支护桩和搅拌桩之间施工一定深度双管旋喷桩加强止水。根据现场开挖前的抽水试验，确定该方案止水效果良好，并且安全、经济、有效，保证了基坑安全，确保了主体工程的工期并节省了工程造价。

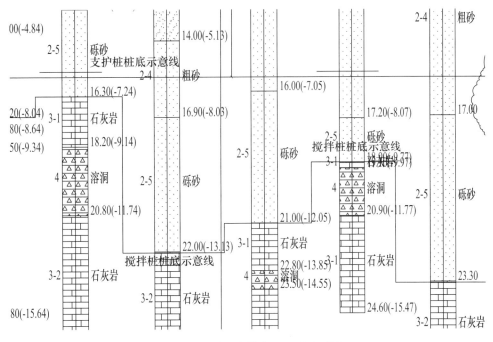

图 12-19　砂、岩结合面地质展开图

12.3.5.2　前期已施工支护桩资料作为后期施工的先导桩

根据项目施工要求，每三根支护桩进行一个超前钻钻孔，支护桩设计时根据该超前钻钻孔确定岩面埋深和支护桩入岩深度；同时要求支护桩隔三跳一施工，根据支护桩施工时的施工记录来指导临近的支护桩施工。具体分析和施工顺序如下：

1）确定岩面位置。勘察报告提供的地质剖面图一般已绘制出各地质剖面的基岩面推测线。根据地质剖面图得出岩面埋深值 Z1-1。

2）根据岩面埋深 Z1-1 施做支护桩 1-1，并记录下第一根支护桩实际岩面深度 L1-1 和揭露的溶洞分布情况。

3）把支护桩 1-1 入岩深度 L1-1 和揭露的溶洞分布情况作为补充钻探资料，修正地质剖面图，得到支护桩 2-1 的岩面埋深 Z2-1，施做支护桩 2-1，并记录支护桩 2-1 的实际岩面埋深 L2-1 和揭露的溶洞分布情况。依次类推，施做支护桩 3-1、4-1 等。

4）把支护桩 1-1、2-1 的岩面埋深和揭露的溶洞分布情况作为补充钻探资料，修正地质剖面图，得出支护桩 1-2、1-3、1-4 岩面埋深 Z1-2、Z1-3、Z1-4，施做支护桩 1-2、1-3、1-4，并记录相应支护桩的实际岩面埋深和揭露的溶洞分布情况。依次类推，施做支护桩 2-2、2-3、2-4、3-2、3-3、3-4 等，直至完成所有支护桩施工（图 12-20）。并且，把所有支护桩揭露的岩面埋深和溶洞分布情况作为补充钻探资料，拟合修正地质剖面图，修改后续的旋喷桩和基础设计施工，实现动态设计。

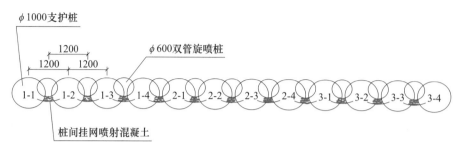

图 12-20   先导桩施工编号图

12.3.5.3   多手段解决锚索入岩和避开溶洞等问题

项目场地处于岩溶地带，必须要解决岩溶地区锚索施工困难的问题。本项目在锚索施工时，根据详勘资料初步设计锚索参数，然后据此参数现场分段施工锚索，每段要求隔五跳一施工，根据已施工的锚索指导临近锚索的设计和施工。

另外，为确保锚索嵌固段进入稳定可靠的地层中，提高设计的可靠性，施工人员通过已施做的锚索钻孔、注浆情况判定岩面及溶（土）洞位置及分布，修正地质剖面中岩面线和溶洞分布情况，调整锚索角度、改进注浆压力等参数，对锚索嵌固段实现动态设计。再根据施工时的钻进情况进一步摸查溶洞位置、大小等情况，动态调整旁边锚索（杆）施工的水平及竖向角度、水平位置以减少施工难度和减少注浆量，提高锚索承载力，具体处理方法详见第 9.2.3 节。

锚索施工时根据实际注浆量与理论注浆量的比值即注浆率的经验数判别溶洞大概规模及位置，并通过直接钻进注浆，调整角度、位置等方法对锚索进行处理，具体如表 12-16 所示。

在锚索成孔方面，由于岩溶水具有"连通性"及"承压性"，砂土与黏性土交互覆盖，互层多且随机，砂层埋深浅时地下水位高，对锚索成孔和注浆施工产生承压水翻浆、串浆、冲击未成形锚固体浆液等不利影响。该旅游城项目采用了基坑外施工泄压井，降低施工锚索段地下水位，可确保锚索施工时的成孔和注浆质量；同时遵循"一次粗放泄压，二次细部泄压"的原则，保障锚索承载力的可靠性，降低其离散性。

项目施工中，通过采用上述"施工信息反馈指导动态设计"等方法，有效解决了岩溶地区锚索施工困难的问题。

12.3.5.4   先泄压后施工的锚索施工工序

针对岩溶承压水较高的不利情况，项目锚索施工遵循先泄压、后施工的泄压顺序，加大土层的密实度，避免建筑物施工后沉降；减少承压水喷出对未成形锚固体的冲击，提高锚索锚固的可靠度，保证基坑安全、变形可控。

12.3.5.5   SMW 工法止水和支护一体及采用变刚度法

该旅游城住宅项目建设施工中，由于工况较特殊，因此对不同支护结构交接处的应力协调及刚度变形分析的要求相对较高。特别是"SMW 工法＋锚索支护形式"与"灌注桩＋锚索支护形式"交接处，前者刚度弱、应力较大，后者刚度大、应力较小。在交接区域，对 SMW 工法＋锚索进行加密锚索，对灌注桩＋锚索进行 SMW 工法冠梁顺接协调，减少因刚度差异引起的变形、应力集中问题，如图 12-21 所示。

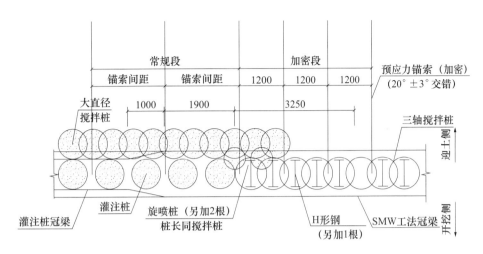

图 12-21　不同支护方式交接关系示意

综上，该项目通过加强刚度弱的支护结构、削弱刚度强的支护结构，实现应力顺利过渡、变形协调。

12.3.6　结论

广州市某旅游城住宅 A 区项目的基坑工程处于岩溶中等到强烈发育区，基岩面埋深起伏大，同时砂层与岩面直接接触。针对该项目基坑工程的特点、场地地质条件特征和周边环境的特殊性，根据现场试验和现场施工情况，采用动态设计、信息化施工的指导方针，有效解决了场地基坑止水问题、桩和锚索避开溶洞或入岩问题、锚索成孔和注浆质量等问题；提出的处理措施经济合理，保证了基坑安全，确保了工程工期并节省了工程造价，得到业主的好评，为类似岩溶区基坑设计提供了借鉴，具有较大的社会效益。

12.4　工程案例四——广州花都区某安置区项目基坑工程

12.4.1　工程概况

项目位于广州花都区花山镇龙口村及新华街清布村，旧 106 国道以东，新 106 国道以西，三东大道以南，商业大道以北的区域（图 12-22）。地块以西 4.5km 为花都区区政府，距离花都区城区距离较近，地理位置优越，自然环境良好。项目总用地面积123200m²，被中部一条 20m 宽的规划路分为两个地块（东侧地块和西侧地块），总建筑面积约 287300m²，其中地上建筑面积 47519m²，设 1 层地下室（局部 2 层地下室，±0.00 为14.10m，开挖深度约 7.50～11.50m），建筑面积约 13248m²（功能为机动车、非机动车停车库及设备机房等）。建筑密度 26%，容积率 2.1，计算容积率面积 192555m²（其中住宅计算容积率面积 181440m²，公共配套设施计算容积率面积 11115m²），绿地率 35%，停车位总数 2873 个。

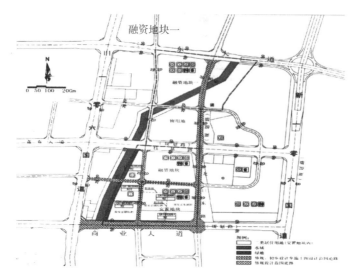

图 12-22　花都区龙口—清布安置地块、融资地块及留用地示意图

项目包括 29 栋 14 层、建筑高度 ≤ 64.41m 的住宅楼，2 栋 13 层、建筑高度 ≤ 46.41m 的板式住宅楼，以及部分沿街设置的公共配套裙楼和 1 层（局部 2 层）地下停车库；塔式住宅楼共 29 栋（编号为 A-1 至 A-15、B-1 至 B-14），地上建筑层数为 14 层，首层架空，设置供村民活动的休憩空间，标准层层高为 3.0m，建筑高度 46.4m；板式住宅楼共 2 栋（编号为 A-16，B-15），地上建筑层数为 13 层，首层为住宅入户大堂、沿街商业和地上车库，2 ～ 13 层为小户型住宅，建筑高度 46.4m；裙楼部分，地上建筑层数为 1 层，建筑层高 5.5m。裙楼功能主要为本安置区的公共配套设施，主要包括团结村和东湖村的医疗卫生、文化体育、商业服务、社区服务和市政公用设施等功能，如图 12-23、图 12-24、图 12-25 所示。

图 12-23　场地地理位置示意图

图 12-24　场地周边环境（一）

图 12-25　场地周边环境（二）

12. 4. 2　地质、水文情况

12. 4. 2. 1　岩土层分布情况

1）人工填土层（Q^{ml}），地层编号 <1>

<1-1> 杂填土：层面埋深 0.00m，层厚 0.30 ～ 3.50m。灰黑色，土质松散，湿，主要成分为黏性土、砂、碎石块。

2）冲积层（Q^{al}），地层编号 <2>

<2-1> 耕土：呈灰黑色，松散，湿，黏性土质，含植物根系。于多数孔段揭露。层顶面埋深 0.00 ～ 0.30m，层厚 0.3 ～ 2.10m，平均层厚为 0.56m。

<3-1> 层淤泥质土：呈灰黑色，流塑～软塑，饱和，含粉细砂、腐殖物。于少数孔段揭露。层面埋深 0.00 ～ 11.10m，层厚 1.00 ～ 3.40m，平均层厚为 1.65m。

<3-2> 粉质黏土：呈青灰色，可塑，很湿，含粉细砂。于多数孔段揭露，层面埋深 0.00 ～ 4.00m，层厚 0.40 ～ 7.00m，平均层厚为 2.44m。

<4-1> 细砂：呈灰白色，主要为稍密，饱和，含黏性土。于部分孔段揭露。层面埋深 0.50～27.50m，层厚 0.40～5.70m，平均层厚为 2.16m。

<4-2> 中粗砂：呈灰白、灰黄、灰黑色，主要为中密，饱和，含黏性土。于大部分孔段揭露。层面埋深 0.30～30.00m，层厚 0.60～24.60m，平均层厚为 5.23m。

<4-3> 砾砂：呈灰白、灰黄、灰黑色，主要为中密，饱和，含黏性土。于大部分孔段揭露。层面埋深 0.00～22.30m，层厚 0.50～17.4m，平均层厚为 5.40m。

<4-4> 粉质黏土：呈灰白、灰黄、灰黑色，可塑，很湿，含粉细砂。于少数孔段揭露。层面埋深 7.50～21.00m，层厚 0.70～25.70m，平均层厚为 5.35m。

<4-5> 粉质黏土：呈灰白、灰黄、灰黑色，主要为硬塑，湿，含粉细砂。于部分孔段揭露。层面埋深 0.00～24.90m，层厚 0.40～10.4m，平均层厚为 3.19m。

<4-6> 粉质黏土：呈灰白、灰黄、灰黑色，主要为坚硬，稍湿，含粉细砂。于个别孔段揭露。层面埋深 4.90～7.48m，层厚 1.10～8.50m，平均层厚为 3.58m。

3）残积层（Q^{el}），地层编号 <5>

<5-1> 粉质黏土：呈灰白、灰黄，主要为软塑，饱和，含粉细砂。于少数孔段揭露。层面埋深 11.00～20.00m，层厚 0.14～10.00m，平均层厚为 3.96m。

<5-2> 粉质黏土：呈灰白、灰黄，主要为可塑，很湿，含粉细砂。于少数孔段揭露。层面埋深 12.40～20.00m，层厚 0.40～7.60m，平均层厚为 2.68m。

<6-2> 层强风化砂岩：呈灰、灰褐色，岩芯破碎，呈半岩半土状—碎块状。于少数孔段揭露。层面埋深 13.60～28.00m，揭露层厚 0.60～5.80m，平均揭露层厚为 3.01m。

<7-3> 层中风化灰岩：呈灰色，岩芯较完整，呈碎块～短柱状。于部分孔段揭露。层面埋深 12.50～51.60m，揭露层厚 0.05～7.45m，平均揭露层厚为 0.88m。

<7-4> 层微风化灰岩：呈灰黑色，岩芯较完整，呈短柱～中长柱状。于所有孔段揭露。层面埋深 11.62～62.10m，揭露层厚 0.01～7.92m，平均揭露层厚为 3.88m。

为了更直观地表达上述内容，设计制作土、岩层分布情况一览表如表 12-15 所示。

土、岩层分布情况一览 表 12-15

成因代号	层号	土层名称	层面埋深（m）	层面标高（m）	层厚（m）	平均厚度（m）
Q^{ml}	<1-1>	杂填土	0.00	12.62～14.26	0.30～3.50	1.19
	<2-1>	耕土	0.00～0.30	11.22～13.60	0.30～2.10	0.56
Q^{al}	<3-1>	淤泥质土	0.00～11.00	2.35～12.48	1.00～3.40	1.65
	<3-2>	粉质黏土	0.00～4.00	9.09～13.70	0.40～7.00	2.44
	<3-3>	粉质黏土	—	—	—	—
	<4-1>	细砂	0.50～27.50	−14.15～12.28	0.40～5.70	2.16
	<4-2>	中粗砂	0.30～30.00	−16.65～12.94	0.60～24.60	5.23
	<4-3>	砾砂	0.00～22.30	−8.65～13.46	0.50～17.40	5.40
	<4-4>	粉质黏土	7.50～21.00	−7.93～5.27	0.70～25.70	5.35
	<4-5>	粉质黏土	0.00～24.90	−11.66～12.71	0.40～10.40	3.19
	<4-6>	粉质黏土	4.90～7.48	0.02～7.48	1.10～8.50	3.58

续表

成因代号	层号	土层名称	层面埋深（m）	层面标高（m）	层厚（m）	平均厚度（m）
Q^{el}	<5-1>	粉质黏土	11.00～20.00	−7.71～1.59	0.14～10.00	3.96
	<5-2>	粉质黏土	12.40～20.00	−6.44～0.39	0.40～7.60	2.68
	<5-3>	粉质黏土	15.60	−2.68	1.80	1.80
K	<6-1>	全风化砂岩	—	—	—	—
	<6-2>	强风化砂岩	13.60～28.00	−14.80～0.02	0.60～5.80	3.01
C	<6-3>	中风化砂岩	—	—	—	—
	<7-3>	中风化灰岩	12.50～51.60	−40.03～0.19	0.05～7.45	0.88
	<7-3a>	微风化灰岩	11.62～62.10	−49.15～1.11	0.01～7.92	3.88

12.4.2.2　水文条件

项目地处南亚热带，全年降水丰沛，雨季明显，日照充足，降水量大于蒸发量，大气降水是地下水的主要补给来源，地下水补给期在 4～9 月，消耗或排泄期是 10 月至次年 3 月，场区地下水的水量取决于地层的渗透性。

项目场地地下水主要表现为：

1）上层滞水赋存于填土的中下部，明显受场地附近排放水的影响，水量不大；

2）第四系的孔隙水，水量不大，主要赋存于砂层中，整个场地的渗透性差别较大，主要受砂层的分布连续性及黏粒含量控制；

3）基岩的裂隙水，块状强风化和中微风化碎屑岩裂隙较发育，赋存基岩裂隙水。基岩裂隙水量大小与岩石裂隙发育情况和连通程度有关。据钻探期间实测，各钻孔静止水位埋深在 0.50～2.0m，标高在 9～12m。由于施工期较短，观测的地下水位不能代表长期的地下水位。据广州市花都区本地经验，广州白云机场噪音治理项目安置区（花都区）项目地下水水位年变化幅度一般在 2～4m 间。

12.4.3　不良地质作用

（1）溶洞

项目勘察中，较少孔段揭露有土洞发育（共三个孔段），而溶洞揭露率较高，为 25.5%。部分溶洞无填充，部分充填砂，部分充填黏性土等。图 12-26 为揭露出溶洞的工程地质剖面图。

（2）岩溶水

石灰岩赋存岩溶水，钻探时揭露多个溶（土）洞，漏水严重，说明岩溶贯通裂隙发育，水量较丰富。

12.4.4　基坑设计

12.4.4.1　设计总方案

项目基坑支护安全等级为二级，基坑侧壁重要性系数为 1.0；抗倾覆安全系数 $K_s \geqslant$ 1.200；抗管涌稳定性安全系数 $K \geqslant 1.5$；抗隆起安全系数 $K_s \geqslant 1.6$；根据场地地质情况、地物地貌、建筑功能、周边情况及经济指标优选设计方案如下：

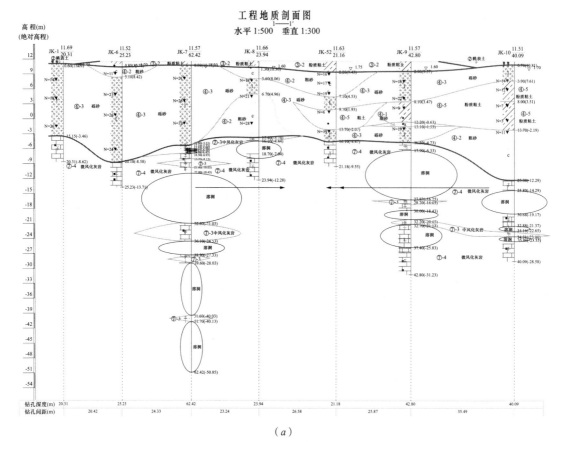

（a）

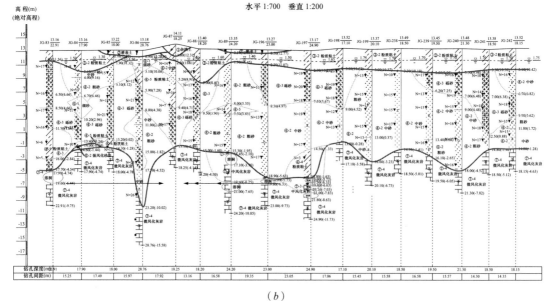

（b）

图 12-26　工程地质剖面图

基坑西北侧：桩锚支护（$\phi800@950$，一道锚索）；

基坑其他区域：一、两级放坡，第一级坡率 1:2.0，第二级坡率 1:2.0；

出土口：8% 爬坡；

基坑周边：采用搅拌桩止水（$\phi800@600$）。

基坑周边环境如图 12-27 所示。

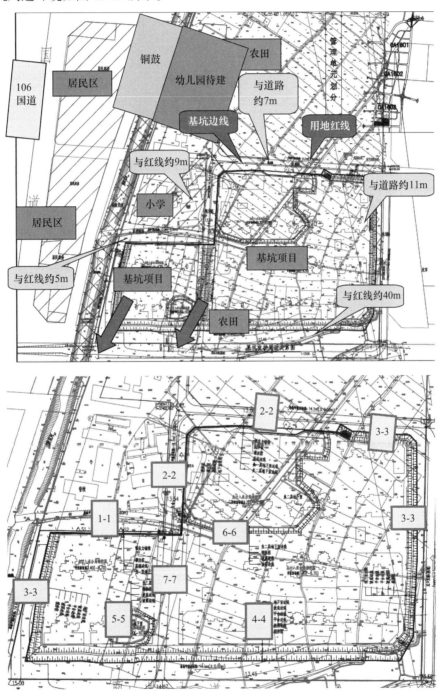

图 12-27　基坑周边环境图

12.4.4.2 支护计算

由于工程中设置了较多剖面，下面仅选取 1-1（图 12-28），2-2 剖面作计算分析。

（1）1-1 剖面排桩支护（基坑最大开挖面不大于溶洞埋深）

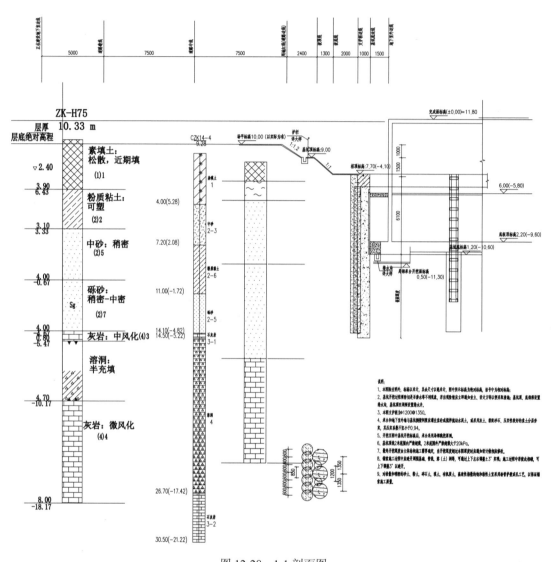

图 12-28　1-1 剖面图

1）对于钻孔 JK2，选取安全系数最小的工况号——工况 3（工况类型为开挖，深度为 7m）。计算得出最小抗倾覆安全系数 $K_s = 1.603 \geqslant 1.200$，满足规范要求。下面为详细计算过程，如图 12-29、图 12-30、表 12-16～表 12-21 所示。

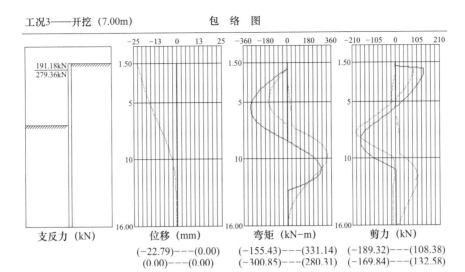

图 12-29　JK2 内力位移包络图

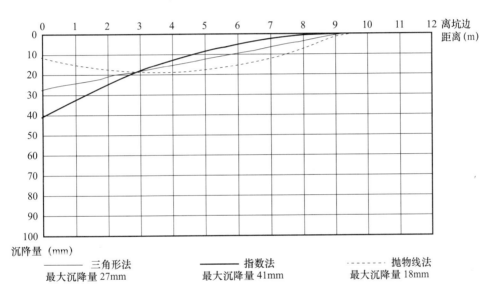

图 12-30　地表沉降图

截面参数表　　　　　　　　　　　　　　　　表 12-16

桩是否均匀配筋	是
混凝土保护层厚度（mm）	50
桩的纵筋级别	HRB400
桩的螺旋箍筋级别	HPB300
桩的螺旋箍筋间距（mm）	150
弯矩折减系数	0.85
剪力折减系数	1.00
荷载分项系数	1.25

配筋分段数	一段
各分段长度（m）	14.50

内力取值   表 12-17

段号	内力类型	弹性法计算值	经典法计算值	内力设计值	内力实用值
	基坑内侧最大弯矩（kN·m）	155.43	300.85	165.15	165.15
1	基坑外侧最大弯矩（kN·m）	331.14	280.31	351.84	351.84
	最大剪力（kN）	189.32	169.84	236.65	236.65

配筋表   表 12-18

段号	选筋类型	级别	钢筋实配值	实配［计算］面积（mm² 或 mm²/m）
1	纵筋	HRB400	20E18	5089［3018］
	箍筋	HPB300	d10@150	1047［895］
	加强箍筋	HRB335	D14@2000	154

① 锚杆计算：

参数表   表 12-19

锚杆钢筋级别	HRB400
锚索材料强度设计值（MPa）	1220.000
锚索材料强度标准值（MPa）	1720.000
锚索采用钢绞线种类	1×7
锚杆材料弹性模量（×10⁵MPa）	2.000
锚索材料弹性模量（×10⁵MPa）	1.950
注浆体弹性模量（×10⁴MPa）	3.000
锚杆抗拔安全系数	1.600
锚杆荷载分项系数	1.250

锚杆水平方向内力   表 12-20

支锚道号	最大内力弹性法（kN）	最大内力经典法（kN）	内力标准值（kN）	内力设计值（kN）
1	191.18	279.36	191.18	238.98

锚杆轴向内力   表 12-21

支锚道号	最大内力弹性法（kN）	最大内力经典法（kN）	内力标准值（kN）	内力设计值（kN）
1	233.39	341.04	233.39	291.74

② 整体稳定验算，如图 12-31 所示。

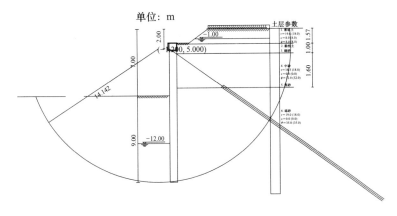

图 12-31　整体稳定验算简图

计算方法: 瑞典条分法

应力状态: 有效应力法

条分法中的土条宽度: 1.00m

滑裂面数据如下:

整体稳定安全系数 $K_s = 2.682$

圆弧半径 $R = 14.142$（m）

圆心坐标 X（m）: $X = -1.200$

圆心坐标 Y（m）: $Y = 5.000$

③ 抗倾覆稳定性验算:

$$K_s = \frac{M_p}{M_a}$$

M_p——被动土压力及支点力对桩底的抗倾覆弯矩, 对于内支撑支点力由内支撑抗压力决定; 对于锚杆或锚索, 支点力为锚杆或锚索的锚固力和抗拉力的较小值。

M_a——主动土压力对桩底的倾覆弯矩。

工况 3（表 12-22）:

工况 3　　　　　　　　　　　　　　　　　　表 12-22

序号	支锚类型	材料抗力（kN/m）	锚固力（kN/m）
1	锚索	361.200	700.364

$$K_s = \frac{8192.451 + 4142.288}{7694.959}$$

$K_s = 1.603 \geqslant 1.200$, 满足规范要求。

以下计算过程与上述相似, 就不再一一赘述。

2）对于 JK5, 选取安全系数最小的工况号——工况 3。计算得出最小安全 $K_s = 1.647 \geqslant$ 1.200, 满足规范要求。如图 12-32 所示。

（2）2-2 剖面排桩支护（无溶洞情况）

2-2 剖面如图 12-33 所示。

工况3——开挖（7.00m）　　　　　　包　络　图

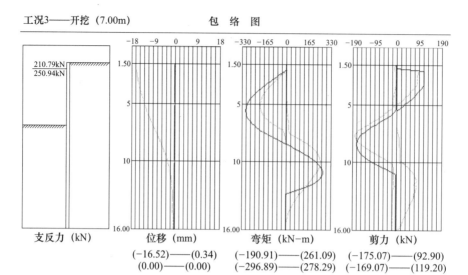

支反力（kN）　位移（mm）　弯矩（kN-m）　剪力（kN）

(−16.52)——(0.34)　(−190.91)——(261.09)　(−175.07)——(92.90)
(0.00)——(0.00)　(−296.89)——(278.29)　(−169.07)——(119.20)

图 12-32　JK5 计算结果包络图

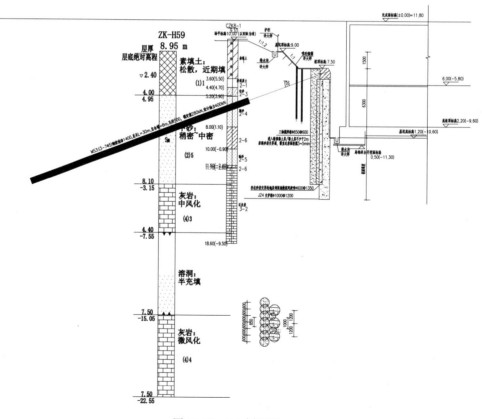

图 12-33　2-2 剖面图

12.5　工程案例五——广州北站安置区项目

12.5.1　工程概况

项目位于广州市花都区广州北站南侧，工业大道东粤花小区附近，毗邻新街河，属广州北站综合交通枢纽项目的配套工程，交通较为方便，京广高铁、京广铁路、107 国道（广清高速）、106 国道及多条省道贯穿全街南北，水路由巴江连接珠江。街内有国家二类口岸花都港、广州火车北站和广州新白云国际机场，地铁 9 号线部分车站现已开通运营（图 12-34）。项目主要包括 3 栋 11 ～ 31 层住宅楼、1 栋 4 层派出所、1 栋 1 层垃圾收集站、1 栋 1 层门楼及值班室等 6 栋地上单体建筑，地下 2 层车库和室外工程等。住宅楼建筑总高度 95.6 ～ 96.6m，其他公共建筑配套建筑高度均不大于 24m。地块四（图 12-35）总用地面积 23783.4m²，总建筑面积约为 88894m²，计算容积率建筑总面积 60183m²，不计算容积率建筑总面积 28711m²，综合容积率为 3.5。室内标高 ±0.000 相当于广州市城建高程 11.800m，室内地坪高出室外地坪约为 150 ～ 300mm，基坑底相对标高暂定为广州市城建高程 -10.400m（考虑底板、垫层 0.8m），即绝对标高为 1.400m；本工程结构形式为剪力墙结构，住宅楼抗震设防为丙类，其余配套公建为单、多层框架结构；基础拟采用钻（冲）孔灌注桩桩基础，拟采用微风化灰岩作为基础持力层，预估最大单桩抗压承载力特征值 15000kN。

12.5.2　地质、水文情况

12.5.2.1　地质条件

（1）地质构造

根据项目详勘报告等资料，工程建设场地区域内地质构造有如下特征：

项目场地地貌属冲积平原地貌，位于华南褶皱系（一级单元）粤中拗陷（三级单元）中部的广花凹褶断群（四级单元）内，受控于广花复向斜的构造骨架，表现为由上古生界构造组成的一系列北北东向褶皱及其伴生断裂控制了本区的地质构造格局。如图 12-36 所示。

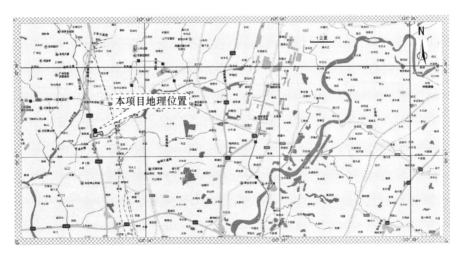

图 12-34　项目地理位置图

图 12-35　项目区位图

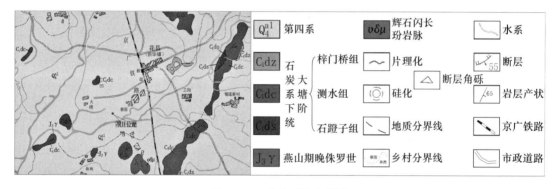

图 12-36　项目区域地质图

1）褶皱

广州北站综合交通枢纽开发建设项目（二期）安置区地块四附近区域的主要褶皱构造有：

① 公益向斜，分布于线路中部西北，走向北北西，核部轴线位于公益路西侧展布，向南至花果山逐渐收敛翘起，轴向转向南东。槽部地层为壶天群（C2＋3ht），两翼地层对称，相对保存完好，倾角约 25°～55°。

② 田美背斜，分布于花都广场以东地带，轴线近"S"形，总体方向北北东，背斜轴部为石磴子组地层（C1ds）。

③ 莲塘向斜，分布于线路东部（本次勘察钻孔揭露，分析研究后认为莲塘向斜轴线位于清布站东侧），轴线走向北北东，槽部地层为二迭系栖霞组（P1q）地层，为较具规模显著且地层保存较完好的一条构造线。

④ 三华向斜，分布于线路西侧，轴线走向北北东，向南西方向展开，向东北至虎岭东侧逐渐收敛翘起。槽部地层为上石炭统壶天群地层，西翼地层保存完整，分别为石炭统

梓门桥组和大塘阶测水组及石蹬子组地层，地层倾角很缓约16°。东翼南端受三华断裂切割，地层已大部缺失。

2）断裂

场地近区域主要的断裂构造有田螺湖断裂、田美断裂、雅瑶断裂、三华断裂。

① 田螺湖断裂，是广花盆地一条主要的东西向断裂，为一断面南倾的逆冲断层。有南盘西移，北盘东移的现象，其切割区内主要的含水层、断层带富水性较好，断裂位于线路场区北部，邻近花都广场站及花都广场—马鞍山公园区间。

② 田美断裂，是根据地铁九号线可研勘察、第一阶段初步勘察和本次B标段初步勘查的钻孔资料，经过分析、研究后确定证实的断层，初步认为该断裂是一条北北东向的正断层，倾向西，基本沿田美河东侧展布。上盘地层为壶天群灰岩，下盘为石蹬子灰岩，由于断层错动，壶天群灰岩直接覆盖在石蹬子灰岩上。断层性质、产状、规模、宽度、破碎程度等有待进一步查明。

③ 雅瑶断裂，位于线路近中部（马鞍山公园东侧），走向北北东10°～35°，倾向北北西，倾角约30°～50°。该断裂基本上沿测水组与梓门桥组分界面发育，测水组地层逆冲于梓门桥组地层之上，形成垄状山丘出露地表，断层似呈"S"形展布。

④ 三华断裂，位于广州北站西边约1.5km，断裂倾向NW，倾角25°～50°，为一张性走向正断层。由于受三华断层的影响，三华向斜东翼遭到严重破坏。

（2）岩土层分布

根据区域地质图（1:50000，图12-36），项目场区内岩土体主要为：第四系人工填土层、冲洪积层（细砂、粗砂、砾砂、粉质黏土）、残积层（粉质黏土），石炭系灰岩（强风化、中风化、微风化）、石炭系砂岩（全风化、强风化、中风化、微风化）等。

1）人工填土层（Q_4^{ml}，土层序号<1>）

杂填土，局部素填土：场地所有钻孔均有揭露，层厚0.50～6.50m，平均厚度2.96m，层顶标高8.28～10.42m。杂色、灰黄色、红褐色、灰黑色、黄褐色、灰褐色，松散，少量稍密，稍湿，表面混凝土5～20cm，局部区域混凝土可达1.0～1.8m，少数孔段含少量粉质黏土，欠压实，属新近填土，充填砖块、碎石、砂等杂物，局部夹生活垃圾。

2）冲洪积层（Q_4^{al+pl}，土层序号<2>）

根据岩土工程性质，可分为4个亚层。

细砂层<2-1>：层厚0.40～19.60m，平均厚度4.12m，层顶标高-40.19～8.46m，层顶埋深1.00～49.30m。灰白色、黄褐色、灰褐色、灰黄色，稍密，少量松散，饱和，主要成分为石英、长石，以细粒为主，含少量中粗粒和黏粒，分选性差～较好，级配较差～好。

粗砂层<2-2>：平均厚度2.40m，层顶标高-44.19～6.46m，层顶埋深0.40～19.60m。灰白色、黄褐色、灰褐色、灰黄色，稍密，少量松散，饱和，主要成分为石英、长石，以粗粒为主，含少量中细粒和黏粒，分选性一般，级配较差，部分孔段含少量黏粒、砾石。

砾砂层<2-3>：层厚0.30～17.40 m，平均厚度3.96m，层顶标高-15.38～8.83m，层顶埋深0.50～25.00m。灰白色、黄褐色、灰褐色、红褐色、灰黄色，稍密，少量松散，饱和，主要成分为石英、长石，分选性一般，级配较差，部分孔段局部含少量黏粒、角砾。

粉质黏土层 <2-4>：层厚 0.50～20.7m，平均厚度 4.38m，层顶标高 -15.18～9.08m，层顶埋深 0.70～24.10m。灰白色、黄褐色、灰褐色、灰黑色、红褐色、灰黄色、灰色、青灰色、黑色，主要为软可塑～硬可塑，局部见流塑、软塑、硬塑，饱和，主要由粉、黏粒组成，刀切面光滑～粗糙。

3）残积层（Qel，土层序号 <3>）

粉质黏土层 <3-1>：黄褐色、灰黑色、红褐色、灰褐色、灰白色，主要为软塑～硬可塑，个别为硬塑，饱和，主要由粉、黏粒组成，刀切面光滑，含少量灰岩角砾，为灰岩或砂岩的风化残积土。

4）石炭系（C）灰岩（灰岩、炭质灰岩、泥质灰岩）（层序号 <4>）

① 强风化灰岩 <4-1a>：层厚 1.00～24.1 m，平均厚度 11.51 m，层顶标高 -11.85～-2.35 m，层顶埋深 11.50～21.10 m。深灰色、灰黑色，可见原岩结构，含炭质，岩石风化强烈，裂隙极发育，岩芯极破碎，岩芯呈半岩半土状，岩芯土柱状、碎块状，遇水易软化崩解，敲击易碎。

② 强风化炭质灰岩 <4-2a>：灰黑色，可见原岩结构，岩石风化剧烈，裂隙极发育，岩芯极破碎，岩芯土柱状，夹碎块状，遇水极易软化崩解，手捏易碎。

③ 强风化泥质灰岩 <4-3a>：灰黑色，可见原岩结构，岩石风化剧烈，裂隙极发育，岩芯极破碎，岩芯土柱状，夹碎块状，遇水极易软化崩解，手捏易碎。

④ 中风化灰岩 <4-1b>：层厚 0.60～36.20m，平均厚度 10.48m，层顶标高 -10.24～0.34 m，层顶埋深 8.80～19.70 m。灰黑色，炭质结构，块状构造，风化裂隙极发育，岩芯极破碎，岩芯多呈短柱状、碎块状，局部柱状、长柱状，含少量方解石脉，岩质偏软，遇水能软化崩解。

⑤ 中风化泥质灰岩 <4-3b>：层厚 1.00～12.50m，平均厚度 4.99m，层顶标高 -22.31～-5.81m，层顶埋深 15.00～31.50 m。青灰色，泥质结构，块状构造，风化裂隙极发育，岩芯极破碎，岩芯多呈短柱状、碎块状，局部柱状、长柱状，含少量方解石脉，岩质偏软，遇水能软化崩解。

⑥ 微风化灰岩 <4-1c>：层顶标高 -39.46～-1.13m，层顶埋深 10.50～48.60m。青灰色、灰黑色、灰白色，隐晶质结构，含炭质，块状构造，风化裂隙不发育，岩芯较完整，岩芯多呈短柱状、柱状，局部长柱状，含较多方解石脉，岩质较硬。

⑦ 微风化炭质灰岩 <4-2c>：层顶标高 -35.86～-6.86m，层顶埋深 16.20～45.00m。灰黑色，隐晶质结构，炭质结构，块状构造，风化裂隙不发育，岩芯较完整，岩芯多呈短柱状、柱状，局部长柱状，含少量方解石脉，岩质较硬。

⑧ 微风化泥质灰岩 <4-3c>：层顶标高 -34.81～-7.28m，层顶埋深 17.00～44.00m。青灰色，泥质结构，块状构造，风化裂隙不发育，岩芯较完整，岩芯多呈短柱状、柱状，局部长柱状，含少量方解石脉，岩质较硬。

5）碳系（C）砂岩（土层序号 <5>）

① 全风化砂岩 <5-1>：层厚 7.50m，层顶标高 -16.38 m，层顶埋深 25.6m。黄褐色，原岩结构已全部破坏，风化剧烈，岩芯已风化成土状，遇水极易软化崩解，局部孔段呈软

可塑状，含水率较高。

② 强风化砂岩 <5-2>：层厚 0.5 ～ 1.0m，平均 0.75 m，层顶标高 −44.19 ～ −32.00 m，层顶埋深 41.2 ～ 53.3m。青灰色、黄褐色，可见原岩结构，风化裂隙极发育，岩芯破碎，岩芯多呈土柱状及半岩半土状。

③ 中风化砂岩 <5-3>：层顶标高 −44.69 ～ −17.37m，层顶埋深 26.2 ～ 53.8m。青灰色，中粗粒结构，风化裂隙较发育，岩芯破碎，岩芯多呈短柱状及块状。

④ 微风化砂岩 <5-4>：层顶标高 −21.37m，层顶埋深 30.2m。青灰色，中粗粒结构，风化裂隙较发育，岩芯破碎，岩芯多呈短柱状及块状。

12.5.2.2 水文条件

广州北站综合交通枢纽开发建设项目（二期）安置区地块四所在区域属亚热带海洋性季风气候区，温暖潮湿，雨量充沛。经现场观测和调查，安置区地块四场地地下水位与河涌有密切的水力联系，地下水位与河涌潮汛一致，即每年 6 ～ 9 月为高水位期，10 月份以后水位缓慢下降，1 月份水位最低，常年变化幅度在 0.5 ～ 2.5m 之间。经钻探揭露，根据地下水的埋藏条件和含水介质类型，场地地下水主要为第四系孔隙潜水，主要赋存于第四系冲洪积细砂 <2-1>、中砂 <2-2>、粗砂 <2-3>、砾砂 <2-4>，属中等～强透水层，其分布范围广、厚度较大、透水性及富水性好、水量丰富、埋藏深度不一，径流条件好，为场地主要含水层；粉质黏土（<2-5>、<3-1>、<3-2>）成分含黏粒，透水性及富水性差，属微～弱透水层，地下水主要靠大气降水和地下水侧向径流补给，排泄条件主要以大气蒸发、渗透排泄为主。

12.5.3 不良地质作用

根据项目详勘报告，场地基岩处于灰岩区，岩溶较发育。溶洞的揭露情况具有以下特点和规律：

1）岩溶按埋藏条件分类，属于深覆盖型，无岩溶景观显露地表。

2）本次勘察共完成钻孔 223 个，揭露发育溶（土）洞钻孔 76 个，钻孔遇洞率 34.08%。

3）从平面位置来看，整个场区均有溶洞分布，溶洞分布无规律性，整个场区均为溶（土）洞发育范围。

4）在洞体高度上，溶洞洞高为 0.1 ～ 29.5m，平均洞高为 3.92m，分布无规律性。

5）在洞体岩层顶板厚度上，顶板厚度均小于 10m，顶板最小厚度仅为 0.10m。

6）在充填情况上，揭露到的溶洞大多有充填。充填物主要为流塑～软塑粉质黏土、黏性土及松散砂，个别孔段含少量灰岩碎块。

另外需要注意的是，岩溶发育的方向性不明显，若桩端置于溶洞内或溶洞顶板岩层厚度薄的位置时，极易使基桩直接失稳或下陷，对桩基础而言，有着较大的稳定性和安全性隐患。

12.5.4 工程特点

项目采用分布式光纤传感技术，通过现场实测的方式，研究岩溶地区灌注桩的承载特性，包括在开挖过程中基坑支护灌注桩以及在单桩静载试验中的应变、轴力、侧摩阻力的变化规律，以确保基坑开挖的安全性，并验证设计参数，指导合理施工，达到安全经济的目的。

12.5.4.1　分布式光纤传感技术

分布式光纤传感技术具有以下特点：

1）光纤传感器利用光信号作为载体，纤芯材料为二氧化硅，该传感器具有抗电磁干扰、防雷击、防水、防潮、耐高温、抗腐蚀等特点，适用于水下、潮湿、有电磁干扰等一些条件比较恶劣的环境，与金属传感器相比具有更强的耐久性；

2）现代的大型或超大型结构通常长达数千米、数十千米甚至上百千米，要通过传统的监测技术实现全方位的监测是相当困难的，而且成本较高。但是通过布设具有分布式特点的光纤传感器，光纤即作为传感体又作为传输介质，可以比较容易地实现长距离、分布式监测；

3）光纤本身轻细纤柔、体积较小、重量较轻，便于布设安装。此外，将其埋入结构物中不存在匹配的问题，对埋设部位的材料性能和力学参数影响较小。

因此，这种技术在广州北站综合交通枢纽开发建设项目（二期）安置区地块四项目中取得了不错的效果。

12.5.4.2　具体试验操作

（1）试验总工作量

该项目中进行了相关试验，其中包括两部分：一部分为基坑支护灌注桩，另一部分为单桩静载试验灌注桩。

在基坑开挖过程中，选取了基坑西北角6根桩（图12-37）作为测试点，布置分布式光纤，分别在4道工序（灌注桩、冠梁、第一道锚索、第二道锚索）完成后测试，每次测试10组，共240组。

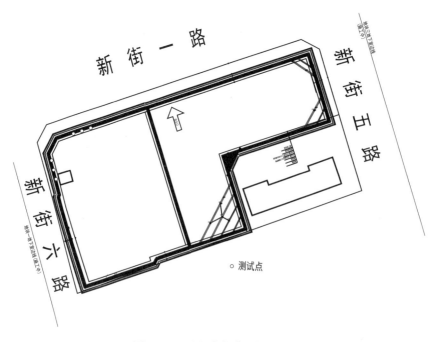

图 12-37　基坑支护灌注桩测试点

在单桩荷载试验中，选取了 4 个测量点（图 12-38），布置分布式光纤，分别在 9 级加载和 9 级卸载完成后测试，每次测试 10 组，共 720 组。

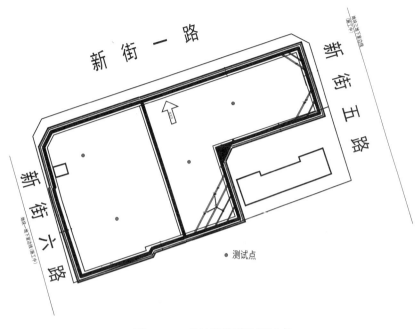

图 12-38　单桩荷载试验测试点

（2）前期准备

1）场地测试面应进行平整，并使用毛刷扫去松土。当处于斜坡上时，应将荷载板支撑面做成水平面。

2）安装测试光缆，灌注桩的测试光缆布置如图 12-39 所示，布置 2 根保护钢筋，在保护钢筋上布置 2 个回路共 4 根光缆，同时应做好传感器及其接线的保护。

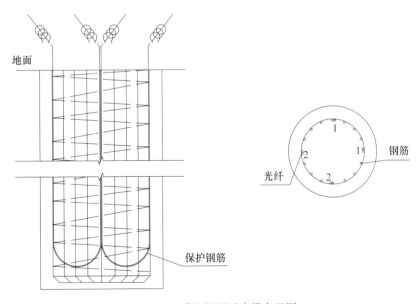

图 12-39　灌注桩测试光缆布置图

（3）基坑开挖测试

基坑开挖采用分步开挖，按照基坑开挖工序设置冠梁和锚索。在开挖过程中，按照以下工艺流程进行分布式光纤测试。

1）初始应变测试。

在基坑支护灌注桩完成后，进行一组分布式光纤应变测试，一共6根桩，按10次/根桩计，共60次测试。

2）冠梁安装测试。

在冠梁安装完毕后，进行一组分布式光纤应变测试，一共6根桩，按10次/根桩计，共60次测试。

3）第一道锚索安装测试。

在锚索安装完毕后，进行一组分布式光纤应变测试，一共6根桩，按10次/根桩计，共60次测试。

4）第二道锚索安装测试。

在锚索安装完毕后，进行一组分布式光纤应变测试，一共6根桩，按10次/根桩计，共60次测试。

（4）静载试验测试

试验采用静载荷压板试验方法进行。加载方式采用慢速堆载，流程如下。

1）加载分级。

本加载共分9级，第一级加载到300kN，以后每级以150kN压力递增，终止荷载为1500kN（具体加载荷载应根据现行行业标准《建筑基桩检测技术规范》JGJ 106计算确定）。

2）加载测试。

待一级加载稳定后（即每小时的沉降不超过0.1mm，并连续出现两次时），进行分布式光纤的应变测试，每次10组。测试完后继续加下一级荷载，直到加载完成9级荷载。

3）终止加载条件。

当出现下列情况之一时，即可终止加载：

① 沉降急剧增大，土被挤出或承压板周围出现明显的隆起；

② 承压板的累计沉降量已大于其宽度或直径的6%；

③ 当达不到极限荷载，而最大加载压力已大于设计要求压力值的2倍。

4）卸载测试。

试验过程中，当试桩出现前述终止加载条件中的任意一情况时便可终止加载，并对其进行卸载。同加载过程一样，卸载也分级进行，每级卸载值为加载分级值的2倍，每级荷载维持1h，然后进行分布式光纤应变监测，再进行下一级卸载，直到该桩的静力载荷卸载结束。

12.5.5 小结

该项目针对岩溶地区，应用了分布式光纤传感技术来进行监测工作。相比以往的工程案例，有如下优越性：

1）通过对岩溶地区基坑支护灌注桩的试验，分析基坑开挖过程灌注桩的应变、轴力、侧摩阻力的变化规律，验证基坑支护的有效性，并可作为基坑施工过程的一项安全指标，保证了基坑开挖的安全。

2）通过对岩溶地区灌注桩的单桩静载试验，分析在各种加载和卸载工况下的灌注桩的应变、轴力、侧摩阻力的变化规律，分析其承载特性及分担比，为工程施工提供指导，保证工程安全性和可靠性。

3）为相同地质条件下的灌注桩设计提供参考，优化方案，节省造价。

12.6　工程案例六——肇庆某文体中心项目

12.6.1　岩溶分布情况综合勘探

在该项目中开展了岩溶区项目的综合勘探试验，分析岩溶地基中溶洞分布情况，并进行地质雷达测试分析。在此基础上，通过改进雷达算法、将钻探数据与物探数据进行合并，分析岩土体中溶洞的深度、大小及其连通情况，提出典型岩溶分布形态，为进一步研究其稳定性及破坏规律打下基础。

工程项目物探总结：查找以往工程资料，总结以往岩溶工程项目的勘察设计成果，总结出广东岩溶地区典型的分布形态。

12.6.2　开展岩溶区项目综合勘探试验

经调查，该项目地质环境复杂，岩溶分布较为强烈发育，设计工作需要通过了解溶洞分布情况，进而优化地基基础的设计。所选的工程项目场地需具有一定的代表性，岩溶发育程度为强烈发育或中等发育。该工程项目溶洞分布及地质地层分布情况较为符合本课题需要，因此决定在该项目中使用地质雷达探测等物探手段摸查。

（1）试验目的

开展综合勘探试验，摸查岩溶地基中溶洞分布情况。同时，依托相关检测单位进行地质雷达测试。在此基础上，通过改进雷达算法、将钻探数据与物探数据进行合并，分析岩土体中溶洞的深度、大小及其连通情况。摸查典型岩溶区工程溶（土）洞分布及其地层分布情况，为下一步岩溶区地基稳定性研究提供工程实际案例和基础数据支持。

（2）试验意义

1）通过了解溶洞分布情况及其地层分布情况，优化地基基础设计。

2）通过本示范工程的研究，探讨并改进地质雷达在岩溶区地基工程勘探方面的应用方法及技术，为类似的岩溶区工程勘察提供参考。

3）获取地质雷达等物探设备在岩溶区工程中的试验技术，形成我院技术储备。

（3）项目简介

项目位于粤西岩溶地区，为文体中心项目，可容纳 3000 名观众，同时配备管理中心、动力中心和新闻中心等，项目总用地面积 1.5211hm^2，总建筑面积 8173m^2；项目地上 2 层，无地下室，首层层高 5.2m，2 层层高 5m。上部为大空间钢结构屋面，建筑总高度约 30m；地基基础设计等级为甲级，采用预应力管桩基础。

（4）研究工作安排

1）设备进场、场地摸查、关键点选取与划线；

2）测试（为保证精度和相互验证，每天测线、测量 2 次，对岩溶空洞集中分布区加大测试密度），对数据进行处理分析；

3）对于所有岩溶空洞及裂隙进行复测和加大测量密度；

4）数据处理分析；岩溶形态及走向总结；岩溶区地基地质雷达测试技术总结；

5）测得工程场地地质雷达数据，提炼出其岩溶分布及地层分布数据；

6）结合钻探数据获取工程全面地质分布情况（图 12-40）；

7）出具报告。

图 12-40　肇庆某岩溶区工程综合物探测试

12.6.3　岩溶地层分布情况勘探数据处理

工程勘察中的地层分布往往为二维数据，主要根据钻孔数据，使用直线或者样条曲线（一般为三阶样条曲线）进行连线插值，确定地层剖面曲线。用此方法绘制的地层剖面曲线仅仅为地层曲面的示意图，与实际地层相差较大，往往不能符合岩土工程勘查设计需要。此外，二维的地层剖面图局限性较大，在设计过程中，需要设计人员通过想象来弥补其二维数据的不足，存在工作量大、效率低和误差大的缺陷。有人采用反距离加权法进行地层插值，以弥补其二维数据的不足，得到较为相符的地层数据。但这种地层插值法存在三维数据不足、中心权重过大、容易导致"牛眼"和误差大的问题。因此，需要开发新的地层插值法，对岩溶地层分布情况的勘探数据进行处理，建立三维地层模型。主要步骤如下：

（1）三角剖分

把一个钻孔的孔口坐标作为一个空间点，暂时代表该钻孔，则有多个离散的空间点表示多个钻孔。然后对这些离散的空间点进行三角剖分，如图 12-41 所示。

通过三角剖分，可以找出每个钻孔在三角剖分中有哪些相邻钻孔，每 3 个钻孔构成一个三角形。

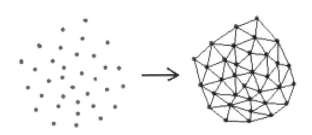

图 12-41 离散元三角剖分示意图

（2）地层连线

某一地层在每个钻孔中都有一个层顶点，一个层底点，或者两点重合，或者不存在；通过地层连线，获取每个地层都有的一张层顶面的三角网格和一张层底面的三角网格。

（3）插值、钻孔数据生成

通过增加虚拟钻孔、改进插值算法等方法，解决地层连线和物探数据耦合问题。增加虚拟钻孔就需要进行插值，其主要是对某一地层的某一层面（层顶或层底）的三角网格进行插值。如果每条边只插一个点，则三角形内部没有点；如果每条边插值 2 个点，三角形内部才会有一个点，如图 12-42 所示。

图 12-42 插值示意图

插值后新插的点就是虚拟钻孔中该地层该层面（层顶或层底）所在的点。为解决现有岩土工程设计、施工中存在三维数据不足、中心权重过大、容易导致"牛眼"和误差大的问题，采用以下步骤（图 12-43）。

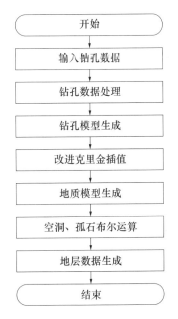

图 12-43 三维地层模型生成步骤

1）把钻孔数据作为确定性插值条件，虚拟钻孔作为不确定性插值条件，分析各点各岩土层高程数据的概率特性，选取变差函数，计算其目标函数；

2）计算实验变差函数；

3）通过遗传算法拟合实验变差函数；

4）输出地层数据的克里金插值结果，即为虚拟钻孔；

（4）工程分区及钻探数据整理

为了避免不相关的数据干扰，首先根据工程地质环境和钻探结果进行工程分区，把工程现场分为相互独立的若干区域。分区应按照工程地质条件相似或相近的基本原则进行。

（5）钻孔数据转换

1）忽略钻探数据中的岩土体中的土洞、溶洞、孤石等特殊地质体；

2）通过工程物探方法得出各地质分层界面图，同时把钻探数据确定的地层类型和深度数据合并到物探方法得出的地层分界面图中。在地层分界面图中，由地层曲线延伸、交汇得出地层尖灭点（即各地层交汇、突变点）的位置。在地层尖灭点处，根据地层数据生成虚拟钻孔；

3）把钻孔数据和虚拟钻孔数据转化为可用计算机直接编程分析的数据。采用二级编码形式将钻探数据进行统一编码、分析；在地层剖面数字制图中，为了有效解决含有倒转、缺失、孤石、空洞等复杂地层的剖面制图问题，提出了基于纵横向钻孔搜寻方法的复杂地层连线新算法，实现了地层光滑连线。

通过上述综合勘探数据，提取岩溶通道如图 12-44 所示。

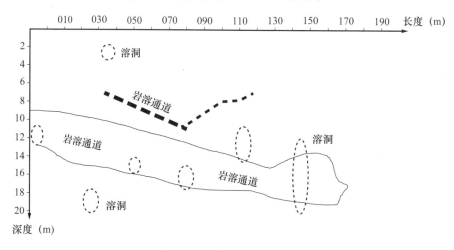

图 12-44　溶洞及岩溶通道

（6）地质模型和地层数据生成

1）生成三维地质模型；

2）通过工程物探方法和钻探方法共同确定的岩土中的土洞、溶洞、孤石等特殊地质体，通过布尔运算将其信息输入三维地质模型中；

3）在任何需要地层数据的点和面，实时生成虚拟钻孔数据，获取该点和面岩土体分布数据，服务于工程设计和施工。

（7）形成新的钻孔数据

综合每个地层的层面通过插值后形成的点，形成虚拟钻孔，联合原始钻孔数据，形成新的钻孔数据（虚拟钻孔），并同样将插值后的地层数据转换为 ags 数据格式，并通过软件扩展的地质模块将其输入 Autodesk 3D max 软件中。

（8）三维地质模型输入

通过 Civil3D 插件导入钻孔数据，形成三维地质模型。同时，为了实现从设计查询、施工模拟等多方式、多角度的地质信息分析，进行了三维地质建模技术研究。基于平面散乱点及三棱柱技术，结合地层结构面空间形态，实现了三维地质建模；对于地下常见的尖灭、缺失、孤石等复杂地质现象，采用虚拟技术和插值方法相结合的方法增设虚拟控制点，达到与实际尖灭和缺失地层十分相近的结果；并利用 PFC 模型数据对网格坐标进行修正，使地层边界绘制更符合实际（图 12-45）。

图 12-45　肇庆某岩溶区工程三维地层建模

（9）模型建立与数据输出

1）空洞的布尔运算。

在上述三维地层模型基础上，通过导入溶土洞通道及分布等结构体，采用布尔运算（图 12-46），将溶土洞从岩土层当中描绘出来，形成相应的空洞。

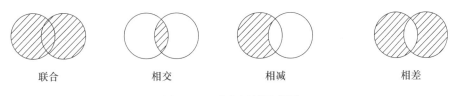

联合　　　　　　相交　　　　　　相减　　　　　　相差

图 12-46　布尔运算示意图

2）地层模型关键信息提取。

根据上述建立的地层模型，提取其关键信息，用于后续离散元计算，主要包括：
① 常见溶（土）洞开口演化形态。常见的岩溶开口演化形态如图 12-47 所示。

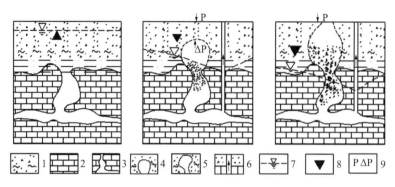

图 12-47　岩溶土洞及塌陷形成示意图（刘瑞华，2010）

1—松散盖层；2—石灰岩；3—溶洞；4—土洞；5—塌陷坑；6—抽水井；
7—地下水位；8—地下水浮托力；9—地面的正压力和地下水位下降空腹内的负压力

② 溶洞形态。岩溶洞体很少为圆形，一般形状各异。为后续计算方便，在不影响溶（土）洞性质的情况下，通过平滑处理，将溶（土）洞等效为椭圆体，其椭球体形态主要通过长径和短径比 H/L 来描述，如图 12-48 所示。

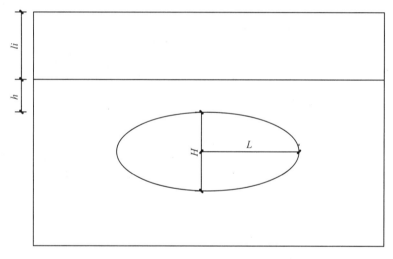

图 12-48　岩溶洞体平滑处理示意图

③ 岩溶漏斗。岩溶漏斗为溶（土）洞发展，尤其是土洞发展提供良好的通道，是岩溶地区塌陷的主要诱因之一。

④ 岩溶裂隙。岩溶裂隙在岩溶地区属于典型的工程难点。其一，岩溶裂隙经常往竖向发展，导致在钻探的时候，容易出现一大段钻孔掉钻的现象，容易误判为大型溶洞；其二，施工期间容易导致桩的卡钻或者桩端落入斜岩、桩长过长等问题；其三，横向裂隙容易成为液体流动的通道，容易产生溶（土）洞导致注浆效果不理想，甚至大量注浆都无法返浆的情况。

⑤ 填充状态。填充形态影响了上部土体的下移空间。若为硬塑全填充溶洞，其洞体内的填充物，可作为很好的堵塞材料，避免了上部土洞进一步发展；若为流塑状全填充，则难以作为堵塞材料，有时，甚至由于其中的流塑状填充物的流动，带走了上部砂土颗

粒，为上部土洞发展提供条件。

12.6.4 小结

在工程建设中，尤其要注意以上几方面的溶（土）洞发展形态。为了进一步讨论其典型形态对建筑地基稳定性的影响，下节中案例七将根据这几个典型形态，分类讨论其对岩溶地基基础稳定性的影响。

12.7 工程案例七——溶土洞处理案例

12.7.1 工程概况

项目所在场地为珠江三角洲冲洪积平原地貌，其土层从上至下依次为：填土、淤泥、黏土、中粗砂、全风化灰岩、强风化灰岩、中风化灰岩、微风化灰岩。地下水按赋存方式分为第四系松散层潜水、基岩裂隙水及碳酸盐岩裂隙岩溶水；地下水按埋藏条件方式分为潜水和承压水。局部上覆软土及黏性土为微承压水。承压水头高度 0.3～3.3m，标高 3.63～7.37m。地铁基坑深 24～34m，地铁底板主要位于微风化灰岩地层，站场配套深约 16m，底板主要位于强风化灰岩地层。该工程详勘阶段见洞率约 50.87%，平均洞高 3.9m，最高 27.2m，大多为半填充或全填充。岩溶发育程度为强发育，砂层多直接覆盖于基岩以上，场地属于岩溶地面塌陷极易发生区。

12.7.2 三维溶土洞模型建立

通过将钻探数据和物探数据图相结合，建立的三维地质模型如图 12-49 所示。

图 12-49 三维地质模型

12.7.3 溶（土）洞处理基本要求

根据建立的溶（土）洞地质三维模型，结合施工过程中的地质勘验，对影响施工安全、结构质量及周边环境安全的岩溶及土洞宜先行采取措施进行处理。在保证施工安全、施工质量及周边环境安全前提下，也可采用后处理。

根据详勘、溶（土）洞专项勘察中摸查清楚的溶土洞圈定溶土洞处理范围，并初步判断溶（土）洞填充情况和大小分类以得到需要处理的范围：

1）管桩复合地基的塔楼区域，对土洞和连片的顶板厚度小于0.8m的第一层溶洞进行处理。溶洞若较大，则可仅处理复合地基底板宽度范围2m以内的部分。

2）灌注桩基础的塔楼区域，对桩身范围内的土洞及无填充和半填充的溶洞进行处理。在确保安全前提下，也可边施工边处理。对全填充的溶洞，可于施工时一并处理。

3）纯地下室或裙楼区域，应对土洞进行处理。

4）天然地基基础区域，对深度小于6倍条形基础宽度范围内的溶（土）洞进行处理。因溶（土）洞情况差异大，施工时揭露的溶（土）洞情况与勘察结果差异较大或出现影响施工安全的情况时，需根据溶（土）洞实际情况进行调整，以确保施工和质量安全。

处理总体方法为：对于处理范围内的溶（土）洞，应根据溶（土）洞的大小、埋深、填充情况和地下水连通情况进行分类、分区处理。溶（土）洞处理正式施工前应进行注浆工艺试验，通过钻孔抽芯检测溶洞处理的效果。

12.7.4 处理方案选择

溶（土）洞处理方法的选择直接涉及工程建设的经济性，溶（土）洞的大小和连通情况会对溶（土）洞处理方法的选择具有重要影响。对于大型溶（土）洞，特别是连通性的溶（土）洞，流动性过强的注浆材料将会产生浆液外溢等现象，无法达到填充目的，需要采用水玻璃＋水泥浆的双液浆进行填充，以加快凝固速度，达到封堵目的。

（1）土洞处理方式

1）对于要处理的非连通中小型土洞（高度小于5m或预估连通体积30m³以下），宜采用袖阀管低压注浆处理。

2）对于无填充或半填充的大型土洞（高度大于5m或预估连通体积大于30m³）的土洞，宜采用先吹砂或填碎石、后静压水泥灌浆法处理的措施。

3）对于连通性土洞，应先用双液浆封边，再用水泥浆处理中央孔。

（2）溶洞处理方式

1）对全填充溶洞，采用袖阀管注浆处理。

2）对半填充及无填充溶洞，宜采取以下措施：

① 对小型（高度小于2m且预估连通体积小于50m³）非连通的溶洞宜采用花管低压注浆处理；

② 对中型溶洞（高度2～5m或预估连通体积50～100m³）宜采用泵送低强度等级素混凝土处理；

③ 对大型溶洞（高度大于5m或预估连通体积大于100m³）宜采用先填砂或填碎石、后静压水泥灌浆法处理的措施。

3）对连通性的溶洞，可通过试验先采用双液浆或泵送素混凝土的方法进行封边处理。

溶（土）洞处理方法示意图如图12-50所示。

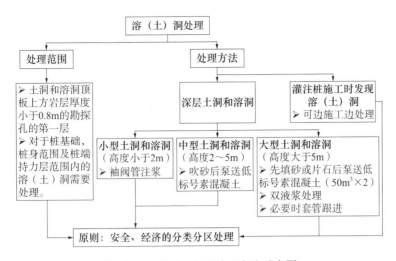

图 12-50　溶（土）洞处理方法示意图

（3）填充（注浆）材料

对于中小型溶（土）洞，可采用水泥砂浆（M7.5），水灰比可取为 0.8～1.2，需根据现场土质情况适当调整；对于大型溶（土）洞，根据现场情况确定，亦可采用纯水泥浆或 C15 素混凝土。作为抢险或溶（土）洞边线封堵时亦可采用双液浆。

（4）注浆孔布置

对于中小型溶（土）洞，可利用原超前钻探孔注浆；对于大型溶（土）洞，宜一边摸边，一边处理，采用插孔法进行摸边，可以提高效率。针对覆盖型岩溶地区溶（土）洞大小和填充情况，根据处理范围界定原则和溶（土）洞摸边插孔法（图 12-51b），相对于传统的发散式摸边方法（如图 12-51a 所示），大大提高了溶土洞探查效率，为溶土洞处理提供边界条件。在此基础上，合理确定溶（土）洞处理分类标准，并根据溶（土）洞大小、填充情况等确定分类处理方法及处理参数，明确双液浆、灌砂、黏土＋片石等注浆材料和配比，完善溶（土）洞处理顺序，避免了注浆材料外溢，降低对周边敏感环境的影响。

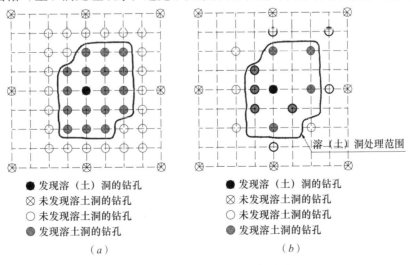

图 12-51　溶（土）洞摸边插孔法

（a）发散式摸边方法；（b）溶土洞摸边插孔法

注浆管宜进入土洞顶板以下 0.3 ～ 0.5m，水泥砂浆或纯水泥浆的注浆孔孔径 110 ～ 130mm，排气孔孔径不小于 90mm。吹砂所需的管径为 300 mm，灌素混凝土所需孔径为 300mm。灌注砂浆的注浆孔附近布置 1 ～ 3 个排气孔，排气孔距离注浆孔 2m 左右，终孔孔径不小于 90mm，呈"品"字形布置。

（5）注浆压力及配比

注浆压力不宜过大，其配比如下：

1）对于灌注水泥砂浆的注浆孔，先泵送水泥砂浆（采用 $\phi108$ ～ 127 钢管，壁厚 4mm），注浆压力 0.3 ～ 0.5MPa（周边小，中央大）。施工时，如发现溶洞已被相邻注浆孔灌浆时充填，则根据充填情况，采用花管（花管可采用 $\phi75$PVC 管，壁厚 2.5mm，管径以方便插入注浆管注浆为宜）灌注水泥浆。

2）排气孔采用花管注浆，灌注 32.5R 普通硅酸盐水泥浆，先稀（水灰比 0.8 ～ 1.0）后浓（水灰比 0.5 ～ 0.6），以浓浆为主，注浆压力 0.3 ～ 0.5MPa，如灌注的水泥浆超过 30m³/孔，改用双液浆封堵，直至灌满，达到注浆压力要求。如检查注浆孔成孔时揭露洞高大于等于 2m 无填充或半填充的溶（土）洞，应扩孔改灌水泥砂浆，灌浆要求同前。

3）对于已确定边缘的土洞，其外围加密孔采用灌注双液浆。双液浆采用水泥浆＋2% 水玻璃，模数 3.0，水泥强度等级为 42.5，水泥浆水灰比 1∶1，注浆压力 0.2 ～ 0.5MPa，对周边孔双液浆按 0.3 ～ 0.4MPa，一般流量为 8 ～ 12L/min，注浆顺序及注浆控制先周边孔、再中央孔的顺序进行，采用间歇式注浆。如灌注的水泥砂浆超过 30m³/孔，待砂浆初凝后再注，直至灌满，达到注浆压力要求。若两次注浆未满的孔，考虑使用双液浆或扩孔后灌注素混凝土。

（6）注浆速度

注浆速度为 30 ～ 70L/min。

12.7.5　注浆材料选择

如果岩溶（土）洞高度大于 2m，需要在进行施工之前进行 8m 溶洞注浆试验。由于试验过程中出现泵压高、爆管现场、砂浆量仅为 1.0m³，试验失败。分析其主要原因是溶洞不是完全空的，溶洞内充满水或泥，砂浆流动性差。所以在实际施工时使用袖阀管（PVC 材料）注浆。在处理范围之外的灌浆孔中注入双重灌浆，形成"止浆墙"。双液浆质量比为：水∶水泥∶硅酸钠＝（0.8 ～ 1）∶1∶1.0，处理范围之内灌浆孔注入普通水泥浆。

12.7.6　注浆施工顺序

1）溶（土）洞处理施工顺序：首先进行探边，之后进行注浆充填，最后注浆效果监测。

2）如果周边孔第一次灌浆时灌浆量较大，且压力达不到设计要求，可将周边孔与中心孔交替灌浆。

3）浆液流失严重时加入硅酸钠促凝剂，保证灌浆效果。

4）中心区域灌浆应采用跳浆方式进行，防止跑浆和窜浆。

5）待处理的垂直多层溶洞，由深及浅进行充填。

12.7.7　注浆终止条件

施工时，在现场不断试验的情况下灌浆压力控制在 0.4 ～ 0.8MPa，袖阀管注浆核心管降至洞穴的底部 0 ～ 0.3m 以下。在注浆压力达到 0.4 ～ 0.5MPa 时，需要加大注浆芯管。此项目施工时存在单孔注浆无法达到设计要求的情况，产生这种情况的主要原因是溶（土）洞内情况复杂，溶洞内存在流水、注浆截流墙效果不佳，导致浆液流失或周围出现浆液串。因此，采取以下控制措施：

（1）应防止浆体损失

浆体损失会造成注浆量大、不经济。施工时应坚持跳 2 孔间歇灌浆的方法。当单个孔单次连续注浆量达到 30m³ 且注浆压力不能提高 0.3MPa 时，该孔暂停注浆，下一次注浆间隔大于 24h。当注浆压力达到 0.8MPa 时，最终孔可以稳定下来。注浆应以稀浆料开始，逐渐加厚。注浆时，注浆管下沉到整个深度，分段从下到上进行注浆，分段将管抽出至孔口。

（2）效果分析

通过三维地质建模，项目中已发现的溶（土）洞得到了很好的处理，保证了地基基础施工的安全性，同时控制了工程造价和工期，取得良好经济效益。

12.7.8　结语

综上所述，岩溶地区溶（土）洞是一种隐蔽的工程地质条件，现有勘探手段难以有效查明其准确的分布，更难摸查其与周边水系的贯通情况。为此，岩溶治理是一个信息化施工的过程，需要勘查、设计、施工等各方全过程紧密配合。

岩溶地区溶（土）洞上方建筑应遵循"避重就轻"的原则，预防大于治理。针对确实需要治理的溶（土）洞应加强岩溶区的地质建模分析，并根据工程不同阶段，不断补充地质建模信息，用以确定岩溶治理分区、分级，实现岩溶处理的"可视化"。

参 考 文 献

［1］韩建强，李伟科，黄俊光，等．岩溶地区复合地基承载力的计算［J］．工业建筑，2019，49：132-140（3）．

［2］Han J, Li W, Huang J, et al. Site test study of pile-soil stress ratio of composite foundation in karst area[J]. IOP Conference Series: Earth and Environmental Science, 2019.

［3］万志勇，韩建强，高玉斌，等．CM 桩复合地基在岩溶地区高层建筑中的应用［J］．建筑结构，2012（6）：118-120．

［4］黄俊光，林祖锴，李伟科，等．岩溶地区桩锚基坑支护动态设计［J］．建筑结构，2017，47（9）：94-97．

［5］林华国，袁作春，冯龙飞，等．岩溶地区深厚砂层中深基坑止水工艺实践［J］．土工基础，2015，29（3）：53-57．

［6］王维俊，张立，李伟科，等．岩溶地区复合地基静压 PHC 管桩应用分析［J］．建筑结构，2018，48（9）：112-115，96．

［7］黄俊光，方引晴，袁尚红，等．岩溶地区地基基础处理的几个问题分析［J］．广州大学学报（自然科学版），2006，5（1）：74-77．

［8］地矿部岩溶地质研究所．GB 12329—1990 岩溶地质术语［S］．北京：中国标准出版社，1991．

［9］张倬元，王士天，王兰生，等．工程地质分析原理［M］．北京：地质出版社，2009．

［10］李智毅，杨裕云．工程地质学概论［M］．武汉：中国地质大学出版社，1994．

［11］邹成杰．水利水电岩溶工程地质［M］．北京：水利电力出版社，1994．

［12］唐辉明．工程地质学基础［M］．北京：化学工业出版社，2011．

［13］袁道先．中国岩溶学［M］．北京：地质出版社，1994．

［14］任美锷，刘振中．岩溶学概论［M］．北京：商务印书馆，1983．

［15］刘之葵．岩溶区溶洞及土洞对建筑地基影响的研究［D］．长沙：中南大学，2004．

［16］孟明辉．桂林岩溶区复合地基承载力计算及稳定性研究［D］．桂林：桂林理工大学，2009．

［17］彭耀，樊永生，徐联泽，等．钻孔电视成像在武汉地铁岩溶勘察中的应用［J］．资源环境与工程．2018，32（1）：134-136．

［18］王玉洲，贾贵智，方浩亮．高密度电法三维解释在岩溶勘察中的应用［A］．中国地质学会工程地质专业委员会第九届全国工程地质大会论文集［C］．2012：782-786．

［19］何国全．高密度电阻率法在岩溶探测中的应用［J］．工程地球物理学报，2016，13（2）：175-178．

［20］刘世奇．地震 CT 和管波在长昆线岩溶勘察中应用研究［J］．铁道建筑技术，2015（10）：74-77．

［21］谈顺佳，张华，王瑞雪．井间地震 CT 技术在岩溶勘察中的应用［J］．CT 理论与应用研究，2013，22（03）：439-446．

［22］罗彩红，邢健，郭蕾，等．基于井间电磁 CT 探测的岩溶空间分布特征［J］．岩土力学，2016，37（S1）：669-673．

［23］邹炳举．跨孔地震 CT 在铁路桥梁基础地下岩溶勘察中的应用［J］．铁道勘察，2014，40（3）：45-47．

［24］徐德敏，陈春文．BIM 设计在岩溶勘察中的应用［J］．数码设计，2017，6（5）：176-178.

［25］《工程地质手册》委员会．工程地质手册（第四版）［M］．北京：中国建筑工业出版社，2007：530-532.

［26］广东省标准．刚性—亚刚性桩三维高强复合地基技术规程 DBJ/T 15—79—2011［S］．北京：中国建筑工业出版社，2011.

［27］广东省岩溶地区桩基设计与施工技术指南［R］．广州：广东省交通运输厅．2013.

［28］广州市荔湾区大坦沙 5017 地段项目场地工程地质详细勘察报告［R］．广州：广东省地质物探工程勘察院，2014.7

［29］袁道先．西南岩溶石山地区重大环境地质问题及对策研究［M］．北京：科学出版社，2014.

［30］广东省科学院丘陵山区综合科学考察队．广东山区地貌［M］．广州：广东科技出版社，1991：65-242.

［31］CuiQL,WuHN, Shen SL, et al. Chinesekarst Geology and Measures to prevent geohazards during shield tunnelling in karst region with caves[J]. NaturalHazards, 2015, 77: 129-152.

［32］雷明堂，李瑜，蒋小珍，等．桂林全阳朔高速公路岩溶土洞勘察及处治技术研究报告［R］．2007.

［33］蒋小珍，雷明堂，顾维芳，等．线性工程路基岩溶土洞（塌陷）监测技术与方法综述［J］．中国岩溶，2008，27（2）：172-176.

［34］石云，姜晓伟，徐永杰．岩溶地区钻孔灌注桩事故原因与处理［J］．路基工程，2006，（1）：103-104.

［35］Al-Fares W., Bakalowicz M., Guérin R, et al.. Analysis of the Karst Aquifer Structure of the Lamalou Area(Hérault, France) With Ground Penetrating Radar[J]. Journal of Applied Geophysics, 2020, 51(2): 97-106.

［36］American Society for Testing and Materials. ASTMD6229-99. Standard Guide for Selecting Surface Geophysical Methods. USA：West Conshohocken, Pennsylvania. 1999

［37］孙健家，汪水清．铁路岩溶路基与注浆技术［M］．北京：中国铁道出版社，2014.

［38］曾提，徐兴新，李富才，等．地质雷达在探测南方岩溶地区堤坝隐患中的应用［J］．地质与勘探，1998，34（3）：43-46.

［39］王亮，李正文，于绪本　地质雷达探测岩溶洞穴物理模拟研究［J］．地球物理学进展，2008，23（1）：280-283.

［40］戴前伟，吕绍林，肖彬．地质雷达的应用条件探讨［J］．物探与化探，2000，24（2）：157-160.

［41］李术才，薛湖国，张庆松，等．高风险岩溶地区隧道施工地质灾害综合预报预警关键技术研究［J］．岩石力学与工程学报，2008，27（7）：1297-1307.

［42］李术才，李树忱，张庆松，等．岩溶裂隙水与不良地质情况超前预报研究［J］．岩石力学与工程学报，2007，26（2）：217-225.

［43］郭正言，刘长平．地质雷达在岩溶地区公路工程勘察中的应用［J］．公路，1999，（11）：50-52，70.

［44］李大心．探地雷达方法与应用［M］．北京：地质出版社，1994.

［45］姚彩霞，姚晓．地质雷达在岩溶地区建筑地基勘察中的应用［J］．勘察科学技术，2013，（3）：59-61，64.

［46］冯彦谦，许广春．物探技术在隧底岩溶勘察中的应用研究［J］．铁道标准设计，2014，（z1）：168-170.

［47］卡兆津，何力，叶明金，等．综合物探方法在划分岩溶发育不稳定区的作用［J］．工程地球物

理学报，2012，9（3）：351-355.

［48］张进国，夏训银，王洪生，等. 岩溶塌陷区综合物探方法的应用效果［J］. 勘察科学技术，2011，（1）：56-58.

［49］林孝城. BIM 在岩土工程勘察成果三维可视化中的应用［J］. 福建建筑，2014，（6）：111-113.

［50］钟登华，李明超. 水利水电工程地质三维建模与分析理论及实践［M］. 北京：中国水利水电出版社，2006.

［51］Lemon A., Jones N.L.. Building Solid Models From Boreholes and User-defined Cross-sections[J]. Computers & Geosciences, 2003, 29(5): 547-555.

［52］钟登华，李明超，杨建敏. 复杂工程岩体结构三维可视化构造及其应用［J］. 岩石力学与工程学报，2005，24（4）：575-580.

［53］李景茹，钟登华，刘东海，等. 水利水电工程三维功态可视化仿真技术与应用［J］. 系统仿真学报，2006，18（1）：116-119，124.

［54］朱良峰，潘信. 地质断层三维构模技术研究［J］. 岩土力学，2008，29（1）：274-278.

［55］朱良峰，吴信才，刘修国，等. 基于钻孔数据的三维地层模型的构建［J］. 地理与地理信息科学，2004，20（3）：26-30.

［56］刘祚秋，周翠英，赵旭升，等. 三维地层模型及可视化技术研究［J］. 中山大学学报（自然科学版），2003，42（4）：21-23.

［57］周翠英，董立国. 三维地层的三棱柱剖分与土方计算［J］. 岩土力学，2006，27（2）：204-208.

［58］赵宏坚，周翠英. 基于实体建模的三维地层构造［J］. 岩土力学，2010，31（4）：1257-1263，1325.

［59］王纯祥，白世伟. 三维地层信息系统在岩土工程中应用研究［J］. 岩土力学，2003，24（4）：614-617.

［60］赵彬，侯加根，刘钰铭. 塔河油田奥陶系碳酸盐岩溶洞型储层三维地质建模与应用［J］. 石油天然气学报，2011，33（5）：12-16.

［61］朱良峰，吴信才，潘信. 三维地层模型误差修正机制及其实现技术［J］. 岩土力学，2006，27（2）：268-271.

［62］朱良峰，吴信才，刘修国，等. 城市三维地层建模中虚拟孔的引入与实现［J］. 地理与地理信息科学，2004，20（6）：26-30，43.

［63］朱发华，贺怀建. 基于地质雷达和钻孔数据的三维地层建模［J］. 岩土力学，2009，30（z1）：267-270.

［64］Marius L. J.,Goedhart P. H., Van Z. F. J.. MODEL STUDY OF APROPOSED CONCRETE ROAD PAVEMENT OVER A POTENTIALSINKHOLEAREA[R]. Proceedings of the First Multidisciplinary Conference on Sinkholes And the Environmental Impacts of Karst[C]. Orlando, Florida. 1984.

［65］Abdulla W. A., Goodings D. Modeling of Sinkholes In Weakly Cemented Sand[J]. Journal of Geotechnical Engineering, 1996, 122 (12): 998-1005.

［66］George Sowers, Building and Sinkholes: Designand Construction of Foundations in Karst Terrain. ASCE, 1996.

［67］徐卫国，赵桂荣. 试论岩溶矿区地面塌陷的真空吸蚀作用［J］. 地质论评，1981，（27）2：174-180，183.

［68］陈国亮. 岩溶地面塌陷的成因与防治［M］. 北京：中国铁道出版社，1994.

［69］贺可强，王滨，万继涛. 枣庄岩溶塌陷形成机理与致塌模型的研究［J］. 岩土力学，2002，23（5）：564-569，574.

［70］雷明堂，蒋小珍．岩溶塌陷预测评价系统及其应用：以唐山岩溶塌陷为例［J］．中国岩溶，1997，16（2）：97-104.

［71］朱寿增，周健红，陈学军．桂林市西城区岩溶塌陷形成条件及主要影响因素［J］．桂林工学院学报，2000，20（2）：100-105.

［72］李瑜，朱平，雷明堂，等．岩溶地面塌陷监测技术与方法［J］．中国岩溶．2005，24（2）：103-108.

［73］雷明堂，李瑜，蒋小珍，等．岩溶塌陷灾害监测预报技术与方法初步研究——以桂林市拓木村岩溶塌陷监测为例［J］．中国地质灾害与防治学报．2004，15（z1）：142-146.

［74］雷明堂，蒋小珍，李瑜，等．桂林拓木岩溶塌陷监测预报［A］．中国岩溶地下水与石漠化研究［M］．南宁：广西科技出版社，2004.

［75］朱庆杰，苏幼坡，刘廷全．唐山市岩溶塌陷安全评价［J］．中国安全科学学报，2004，14（2）：91-94.

［76］朱庆杰，卢时林，王国春．基于人工神经网络模型的资源评价［J］．资源调查与环境，2002，（4）：281-287.

［77］王红．浅埋岩溶地区地面塌陷的注浆治理技术［J］．采矿技术，2005，5（1）：33-35.

［78］周治国．湖南娄底地区岩溶塌陷特征及防治探讨［J］．水文地质工程地质，1993，（3）：18-20.

［79］万志清，秦四清，祁生文．桂林市岩溶塌陷及防治［J］．工程地质学报，2001，9（2）：199-203.

［80］盛玉环．岩溶塌陷的勘察与防治［J］．岩土工程界，2004，7（4）：72-74.

［81］万志勇，韩建强，高玉斌，等．CM桩复合地基在岩溶地区高层建筑中的应用［J］．建筑结构，2012，42（6）：118-120.

［82］陈旭，方引晴，黄俊光．岩溶地区地基基础应用分析［J］．广东土木与建筑，2005（10）：9-10，22.

［83］龚成中，何春林．岩溶地区桩基施工常见问题分析［J］．山西建筑，2007，33（12）：99-100.

［84］沈冰．岩溶地区桩基础稳定性研究［D］．南宁：广西大学，2006.

［85］王松帆，汤华．岩溶地区建筑物基础设计探讨［J］．地下空间，2001，21（1）：23-27.

［86］黄俊光，方引晴，袁尚红，等．岩溶地区地基基础处理的几个问题分析［J］．广州大学学报（自然科学版），2006，5（1）：74-77.

［87］万志勇．新丰体育馆建筑结构设计［J］．广东土木与建筑，2006，05：6-7.

［88］高玉斌，莫海鸿．刚性桩复合地基在岩溶地区的应用［J］．广州建筑，2003，（3）：6-8.

［89］林华国，袁作春，冯龙飞，等．岩溶地区深厚砂层中深基坑止水工艺实践［J］．土工基础，2015，29（3）：53-57.

［90］李悦光，刘东坚．岩溶地区应用夯扩桩实例［J］．广州建筑，2005，（4）：40-43.

［91］赵明华，程晔，曹文贵．桥梁基桩桩端溶洞顶板稳定性的模糊分析研究［J］．岩石力学与工程学报，2005，24（8）：1376-1383.

［92］工程地质手册编写委员会．工程地质手册［M］．3版．北京：中国建筑工业出版社，1992.

［93］刘佑荣，唐辉明．岩体力学［M］．武汉：中国地质大学出版社，1999.

［94］赵明华，曹文贵，何鹏祥，等．岩溶及采空区桥梁桩基桩端岩层安全厚度研究［J］．岩土力学，2004，25（1）：64～68.

［95］赵明华，蒋冲，曹文贵．岩溶区嵌岩桩承载力及其下伏溶洞顶板安全厚度的研究［J］．岩土工程学报，2007，29（11）：1618-1622.

［96］刘之葵，梁金城，朱寿增，等．岩溶区含溶洞岩石地基稳定性分析［J］．岩土工程学报，2003，25（5）：629-633.

［97］黎斌，范秋雁，秦风荣．岩溶地区溶洞顶板稳定性分析［J］．岩石力学与工程学报，2002，21

（4）：532-536.

［98］赵明华，袁腾方，黎莉，等．岩溶区桩端持力层岩层安全厚度计算研究［J］．公路，2003，（1）：124-128.

［99］程晔，赵明华，曹文贵．桩基下溶洞顶板稳定性评价的强度折减法研究［A］．第九届土力学及岩土工程学术会议论文集［C］．北京：清华大学出版社，2003.

［100］丁春林，甘百先，钟辉虹，等．含土洞、溶洞的机场滑行道路路基稳定性评估［J］．岩石力学与工程学报，2003，22（8）：1329-1333.

［101］程晔，曹文贵，赵明华．高速公路下伏岩溶顶板稳定性二级模糊综合评判［J］．中国公路学报，2003，16（4）：21-24.

［102］程晔，赵明华，曹文贵．路基下岩溶稳定性评价的模糊多层次多属性决策方法研究［J］．岩土力学，2007，28（9）：1914-1918.

［103］曹文贵，程晔，袁腾芳，等．潭邵高速公路路基岩溶顶板稳定性二级模糊综合评判［J］．公路，2003，（1）：13-16.

［104］狄建华．模糊数学理论在建筑安全综合评价中的应用［J］．华南理工大学学报（自然科学版），2002，30（7）：87-90，98.

［105］陈景明．溶洞地区冲孔灌注桩施工［J］．福建建筑，2012，（4）：69-71.

［106］张建祥．桩基础施工诱发岩溶地面塌陷与防治措施［J］．中国勘察设计，2010，（8）：71-73.

［107］萧志勇．浅淡岩溶地区冲孔灌注桩桩基扩孔系数的降低与成效［J］．土工基础，2009，23（1）：68-71.

［108］肖明贵，王杰光，刘宝臣．桩基础施工诱发岩溶地面塌陷的形成机制与防治方法研究［J］．勘察科学技术，2004，（1）：52-55.

［109］吴辰光．岩溶地区冲孔灌注桩的施工方法［J］．中国煤炭地质，2007，19（A01）：63-64.

［110］谭景和．岩溶地区嵌岩冲孔桩成孔技术［J］．桂林工学院学报，2002，22（3）：279-283.

［111］陈克华，伍国剑．岩溶地区钻孔灌注桩施工特点及对策［J］．建筑技术，2001，32（3）：177.

［112］李德智．确保岩溶地区冲孔桩施工质量的一些技术措施［J］．广西城镇建设，2006，（5）：44-45.

［113］廖国良．高层建筑冲（钻）孔灌注桩基础设计若干问题探讨［A］．第八届全国高层建筑结构学术交流会论文集［C］．北京：北京理工大学出版社，1984.

［114］孙其诚，金峰．颗粒物质的多尺度结构及其研究框架［J］．物理，2009，38（4）：225-232.

［115］Sun Q., Wang G., Hu K.. Some Open Problems in Granular Matter Mechanics[J]. Progress in Natural Science, 2009, 19(5): 523-529.

［116］孙其诚，辛海丽，刘建国，等．颗粒体系中的骨架及力链网络［J］．岩土力学，2009，30（z1）：83-87.

［117］Jing L.. A Review of Techniques, Advances and Outstanding Issues in Numerical modelling for Rock Mechanics and Rock Engineering[J]. International Journal of Rock Mechanics and Mining Sciences. 2003, 40(3): 283-353.

［118］阳军生，张军，张起森，等．溶洞上方圆形基础地基极限承载力有限元分析［J］．岩石力学与工程学报，2005，24（2）：296-301.

［119］李术才，朱维申，陈卫忠，等．弹塑性大位移有限元方法在软岩隧道变形预估系统研究中的应用［J］．岩石力学与工程学报．2002，21（4）：466-470.

［120］Nagahara H, Fujiyama T, Ishiguro T, etal. FEM Analysis of High Airport Embankment With

Horizontal Drains[J]. Geotextiles and Geomembanes. 2004, 22(1): 49-62.

［121］Chaudhary MTA. FEM Modelling of A Large Piled Raft for Settlement Control in Weak Rock[J]. Engineering Structures. 2007, 29(11): 2901-2907.

［122］Zhu W, LiS, Li S, et al. Systematic numerical simulation of rock tunnel stability considering different rock conditions and construction effects[J]. TUNNELLING AND UNDERGROUND SPACE TECHNOLOGY. 2003, 18(5): 531-536.

［123］林育梁，韦立德．软岩嵌岩桩承载有限元模拟方法研究［J］．岩石力学与工程学报．2002，21（12）：1854-1857.

［124］杨新安，陆士良．软岩巷道锚注支护理论与技术的研究［J］．煤炭学报．1997，（1）：34-38.

［125］杜守继，职洪涛，翁慧俐，等．高速公路软岩隧道复合支护机理的 FLAC 解析［J］．中国公路学报，2003，16（2）：70-73，77.

［126］肖猛，丁德馨，莫勇刚．软岩巷道国岩稳定性的 FLAC^{3D} 数值模拟研究［J］．矿业研究与开发．2007，27（1）：73-75.

［127］李毅军．高速公路岩溶地基稳定性分析及工程处理［D］．长沙：中南大学，2013.

［128］王永岩，高菲，齐珺．软岩巷道爆破卸压方法的研究与实践［J］．矿山压力与顶板管理．2003，20（1）：13-15.

［129］胡庆国，张可能，阳军生．溶洞上方条形基础地基极限承载力有限元分析［J］．中南大学学报（自然科学版），2005，36（4）：694-697.

［130］陶连金，蒯本秋，张波．松散软岩巷道破坏的颗粒离散元模拟分析［J］．地下空间与工程学报．2010，6（2）：318-322.

［131］林崇德．软岩巷道锚喷支护机理的离散元法数值分析［D］．长沙：中南大学，1994.

［132］廖九波，李夕兵，周子龙，等．软岩巷道开挖支护的颗粒离散元模拟［J］．中南大学学报（自然科学版）．2013，44（4）：1639-1646.

［133］刘刚，靖洪文．深井软岩巷道变形和加固对策［J］．矿冶工程．2005，25（3）：5-7.

［134］王雁冰，郭东明，薛华俊，等．湖西矿深部大断面软岩巷道支护的 DDA 数值研究［J］．中国矿业．2011，20（7）：90-94.

［135］邬爱清，丁秀丽，陈胜宏，等．DDA 方法在复杂地质条件下地下厂房围岩变形与破坏特征分析中的应用研究［J］．岩石力学与工程学报．2006，25（1）：1-8.

［136］Pine R. J., Coggan J. S., Flynn Z. N., et al. The Developmen to A New Numerical Modelling Approach for Naturally Fractured Rock Masses[J]. Rock Mechanics and Rock Engineering. 2006, 39(5): 395-419.

［137］Elmo D, Stead D. An Integrated Numerical Modelling-Discrete Fracture Network Approach Applied to the Characterisation of Rock Mass Strength of Naturally Fractured Pillars[J]. Rock Mechanics and Rock Engineering. 2010, 43(1): 3-19.

［138］Goodman R E., Taylor R. L., Brekke T. L. A.. Model for the Mechanics of Jointed Rock[J]. ASCE of the Soil Mechanics and Foundations Division Journal. 1968, 99(5): 637-659.

［139］韩宪军，彭飞．影响综放锚网顺槽围岩变形的主要力学参数辨识及应用［J］．山东科技大学学报（自然科学版）．2000，19（3）：51-54.

［140］Potyondy D O., Cundall P. A.. A Bonded-Particle Model for Rock[J]. International Journal of Rock Mechanice and Mining Sciences. 2004, 41(8): 1329-1364.

［141］Liu C, Shi B, Pollard D. D., et al. Mechanism of Formation of Wiggly Compaction Bands in Porous Sandstone: 2. Numerical Simulation Using Discrete Element Method[J]. Journal of Geophysical

Research Solid Earth, 2015, 120(12).

［142］Liu C, Pollard D D., Shi B. Analytical Solutions and Numerical Tests of Elastic and Failure Behaviors of Close-packed Lattice for Brittle Rocks and Crystals[J]. Journal of Geophysical Research: Solid Earth, 2013, 118(1): 71–82.

［143］Liu C, Xu Q, Shi B, et al. Mechanical properties and energy conversion of 3Dclose-packed lattice model for brittle rocks[J]. Computers & Geosciences, 2017, 103(C): 12-20.

［144］刘春，施斌，顾凯，等. 岩土体大型三维离散元模拟系统的研发与应用［J］. 工程地质学报，2014，551-557.

［145］Ghaboussi J, Wilson E L., Isenberg J. Finite element for rock joints and interfaces[J]. Journal of the Soil Mechanics and Foundations Division. 1973, 99(10): 849-862.

［146］Buczkowski R, Kleiber M. Elasto-plastic interface model for 3D-frictional or thotropic contact problems[J]. International Journal for Numerical Methods in Engineering. 1997, 40(4): 599-619.

［147］王泳嘉，邢纪波. 离散单元法及其在岩土力学中的应用［D］. 沈阳. 东北工学院出版社. 1991：138.

［148］Zhang Y, Yang C, Wang Y. 2D DEM Analyses for T-M Coupling Effects of Extreme Temperatures on Surrounding Rock-supporting System of A Tunnel in Cold Region[J]. Journal of Central South University. 2013, 20(10): 2905-2913.

［149］Scholtes L, Donze F. A DEM Model for Soft and Hard Rocks: Role of Grain Interlocking on Strength[J]. Journal of Themechanics And Physics of Solids. 2013, 61(2): 352-369.

［150］Wechsler N, Rockwell T K, Ben-Zion Y. Application of highresolution DEM datatodetectrockda magefromgeomorphicsignalsalongthecentral San Jacinto Fault[J]. GEOMORPHOLOGY. 2009, 113(1-2): 82-96.

［151］王忠福，何思明，李秀珍. 西藏樟木后山危岩崩塌颗粒离散元数值分析［J］. 岩土力学. 2014（Z1）：399-406.

［152］Tordesillas A, Walsh D. Incorporating rolling resistance and contact anisotropy in micromechanical models of granular media[J]. POWDER TECHNOLOGY. 2002, 124(PIIS0032-5910(01)00490-91-2): 106-111.

［153］Tordesillas A Z J B R. Buckling force chains in dense granular assemblies: physical and numerical experiments[J]. Geomechanics and Geoengineering. 2009, 4(1):3-16.

［154］Walsh S, Tordesillas A. A thermomechanical approach to the development of micropolar constitutive models of granular media[J]. ACTA MECHANICA. 2004, 167(3-4): 145-169.

［155］Peters J F, Muthuswamy M, Wibowo J, et al. Characterization of force chains in granular material[J]. PHYSICAL REVIEW E. 2005, 72(04130741).

［156］Smart P. L. & Friederich H., 1987-Water movement and storage in the unsaturated zone of a maturely karstified carbonate aquifer, Mendip Hills, England. Proceedings of Conference on Environmental Problems in Karst Terranes and their Solutions. National Water Well Association, Dublin, Ohio: 59–87.

［157］Klimchouk A. B., 1987-Conditions and peculiarities of karstification into near surface zone of carbonaceous massives. Caves of Georgia, 11: 54-65. (Russian with English summary).

［158］Klimchouk A. B., 1995-Karst morphogenesis in the epikarstic zone. Cave and Karst Science, 21(2): 45–50.

［159］Klimchouk A. B. 1996-The dissolution and conversion of gypsum and anhydrite. International

Journal of Speleology 25 (3-4): 21-36.

［160］Klimchouk A. B., 2000-The formation of epikarst and its role in vadose speleogenesis. In: Klimchouk, A. B., Ford, D. C., Palmer, A. N. & Dreybrodt, W. (Eds.)-Speleogenesis; Evolution of Karst Aquifers. Huntsville, AL: National Speleological Society of America: 91–99.

［161］Klimchouk A. B., 2004-Towards defining, delimiting and classifying epikarst: its origin, processes and variants of geomorphic evolution. In: Jones, W. K., Culver, D. C. & Herman, J. S. (Eds.)–Epikarst. Special Publication 9. Charles Town, WV: Karst Waters Institute: 23-35.

［162］Williams P. W., 1983-The role of the subcutaneouszone in karst hydrology. Journal of Hydrology, 61: 45–67.

［163］Marius L J, Goedhart PaulH, Van Zyl Frederick J. MODEL STUDY OF A PROPOSED CONCRETE ROAD PAVEMENT OVER A POTENTIAL SINKHOLE AREA. Proceedings of the first multidisciplinary conference on sinkholes and the environmental impacts of karst[C]. Orlando, Florida. 1984.

［164］Anikeev A V, Leonenko M V. Forecast of sinkhole development caused by changes in hydrodynamic regime: Case study of Dzerzhinsk Karst Area[J]. Water Resources, 2014, 41(7): 819-832.

［165］程星，黄润秋，徐佩华．岩溶气爆塌陷的数学模型探讨［J］．成都理工学院学报，2002，29（6）：686-689.

［166］石祥锋．岩溶区桩基荷载下隐伏溶洞顶板稳定性研究［D］．中国科学院研究生院（武汉岩土力学研究所），2005.

［167］Keqiang H, Yuyue J, Wang B, et al. Comprehensive fuzzy evaluation model and evaluation of the karst collapse susceptibility in Zaozhuang Region, China[J]. Natural Hazards, 2013, 68(2):613-629.

［168］Wu Y, Huang R, Han W. Stability Evaluation Method for Karst Cave Roof Based on Fuzzy Theory[C]. ICTE, 2011. ASCE, 2014: 1792-1797.

［169］Zhang K, Cao P, Ma G, et al. A New Methodology for Open Pit Slope Design in Karst-Prone Ground Conditions Basedon Integrated Stochastic-Limit Equilibrium Analysis[J]. Rock Mechanics and Rock Engineering. 2016, 49: 2737-2752.

［170］Benkovics L, Obert D, Bergerat F, et al. Brittle tectonics and major dextral strike-slip zone in the Buda karst (Budapest, Hungary)[J]. Geodinamica Acta, 1999, 12(3-4): 201-211.

［171］雷勇，陈秋南，马缤辉．基于极限分析的桩端岩层冲切分析［J］．岩石力学与工程学报，2014，（3）：631-638.

［172］林育梁，韦立德．软岩嵌岩桩承载有限元模拟方法研究［J］．岩石力学与工程学报．2002，21（12）：1854-1857.

［173］George Sowers, Building and Sinkholes: Design and Construction of Foundations in Karst Terrain. ASCE，1996.

［174］刘瑞华，唐光良，孙宁．广州城乡建设场地岩溶地面稳定性评价［J］．热带地理，2010，30（4）：353-356.

［175］刘晓明，张旺林，吴从义．塌陷土洞的地面安全警戒距离研究［J］．自然灾害学报，2015，24（1）：158-163.

［176］Liu C, Tang C, Shi B, et al. Automatic Quantification of Crack Patterns by Image Processing[J]. Computers and Geosciences, 2013, 57: 77-80.

［177］Liu C, Shi B, Zhou J, et al. Quantification and Characterization of Microporosity by Image

Processing, Geometric Measurement and Statistical Methods: Application on SEM Images of Clay Materials[J]. Applied Clay Science, 2011, 54(1), 97-106.

［178］Liu C, Xu Q, Shi B, et al. Mechanical Properties and Energy Conversion of 3D Closepacked Lattice Model for Brittle Rocks[J]. Computers & Geosciences, 2017, 103(C): 12-20.

［179］张祺. 直剪颗粒固体力学响应及其声波探测［D］. 武汉：武汉大学，2012.

［180］Sweere. G. T. H. Unbound Granular Bases for Roads[D]. Delft: Delft University of Technology, 1990.

［181］Vanorio T, Prasad M, Nur A. Elastic Properties of Dry Clay Mineral Aggregates, Suspensions and Sandstones[J]. Geophysical Journal International. 2003, 155(1): 319-326.

［182］Fakhimi A, Villegas T. Application of Dimensional Analysis in Calibration of a Discrete Element Model for Rock Deformation and Fracture[J]. Rock Mechanics and Rock Engineering. 2007, 40(2): 193-211.

［183］Mavko G, Mukerji T, Dvorkin J. The rock physics handbook: Tools for Seismic Analysis of Porous Media[M]. Cambridge University Press, 2009: 511.

［184］Horne M R. The Behaviour of an Assembly of Rotund, Rigid, Cohesionless Particles. I[J]. Proceedings of the Royal Society of London. Series A. Mathematical and Physical Sciences. 1965, 286(1404): 62-78.

［185］Prasad M, Kopycinska M, Rabe U, et al. Measurement of Young's Modulus of Clay Minerals Using Atomic force Acoustic Microscopy[J]. Geophysical Research Letters. 2002, 29(8): 131-134.

［186］Luo J-J, Daniel I M. Characterization and Modeling of Mechanical Behavior of Polymer／Clay Nanocomposites[J]. Composites Science and Technology. 2003, 63(11): 1607-1616.